博物 复兴

大卫·埃利斯顿·艾伦 著

程玺 译

上海交通大学出版社

不列颠博物学家
一部社会史
THE NATURALIST IN BRITAIN
A SOCIAL HISTORY

内容提要

历史上英国是博物学最为发达的国家，要了解西方博物学文化的发展历程，艾伦的这部经典著作是必读书目。本书从社会史的角度极富创新性地研究了不列颠的博物学家，追溯了他们从 17 世纪到 20 世纪初期的发展历程，讲述了学徒药剂师们的"植物采集活动"、国家保护区和跨国协会的建立，以及博物学作为一门组织化学科的诞生过程。该书出版后受到科学史、文化史、环境史界学者的一致好评。本书既是科学史学家的一份厚重资料，也是广大读者了解英国博物学全景的卓越的切入口。

图书在版编目（CIP）数据

不列颠博物学家：一部社会史 ／（英）大卫·埃利斯顿·艾伦（David Elliston Allen）著；程玺译 . —上海：上海交通大学出版社，2017
（博物学文化丛书）
ISBN 978-7-313-17071-2

Ⅰ . ① 不… Ⅱ . ① 大… ② 程… Ⅲ . ① 博物学—历史—普及读物 Ⅳ . ① N91-49

中国版本图书馆 CIP 数据核字（2017）第 099648 号

不列颠博物学家：一部社会史

丛书主编：刘华杰

著　　者：[英] 大卫·埃利斯顿·艾伦	译　者：程　玺
出版发行：上海交通大学出版社	地　址：上海市番禺路 951 号
邮政编码：200030	电　话：021-64071208
出 版 人：郑益慧	
印　　制：苏州市越洋印刷有限公司	经　销：全国新华书店
开　　本：787mm×960mm　1/16	印　张：24
字　　数：269 千字	
版　　次：2017 年 6 月第 1 版	印　次：2017 年 6 月第 1 次印刷
书　　号：ISBN 978-7-313-17071-2/N	
定　　价：68.00 元	

版权所有　侵权必究
告 读 者：如发现本书有印装质量问题请与印刷厂质量科联系
联系电话：0512-68180638

国家社科基金重大项目
"西方博物学文化与公众生态意识关系研究"（13&ZD067）和
"世界科学技术通史研究"（14ZDB017）资助

博物学文化丛书总序

博物学（natural history）是人类与大自然打交道的一种古老的适应于环境的学问，也是自然科学的四大传统之一。它发展缓慢，却稳步积累着人类的智慧。历史上，博物学也曾大红大紫过，但最近被迅速遗忘，许多人甚至没听说过这个词。

不过，只要看问题的时空尺度大一些，视野宽广一些，就一定能够重新发现博物学的魅力和力量。说到底，"静为躁君"，慢变量支配快变量。

在西方古代，亚里士多德及其大弟子特奥弗拉斯特是地道的博物学家，到了近现代，约翰·雷、吉尔伯特·怀特、林奈、布丰、达尔文、华莱士、赫胥黎、梭罗、缪尔、法布尔、谭卫道、迈尔、卡逊、劳伦兹、古尔德、威尔逊等是优秀的博物学家，他们都有重要的博物学作品存世。这些人物，人们似曾相识，因为若干学科涉及他们，比如某一门具体的自然科学，还有科学史、宗教学、哲学、环境史等。这些人曾被称作这个家那个家，但是，没有哪一头衔比博物学家（naturalist）更适合于描述其身份。中国也有自己不错的博物学家，如张华、郦道元、沈括、徐霞客、朱橚、李渔、吴其濬、竺可桢、陈兼善等，甚至可以说中国古代的学问尤以博物见长，只是以前我们不注意、不那么看罢了。

长期以来，各地的学者和民众在博物实践中形成了丰富、精致的博物学文化，为人们的日常生活和天人系统的可持续生存奠定了牢固的基础。相比于其他强势文化，博物学文化如今显得低调、无用，但自有其特色。博物学文化本身也非常复杂、多样，并非都好得很。但是，其中的一部分对于反省"现代性逻辑"、批判工业化文明、建设生态文明，可能发挥独特的作用。人类个体传习、修炼博物学，能够开阔眼界，也确实有利于身心健康。

中国温饱问题基本解决，正在迈向小康社会。我们主张在全社会恢复多种形式的博物学教育，也得到一些人的赞同。但对于推动博物学文化发展，正规教育和主流学术研究一时半会儿帮不上忙。当务之急是多出版一些可供国人参考的博物学著作。总体上看，国外大量博物学名著没有中译本，比如特奥弗拉斯特、老普林尼、格斯纳、林奈、布丰、拉马克等人的作品。我们自己的博物学遗产也有待细致整理和研究。或许，许多人、许多出版社多年共同努力才有可能改变局面。

上海交通大学出版社的这套"博物学文化丛书"自然有自己的设想、目标。限于条件，不可能在积累不足的情况下贸然全方位地着手出版博物学名著，而是根据研究现状，考虑可读性，先易后难，摸索着前进，计划在几年内推出约二十种作品。既有二阶的，也有一阶的，比较强调二阶的。希望此丛书成为博物学研究的展示平台，也成为传播博物学的一个有特色的窗口。我们想创造点条件，让年轻朋友更容易接触到古老又常新的博物学，"诱惑"其中的一部分人积极参与进来。

丛书主编　刘华杰

2015 年 7 月 2 日于北京大学

献给克莱尔

博物学（对大自然的探究）中的一切事实，仅从其本身来看毫无价值，如同单一的性别一样贫瘠。但若将其与人类的历史联姻，生命便会从中喷涌而出。

——1836 年，爱默生，关于"自然"的谈话。

前言[①]

本书的初版距今已有近二十年了，我原本以为读者群会基本局限在博物学爱好者之间，这也是我写作时主要锁定的群体。但想不到，它竟然在当时填补了科学史写作的一个不小的缺口，因而也受到了这个学术领域的欢迎。更令人吃惊的是，许多这样的学术读者都来自大西洋彼岸，我原以为这样的主题只会吸引到在英国和爱尔兰居住的人们。

更走运的是，在此之前，科学史学家们不仅基本未能涉足自身领域的更深层面，而且，他们还深陷在了一场争论之中——到底该为促

---

① 本书首次出版于 1976 年，此序乃作者为 1994 年再版时所作。——本书脚注皆为译者注。

进科学理念演化的社会语境投注多少精力。在这样的情况下，我不知不觉地写出了这本新潮甚至激进的书，全心全意拥抱了"外在论者"（externalist）的观点。

随后的几年中，科学史的目光日益转向了生物学和博物学，尤其是转向了它们近期的历史之上。致力于这一学科领域的期刊应运而生，而众多此前被忽略的角落——植物生态学的诞生只是一个突出的例子——也终于进入了学术研究的视野。在这种情况下，我们对本书中一些课题的了解已大大拓宽和加深，但是，或许可以说，整个故事的大体轮廓并无显著变化。实际上，书中某些章节的根基依然和我写作时一样稳固；不过，第三章无疑是最不到位的，即便刚出版时，这一章相比市面上尤其繁多的地质学历史书籍来说，已经有欠妥当，对此我也很早就意识到了。

遗憾的是，多年以来，本书已经无处购买（这里指英语国家；日文版于 1990 年出版）。美国则几乎一开始就无处可寻。但从问询的数量来看，特别是在英国以外，显然仍有很多人希望拥有这么一本书。有鉴于此，我相信此时再版此书并非冒昧之举。

初版前言

本书缘起于 1952 年春我为不列颠群岛植物学协会（Botanical Society of the British Isles）的会议策划的一个小展览。我尝试分析出这家协会会员的社会构成在时间长河中发生了怎样的改变？很快我就发现了一件惊人的事——广泛的全国性潮流忠实而明确地反映在了这个微缩世界之中。

其中一些潮流明显是社会性的（狭义的社会性）。但另一些似乎只是品位变迁的产物，由此可见，那个被称为"时代精神"的玄妙之物甚至能在通常被认为完全客观性的事物身上留下印记。也就是说，即便社会上某些昙花一现的转变，也有可能对于相关的特定科学领域的发展产生剧烈影响，远远超出任何人的想象。换句话说，社会力量和风潮能发挥一种引力作用，转移人们的精力，从而中断或延后一项科学事业的发展。因此，要研究植物学、动物学等学科的历史，似乎需要一种超越常规的更广大的视野。似乎只有通过这样的研究方法，我们才能捕捉到"博物学"的真实样貌。我在过去的文献中没有发现这方面的尝试，因此决定亲自上阵，应对这一挑战。

投入后才知道，这项任务无比艰巨。相关领域的内容几乎（或完全）都未曾发表，因此必须展开大量的原始调研。不过，只要浏览过早期博物学家的作品，尤其是翻阅过那些基本被人遗忘的有趣的期刊，就应该知道这件事并非劳苦，而是乐事一桩——虽然有时显得没完没了。因为理应筛选的资料无穷无尽，而值得提炼的矿藏又少之又少。想从博物学文献中猎取到"社会性"细节，绝非易事。那些致力于田野观察或投身于茫茫物种清单的主要人群，偏偏时刻防备着社会史学家们看重的世俗言论。通常只有在允许"泄露天机"之处——更聒噪的期刊、更敏锐的讣告、更生动的对会议和远行活动（excursions）的记述、某些就职演说、主席讲话，以及（最主要的）鲜少发表的书信集、私人日志和回忆录等——我们才能一窥端倪，了解到过去的博物学家们如何工作？如何远足？平时吃些什么？和什么人混在一起？以及他们为何注意到了某些事情，却忽略了大量其他事情？坦白说，这更像是博物学考古：通过最琐碎的无意识的片段，拼接出鲜活的往日现实。

完全聚焦于社会层面也不行，并非所有博物学家都精于社交。只关注集体努力，无法展现出那些博物学大道之外的、往往十分重要的贡献。某些情况下，这些孤独的个体至为重要，他们是一些日后普及开来的新领域和新方法的先驱。如果本书中对这些人的讲述过少，并非因为他们的成就不被赏识，而只是因为他们与本书关注的基本范畴无关。

书名中的"不列颠"指整个不列颠群岛，因为没有理由将爱尔兰博物学视为一个独立存在。同样，对于"博物学家"和"博物学"二词，我也乐于利用它们很方便的含糊性。若要更精确地定义它们，本书的篇幅恐怕就得再加一章了。不管怎样，这些术语的含义在历史进程中并非固定不变的，即便今天，它们的含义也不止一个。我一直满足于视博物学为大体涵盖着当今的生态学和分类学（用伦敦林奈学会的宗旨来说，即"有机物的多样性及内在关联"，但要延伸至地质学层面上的自然景观）的学科，由大英博物馆（博物学分馆）①至今仍接纳的各个学科构成。但如后面的内容所示，我不认为可以通过一个简单的等式，将博物学等同于一个或多个科学探究层面；而且，对于自然对象的观察本身还牵连着一种与科学相互渗透的强大的美学元素。也正是这一双重特质构成了这门学科很大一部分的独特魅力，而在眼下这个"两种文化"（Two Cultures）的时代，这样的双重特质也为其带来了一种特别的重要性。

一本历史跨度如此之大的书，难免要从各个时代的大量人物那里汲取养分，这份名单过于浩瀚，无法在此一一列举。但是其中有几位必须单列出来，表示特别的谢意。感谢 W.S. 布里斯托博士（Dr W. S. Bristowe），R.S.R. 菲特（R. S. R. Fitter）先生及 J.E. 劳兹利（J. E. Lousley）先生承担了审阅全部手稿的艰巨任务，并分享了他们各自的想法，让我受益良多；感谢约瑟夫·尤安（Joseph Ewan）女士/教授，感谢 G.S. 鲁索（G. S. Rousseau）教授，他们在短暂的英国访问中抽出

---

① 该馆即为伦敦自然博物馆（Natural History Museum, London）的前身，虽然 1963 年时便已独立成馆，直至 1992 年才更名，可见该馆的独立颇费周折。

了宝贵的时间，为本书的头几章贡献了无与伦比的专业经验；也要感谢玛格丽特·迪肯（Margaret Deacon）女士，她凭借渊博的海洋学历史知识，认真检阅了本书的第六章和第十一章；感谢埃夫里尔·莱萨特博士（Dr Averil Lysaght）和 W.E. 斯温顿博士（Dr W. E. Swinton）审阅了第八章的一份早期手稿，更要感谢他们在该项目止步不前时给予我的鼓励；感谢 G.D.R. 布赖森（G. D. R. Bridson）先生、E.L. 琼斯（E. L. Jones）教授、桑德拉·拉斐尔（Sandra Raphael）女士、R.S. 威尔金森（R. S. Wilkinson）博士以及其他博物学史学家们，由于数量众多，难以在此一一提及，他们和我展开了启发人心的讨论，带来了新鲜的洞见，而且永远能提供更多的材料。我还要特别感谢 J.S.L. 吉尔摩（J. S. L. Gilmour）先生，很久之前，是他关于地方植物历史的手稿笔记，不知不觉地为我打开了眼界，让我看到了最终蕴含在本书中的各种可能性。我也不会忘记让我有幸（主要在工作上）受益的那些图书馆：伦敦图书馆、伯明翰市立参考图书馆、伦敦林奈学会图书馆，以及最重要的，大英博物馆（博物学分馆）中的各图书馆，能走进如此浩瀚的书海之中，如同在我之先的众多外来者那样，让我永远深怀感激。最后，我要感谢我的妻子，感谢她在本书收尾阶段给予我的帮助和耐心。

大卫·埃利斯顿·艾伦

目　录 | CONTENTS

第一章
组织发端

在各行各业的历史上，总会遇到一个临界点，此时，追随者们的数量终于多到让行业本身称得上一项社会活动了。在这个阶段，行业会开始斩获一些实质内容。除追随者的个体生命外，行业本身也焕发了生命，并会经由其自身的发展模式，开始影响、甚至（有时）掌控追随者们的思维和行事方式。

对英国博物学而言，这一临界点出现在 17 世纪的某个时期。在此之前，毫无疑问，博物学家早已存在；但为数不多，且分散各处，又彼此隔绝。他们身边很少有人能帮得上忙，或能委以信赖，分享彼此的热情。一般情况下，要想了解别处有无新的发现，往往只能通过纠缠不休的持续通信，或不断获取大量昂贵无比的书籍。到了 1600 年后，首批朝向更正式联合的坚实步伐迈出了。到 17 世纪末，已知最早的完全

蒲公英，版画，作者：托马斯·比伊克（Thomas Bewick），出自托马斯·雨果（Thomas Hugo）的《比伊克的木版画》（*Bewick's Woodcuts*），1870 年。（伦敦林奈学会藏）

致力于博物学的协会已经诞生——部分承继自启蒙运动，那场伟大的客观探究的浪潮——而其主要研究领域的关键野外装备也开始出现。据已知材料，最早有人提到地质锤是在 1696 年；到 1704 年，植物学家已经开始使用采集罐（或称"标本采集箱"）；1711 年，捕蝶网已经派上用场。这三样器具均是在各项事业的基础需求中应运而生，同时，它们一定也从最初就担负起了作为群体符号的悠久职责，帮助使用它们的人们彼此相认，营造出了一种集体的归属感。而就在这些器具问世前不久，首批关于这个国家常见的动植物的鉴赏书籍也陆续推出了，包括弗朗西斯·威洛比（Francis Willoughby）的——或者更确切地说，约翰·雷（John Ray）的——《鸟类学》（Ornithologia，英译本在原版问世两年后的 1678 年推出，意义重大）[①]、约翰·雷本人的《英格兰植物名录》（Catalogus Plantarum Angliae）及其经久不衰的续作《不列颠植物纲要》（Synopsis Methodica Stirpium Britannicarum），以及马丁·李斯特（Martin Lister）的《英格兰动物志》（Historiae Animalium Angliae）。面向地方工匠的已经有罗伯特·普洛特（Robert Plot）的《牛津郡博物学》（Natural History of Oxfordshire）和《斯塔福德郡博物学》（Natural History of Staffordshire），这两本书发挥了激励人的样板作用，展示出了什么是就近即可达成的。而詹姆斯·佩蒂弗（James Petiver）的那些小册子——《奇物志》（Memoirs for the Curious）——第一次清晰预示了一种渐趋热

---

① 弗朗西斯·威洛比在剑桥就读时师从于博物学家约翰·雷。两人曾在 1662 年共同在英格兰西海岸研究海鸟繁殖，之后又在 1663 至 1666 年间一同周游了欧洲，返回英格兰时，两人决定将他们的研究成果发表出来。但在事业未竟之时，威洛比即因胸膜炎离世。约翰·雷于 1676 年出版了威洛比的《鸟类学三书》（Ornithologia libri tres，拉丁文版），英译本于两年后出版。

门的出版形式①即将破壳而出。皇家学会于1665年创立的《自然科学学报》（*Philosophical Transactions*）和几乎同时在欧洲大陆发布的《学者报》（*Journal des Savants*）也证明了专业期刊作为一种科学交流手段的价值，知识领袖们也渐渐习惯上了这一手段。

这些方向上最早和最大的一些进展均出现在植物学领域。研究植物显然对处于"婴儿期"的医学具有实际用途，正因为此在博物学的各分支中，只有植物学能在这一时期收获了一个专业领域的组织化支持。另外，植物学最适宜在野外成群结队地探索，而不会激起太多尴尬，或引发太多猜疑。因此无怪乎，在所有记载下来为我们所知的、最早期的专家协会中，除一个以外，全部是植物学协会，而其中多数协会的成立更多是出于职业原因，甚至商业原因，而非纯粹的科学原因。我们认为，这归功于贸易需求，实际上，正是贸易需求首次聚起了一定数量的群众，并从中——多少出于偶然——催生出了首种非临时性的博物学家的社会联结。显然，他们最初接触到探索与调查的快乐，并非源于感官或思维的驱动，而是出于获利的渴望。

为此，我们必须感谢伦敦历史最悠久的同业公会之一 ——药剂师协会（Society of Apothecaries）。这家机构的主要宗旨是，掌控今天所称的医药双生行业的主要业务。理论上——绝非永远如此，尤其是后期——只有该协会的自由人（Freeman）有权在这座城市作为药剂师行医，且范围限制在方圆7英里以内；而要成为自由人，一般要先当七八年的学徒。学徒通常在十三四岁进门，在工作中学习，陪伴在师傅左右，从事大量繁琐的劳作。他们只有获得自由以后，才能结婚生子。相

---

① 这里指刊杂志。

对于通常的同业公会而言，这家协会的规模较小，氛围较亲密：其成员基本都是当时的全科医生（内科医生则以顾问的形式为上层阶级服务），他们爱惜自己的羽毛，并恰当地为所有准会员设立了很高的门槛。相应地，作为培训的终极目标，学徒要通过严苛的考试，以达到协会要求的全科本领。其中一项考试，不出所料，即对药用植物的正确鉴别，因为此类植物是他们行医所需的原材料；而由于对植物的鉴别需要在鲜活状态下进行，因此，这家协会也开始管理起一座植物园——后来成为了著名的切尔西药用植物园（Chelsea Physic Garden），创设于 1673 年，兴旺至今——并开始组织专门的"植物采集活动"（herbarizings），即前往乡村地带的田野远行活动，在这些活动中，学徒们会得到适当的指导，在野外搜寻常见的药用植物。

在该协会的记录中，最早的远行活动可追溯至 1620 年 5 月，即"五月花号"航向美洲的那一年。当月的植物采集日（Simpling Day）活动定于早晨 5 点开始——学徒起床劳作的正常时间——集合地点定在圣保罗大教堂。一段时期后，此类远行活动的次数增加到了每年 6 次，4 月至 9 月间每月一次。每一季的头一次远行活动固定由协会主席（Master of the Society）带队，并由其承担晚餐费用；7 月的远行活动称为"全体植物采集"（General Herbarizing），通常会更复杂一些，有大量的自由人参与，最后以一场精彩的宴会收尾，宴会上压轴的佳肴是鹿的后腿肉（据推测，学徒禁止参与此项活动，除非他们的贡献能抵消出席的花费）。这一宏大场合一般也会动用协会的庆典游船，至少在 18 世纪如此，而在其中的 1749 年，他们甚至还雇了一支乐团，虽然事后遭到了铺张浪费的指责。

此类远行最初是由协会的一名高级会员出于个人的植物学热情

组织起来的；后来，由于有意承担此项任务的志愿者都不太可靠，为此，协会专门招募了一位支付工资的官方人员，头衔为植物示范官（Demonstrator of Plants），年薪 10 英镑。除却这一职责外，他还要在每个夏季月份的最后一个星期三前往植物园上班，依照药用植物园的悠久习惯，为人们讲解重要植物的名称和用途。他显然需要有一定的知识储备。同时，几乎更重要的是，他还得有坚定的纪律性。对于习惯了辛苦工作的学徒而言，这些摆脱了日常辛劳的活动似乎带有一种"危险"的兴奋感。因此，若没有严格的监管，这些活动往往会变得没规没矩。比如在 1724 年，负责组织此类活动的委员会就在会议纪要中写道，"近来出现了若干次申诉，说定于私下植物采集的日子经常发生不守秩序的状况"，委员会并定下规矩，未来任何学徒想参加此类活动，必须带来主人的许可证明；而非会员中，只有领队认识或许可之人才可参与其中。短时期内，这一紧缩政策无疑发挥了可喜的效果。但到了 1767 年，在具有学者风范但过于温和的威廉·赫德森（William Hudson）当选示范官后，情况再次恶化。这一年，协会里的某些自由人抱怨说，他们已经不愿让学徒频繁参与"讲座和植物学远行了，因为有一些经常参加此类远行活动的人员表现出了不守规矩、有伤风化的行为，他们担心自己的学徒也会染上恶习"。

好在日后的继位者处理得更加妥善。和赫德森一样，威廉·柯蒂斯（William Curtis）也是一位享誉全国的植物学家，而且热情十足、催人奋进。其相对短暂的四年任期在修补传统方面一定贡献良多。他在 1777年离任，此后这个位置由可敬的托马斯·惠勒（Thomas Wheeler）接任，后者是一位天生的教师，经过一段漫长的时期，惠勒成功地让"植物采集活动"风行了起来，几乎呈现出一种近乎于圣礼的特质。

可喜的是，关于他的后期岁月，留下了一些非常生动的记述：其中描述了他的穿着，不出所料，惠勒头戴一顶老旧的帽子，身穿一件磨薄的西服，腿上套着皮质的长护腿；虽然已经七十好几，但一身取之不竭的精气神和灵敏性仍会让所有人汗颜。但即便如此，仍然不足以长久拯救远行活动。1834年，由于伦敦的快速扩张，他们不得不沮丧地承认此类活动已经不再可行，并最终做出了放弃的决定，只有从无太多教育意义的大型植物采集活动（Grand Herbarizing）继续开展了数年时间。

毫无疑问，对于构成现代博物学内核的伟大田野传统的确立，这些远行活动居功至伟。有许多田野植物学家正是通过这些活动才接触到了这门学科。此外，也正是这些活动的样板力量，经由这样那样的方式，催生出了大量各式各样的机构和用途。药剂师们经过多年反复试错的打击，终于成功发展出了一种神奇的"配方"：近乎完美地融汇了有益的"现场"教学、健康而意义十足的锻炼，以及大规模的、无拘无束的、良好的伙伴关系。

其丰硕的副产品几乎即刻就显现了出来。这是一群热切的年轻工作者，不必说，他们几乎全当过药剂师协会的学徒，1629年至1639年间，他们跟随着精力充沛的约克郡人托马斯·约翰逊（Thomas Johnson，斯诺希尔的一位药剂师）采集植物，展开了对英格兰南部及威尔士的首次扫荡。约翰逊最著名的功劳是他对约翰·杰勒德（John Gerard）的《草本志》（Herball）的出色修订，以及对一些远行活动的详细而有趣的记述（最早的地方清单），他将这些内容落实在了印刷品中，使我们有幸能一睹当年的风采。约翰逊也结交了这个国家最重要的一些植物学家，如约翰·古德伊尔（John Goodyer）和约翰·帕金森（John Parkinson）。约翰逊具有明显的组织能力和充沛的魄力，本可以打造出英国第一家完全致力于本土动植物研究的永久性的正式机构。但最终，他在内战中悲剧离世，享年仅 40 岁上下，一举毁掉了所有可能性。

伦敦皇家协会的成立——距约翰逊离世不足 20 年——则算不上一个真正的替代品。其成员的卓越才能，协会本身的广泛涉猎，都注定了不会有什么空间留给如此专业的一门志趣。而且，它基本是个椅子上的协会，更倾向于玄妙的思辨，而非去田野中辛苦地搜集数据。对于单枪匹马的工作者而言——约翰·雷（John Ray）是个突出的例子——皇家协会的确发挥了学术交流中心的作用，带来了巨大的慰藉和帮助。同时，它当然也催生出了最震撼人心的科学力量的迸发；其威望促成了众多亟须的书籍的出版；它也为植物学和动物学这样的学科带来了此前难得的社会地位和受人尊敬的氛围。

但除此之外，它对博物学组织化进程的影响则微乎其微——只有一个方面例外：它最终将英国多数重要的植物学家聚合了起来，随后，正是由于其本身过于包罗万象，植物学家们又开始彼此分化，以寻求更加志同道合的伙伴。如此，在 1698 年前后，一项非官方的成果"坦普尔咖啡馆植物学俱乐部"（Temple Coffee House Botanic Club）诞生了，这是英国——大概也是全世界——最早的一家博物学协会。

这并非是一家寻常的俱乐部。首先，它显然没有正式的组织架构，没有办公人员和规章制度：其运作形式就像一个松散的朋友圈。或许正是由于这一非官方色彩，印刷文献中对之没有任何提及；直到最近几年，当人们开始仔细检视其成员间的通信内容时，这家俱乐部的存在才浮出水面。受邀前往咖啡馆出席其每周五晚的定期聚会，一定是异常令人振奋的体验，而且，就当时的学理氛围来看，参加这些聚会一定比参加后期的某些博物学晚餐聚会收获更多。不管怎样，它并不只是一家晚餐俱乐部;它还会组织远行活动，带领会员们前往伦敦周边的一些有趣的场所。

18 世纪初年，该俱乐部的几位会员，包括佩蒂弗、巴德尔（Buddle）和杜迪（Doody）在内，在伦敦周边展开了大量的植物采集远征，他们也尽力参与了药剂师的植物采集活动。杜迪的一本笔记本保存了下来，他在其中草草记下了 1687 年至 1688 年间的"植物采集日"的日期；在现存的佩蒂弗写于这段时期的信中，也多次提到这些植物采集活动，在其中一封写于 1712 年 9 月的信中，他记录了当季的最后一次采集，地点一如既往位于切尔西，他写道，"我们在那儿的天鹅酒馆用晚餐"。这家植物学俱乐部的远行活动一定是和药剂师们的远行活动交替进行的，他们偶尔会向肯特郡的深处跋涉，因此很难不受到后者的影响。

与此同时，药剂师田野传统的一个类似对照也出现在了苏格兰（当时还是独立国家）。1670 年后不久，在市内两位重要医生的游说之下，爱丁堡市腾出了一片土地，建起了一座公共植物园，接受所有本地医疗人员的免费咨询。同时，市政府决定从爱丁堡大学的收入中拨出一笔款项，作为植物园的维护费用。一位三十多岁的热情的植物学家詹姆斯·萨瑟兰（James Sutherland）当选了园长，他在 1683 年出版的植物园名册中提到，其职责还包括开展无数的田野远征，以构建充足的药用植物储备。他也有可能仿照了切尔西模式，开展了一些有学生陪伴的远行活动。

不过 1695 年之前并无任何此类记录，这一年通过了一项特别法案，授权萨瑟兰"在每年四次左右的庄重的公开植物采集中，在田野里"为外科医学会（College of Surgeons）的学徒们提供指导。听上去很像直接从伦敦的药剂师协会那里借鉴而来的。我们知道两座植物园之间有频繁往来，因此，很难相信关于伦敦植物采集活动及其持续价值与活力的消息没有传到北方。

此项传统由萨瑟兰创立后，究竟延续了多长时间，并不明确。在1695 年至 1800 年的整段时期里，都没有明确证据显示大学或植物园中依然在开展教学远行活动。但是，在当年的信件受到巨细无遗的检视之前，我们都不能确定无疑地说，这种缺少踪迹的状态就一定表示它们并不存在。不过，若果真能证明此项传统中断了，我们也不难找到可能的缘由：这一方向上的戛然而止，发生在萨瑟兰继任者——不幸的威廉·阿瑟（William Arthur）的任期之内。这位时运不济者深深卷入了（尽管不可思议）1715 年的詹姆斯党人起义（Jacobite rising），而当这场起义覆灭之时，他别无选择，只能逃离他的植物园，逃离苏格兰，终生再未还乡。

詹姆斯党人起义失败的另一位牺牲者是帕特里克·布莱尔（Patrick Blair）。他是一位当地的药剂师，对科学怀有广泛兴趣，并展现出了高超的能力。他曾在早期解剖过一头大象，之后又将大象骨骼架设起来，引起了不小的轰动。到 1712 年，他已经在阿伯丁拿到博士学位，并与当时的几位重要人物保持着信件往来，包括布尔哈弗（Boerhaave），一位住在莱登的伟大的医学和植物学教师。其触手可及的大好前程被 1715 年的严重事件彻底摧毁了。布莱尔应召加入了——用他的话说，是违背他意愿的强征——詹姆斯党人起义军。起义被镇压后，他被判处同谋罪，关在纽盖特监狱（Newgate Prison）服刑，与家乡及事业背景割裂了开来。出狱后，他几成废人，在伦敦过了一段穷困潦倒的日子。又过了一些年，1720 年，他被任命为波士顿港（林肯郡）的医生，并在那里重新积累了一定的财富。同时，他也恢复了对博物学的兴趣。就我们所知，他最后的终点和起点如出一辙：作为当地一家植物园俱乐部的成员，巧合的是，这家俱乐部是数年前由著名的文物收藏家威廉·斯蒂克利（William Stukeley）在这里创立的。斯蒂克利日后在回忆录中写道，"我和药剂师们每周外出一次，去采集植物。我们合资购买了约翰·雷的对开本图书"。但一如常例，我们也不了解这家俱乐部存活了多长时间。

布莱尔在亡命伦敦的艰难岁月中也结交了一些朋友，其中一位是伦敦城里一位富商的年轻的儿子约翰·马丁（John Martyn）。马丁在青少年时期养成了对博物学的兴趣，尤其是对植物学。到 20 岁时，他已经结交了这座大都市里的众多博物学专家。因此，他也受邀参加了药剂师们的远行活动，并在远行过程中结识了一些热情的学徒。此时，打造一个独立的植物学协会的想法就浮现了出来（可以想见，这个想法是由布莱尔依照过去在邓迪的经验基础上提出的），以满足想更全面探究这门学科的学徒等其他人士的需求；1721 年末，这家协会应运而生，并配备了所有必要的官方元素。而得益于马丁之子出版于 1770 年的合集，以及一本有幸保存下来的会议纪要，我们对这家机构有了相当的了解。我们知道它一直存活到 1726 年末。我们知道它有一位主席，最早由德国的植物学家约翰·雅各布·迪勒纽斯（J. J. Dillenius）担任，当时他刚被詹姆斯·谢拉德（James Sherard）请来英国参与其《木匾画》（Pinax）的编纂工作（显然，他也成了史上第一位全职在岗的分类学者），此外有一位秘书，由马丁担任，同时还有一整套的规章制度。我们知道，他们在每周六的晚上六点聚会，最初是在沃特灵古道（Watling Street）上的彩虹咖啡馆（Rainbow Coffee House），后来改到了一位会员的家中。根据规章，在这些聚会上，每位会员必须展示一定数量的植物，并报告它们的名称和用途；换句话说，每位会员自身都是植物示范官。我们现在知道 23 位会员（可能是全部会员）的姓名，而鉴于他们与植物学或医学之间为人所知的关联，通过近期的努力，我们已经可以相当准确地确定出他们（除两人之外）的具体身份。不出所料，其中多数会员都很年轻：在所有能确定出年龄的会员中，除 6 人以外，在协会创立的那一年均不满 25 岁。而除了主席之外，唯一的两位接近中年的会员显然都乐于待在幕后。如此看来，这是一个典型的学生联合会。另外，它也体现了强烈的职业原动力：三分之一的会员是未来的药剂师，三分之一是未来的内科医生，余下的人员多是未来的外科医生或外科医生兼药剂师。如果这些职业方向有任何参考价值的话，可以说，这些会员的智商远高于平均水平，但在随后的岁月中，却没有几位会员对植物学知识作出过多大的贡献。或许最有趣的一点是，其中多数人都来自一个日后被科尔里奇（Coleridge）称为 "clerisy"（知识分子）的阶层，这是一个以学识技能维生的社会阶层，主要以思维引领阶层的发展。会员中有三位（或五位）都是牧师的儿子，值得注目的是，其中异见宗教人士（Dissenters）和英国圣公会的牧师数量旗鼓相当，这预示了异见学者将在英国高等教育中扮演的关键角色；有五位延续了父亲的医疗事业，有两位的叔叔是律师，有两位示范了一项日趋彰显的传统——地主乡绅热衷于将小儿子培养成博学的专业人士。只有教师职业没有充分的体现。

除菲利普·米勒（Philip Miller，主持切尔西药用植物园，因此横跨了医药和园艺两界）外，马丁的植物学协会（Botanical Society）和另一家同期的小型协会——园艺师协会（Society of Gardeners）——之间无其他成员交叠，后者完全由伦敦的园丁组成，固定在切尔西纽霍尔的咖啡馆会面。或许更让人吃惊的是（因为当时的博物学家往往都是通才），本杰明·威尔克斯（Benjamin Wilkes）在《英格兰飞蛾与蝴蝶》（*The*

English Moths and Butterflies，1748 — 1749）前言中提到的一些名字也未出现在这家植物学协会中，这些人可能构成了动物学领域已知最早的专业机构——鳞翅目昆虫学家协会（Society of Aurelians）——的核心人员。

当年的鳞翅目昆虫学家喜欢自称"Aurelians"，这个词源自一种蝴蝶的金色的蛹 *aureolus*，此类学家的数量显然不及植物学家，他们在构建正式的组织方面也落后许多。我们不知道鳞翅目昆虫学家协会是何时及如何创立的。唯一能确定的是，从前文提到的威尔克斯作品的前言中透露的自传式片段来看，这家协会在 1740 年已经十分兴旺。创立年份则可能要早得多；协会当时的精神领袖和最有可能的创办人是约瑟夫·丹德里奇（Joseph Dandridge），他从 17 世纪 90 年代起已经是一位著名的伦敦收藏家（当时他为约翰·雷贡献了大量的记录和标本）。

丹德里奇是英国昆虫学领域一个被遗忘的伟大人物。之所以被人遗忘，就在于他没有留下任何发表过的作品，而由于这门学科的历史一直由藏书人和列书目者（book-listers）主导，因此他的存在几乎完完全全被抹杀了。而所有早期的英国昆虫学写作者都提到过他；其中几位还特意向他致敬，感谢他的友谊和鼓励，并提到他慷慨地用自己的知识和涵盖众多种目的大量藏品来帮助初学者。在这些早期岁月中，他的影响几乎无所不在，并且在建设性和持久性上远超佩蒂弗。后者关于不列颠昆虫的工作呈现出一种狭隘色彩，由一种收藏狂热推动，基于完全私人的甚至自私的目标，而其声望却很不适当地盖过了他的同代人。丹德里奇的工作是向丝绸工厂销售拉型机（pattern drawer），同时他也是一位声望很高的设计师（其若干设计最近在维多利亚和阿尔伯特博物馆中被辨认了出来），他居住在穆尔菲尔兹附近（距离他的好朋友佩蒂弗只有一街之隔），也有一段时期住在斯托克纽因顿，当时，斯托克纽因顿四周还是开阔的田野。在他去世后很久，他捕捉昆虫的故事还流传在斯托克纽因顿。相比今天来说，携带捕捉网的人在当年更显古怪，而一位有身份有财产的人沉浸在此类怪诞行为中，一定曾让邻居们感到困惑和滑稽。或许稍微挽回一点形象的是，他也收集各种更普通的物品，比如贝壳、化石、鸟蛋、鸟皮，以及形形色色的植物，甚至包括地衣和苔藓。他收藏的关于英国蘑菇和伞菌的绘画囊括了不下一百种类型；他收藏的英国蜘蛛和盲蛛多达一百四十多"种"——他认为可将它们划分为 9 个单独类别。今天，一本关于这些蜘蛛的周密细致的水彩绘图——搭配着认真记录的关于外观、生命周期和习性的笔记——收在大英博物馆的斯隆藏品（Sloane Collection）中，日期可追溯至 1710 年以前。这些绘画和描述都出自对活物的观察，因为丹德里奇不了解任何保存此类标本的方法。在构建这些收藏的过程中，他开始与每一个相关领域的重要工作者来往。他认识佩蒂弗、巴德尔和谢拉德兄弟；他一定知道坦普尔咖啡馆植物学俱乐部；他很可能参加了一些药剂师的远行活动。因此，为鳞翅目昆虫学家建立一个类似协会的想法（若果真是他的想法的话），很有可能就是从植物学家那里借鉴来的。

不寻常的是，我们很清楚这家协会终结于何时：1747 年或 1748 年的 3 月。为此，我们必须铭记造成其覆灭的那场不幸的灾难性的意外。正当协会开会时，一场大火从康希尔（Cornhill）烧起，并很快包围了会议所在的场所——临近的真者里（Change Alley）的天鹅酒馆（Swan Tavern）。会员们落荒而逃，许多人甚至丢下了帽子和手杖，而协会里那些珍贵的昆虫收藏、一整座书库，以及所有的记录和装备都被大火吞噬。伟大的昆虫学插画师摩西·哈里斯（Moses Harris）在 1742 年，年仅 12 岁时，被一位叔叔介绍进这家协会，正是透过他在《鳞翅目昆虫学家；或英格兰昆虫博物学》（*The Aurelian; or, Natural History of English Insects*，1765）中的生动描述，我们才得以对这场令人难过的事件有了些许了解。"这些损失令他们大为气馁，"他写道，"尽管为此会面数次，但他们再也没能收集到足够成立一家协会的物资。"

除了这些昆虫学领域留下的印记以外，1725 年至 1760 年间基本上是不列颠博物学历史上的一段空白期。而对于整体的英国科学界而言，情况也是如此。1727 年，牛顿去世后，皇家协会陷入急剧衰退，众多水准堪忧的会员加入了进来，协会的关注点也日益落在了古文物研究上面。在斯隆和牛顿之后继任主席的马丁·福克斯（Martin Folkes）经常陷在椅子里睡懒觉，如此便为协会定下了一个慵困的总体基调。而失去了皇家协会的领导权后，余下的学术界也渐渐丢掉了信心或丧失了兴趣。承载新发现的溪流中断了；出版荒颓了；俱乐部和协会也一家一家消失不见。

特别是在牛津和剑桥，异常广泛而剧烈的变化扑面而来，至今其腐败的潮痕仍依稀可辨。到访的外国学者带着震惊离开。一位前往剑桥学习的德国人发现，众多手稿被堆置在凯厄斯学院（Caius）的阁楼上，无人看顾，潮迹斑斑，而在马格达伦学院（Magdalene），图书馆里的很多地方都长出了霉菌。1730 年，牛津三一学院的院长威廉·赫德斯福德（William Huddesford）当选阿什莫尔博物馆馆长（Keeper of the Ashmolean），年薪 50 英镑，"不论做事与否"。在 1747 年至 1783 年的三十六年间里，汉弗莱·西布索普（Humphrey Sibthorp）一直在其植物学主任（Chair of Botany）的位子上打盹儿，偶尔动弹一下，在大学植物园里做些轻巧的工作；就我们所知，他在整个任期内未发表过一篇科学论文，只做过一次单独的演讲，而且表现糟糕（詹姆斯·爱德华·史密斯（James Edward Smith）公开表达了对他的不满，同时觊觎着他的位子）。当约瑟夫·班克斯（Joseph Banks）在 1760 年作为特别自费生（Gentleman-Commoner）前往牛津大学基督教会学院（Christ Church）时，他本希望在那里接受植物学方面的教育，但却被迫仓促改变计划，转往别处带回了一位重要的业余爱好者伊斯雷尔·莱昂斯（Israel Lyons），当他的私人教师。

不过，西布索普至少留在了岗位上，比剑桥的约翰·马丁还强一些。马丁设法参加了那位备受污蔑而评价过低的先驱实验主义者理查德·布拉德利（Richard Bradley）的所有讲座——布拉德利在南海泡沫①破灭后失去了悠然的生活，被迫通过植物学的写作和授课维持生计。1732 年布拉德利去世后，马丁拿下了他的位子，过程中不无暗箱操作。三年后，他找了个蹩脚的托词（没有植物园让他难以授课）便终止了授课；他虽然退居幕后三十年，但直到 1762 年才卸去职位——而且是在亲儿子接班的情况下。

此类岗位通常没有薪酬；但至少可能为在位者带来声望，而声望总能带来写作和讲课的机会，从而能获得不菲的收入。更重要的是，他们是这门学科的"传教士"，但凡拥有精力和远见的在位者都会好好利用这一身份，以为学科赢取广泛的全国性理解和更多的追随者。然而，这些教授们却毫不介意让这样的机会从手中溜走，他们放弃了广大的公共职责，而选择了玩忽职守。在这一时期，由于缺少能为英国博物学整体发声的实力机构，其领导层腐败的意义就更为重大，影响也更具

---

① 南海泡沫（South Sea Bubble），1720 年春天到秋天之间英国发生的一次经济泡沫，与密西西比泡沫、郁金香狂热并称欧洲早期的三大经济泡沫。

破坏性。

如果把这些事放在当时普遍的道德反常的背景中来看，马丁和西布索普等人的行为就不难理解了。1724 年，纽卡斯尔公爵（Duke of Newcastle）掌权，成为沃波尔（Walpole）的国务大臣，此后四十年，政治陷入了一种无可匹敌的腐败之中。公共职位被系统性地预留给辉格党（Whigs）的支持者，这种恩惠的触须甚至触及最低层级，任何希求上进之人都必须墨守成规，否则，前进的道路永远是死路一条。在这样的氛围下，犬儒情绪不广为盛行才怪。为了将亟须的稳定性注入政府，这一体制发挥了惊人的效果；而其更普遍的影响则是一种不可抑制的腐蚀性。这一定也是学术界的突出现状。一旦崇高的位子不再凭能力高下进驻，基本的学术权威也就坍塌了。科学学科无法在这样的土壤中兴旺下去。它们要向前迈进，得仰仗一种既定的关于真假的共识。而没有了积累成就的信念，科学家们变成了空洞的复制者，只会察言观色、按部就班。

与此同时，海外也出现了更明确的反科学情绪。可能正是因为牛顿领导下的皇家协会过于耀眼，那种不可避免的反作用力才收获到了一种不寻常的猛烈性。就像在不同的学问分支之间存在一只兴趣的钟摆，同样，有些时候，这只钟摆也会彻底远离实证思维。类似的，科学天才往往也会以一种古怪的方式，表现为骤然而剧烈的短暂爆发，随后就进入一段漫长的相对黑暗期。透过其巨大的成功，以及这成功激起的普遍的兴奋与仰慕，前面 50 年的学理爆发本身一定也造就了积压已久的怨恨与嫉妒。而科学实践自然催生出的怀疑习惯也可能为这一报应添了一把柴。

在普遍的恶劣环境之下，博物学还要面对自身的严重问题。早在进入衰退期之前，皇家协会的视野已经急剧萎缩。1719 年，来自康沃尔郡的鸟类学者沃尔特·莫伊尔（Walter Moyle）哀叹道："我发现格雷欣学院（Gresham College）里没有博物学的空间，数学已笼罩一切。"之所以会如此，是因为死亡导致了博物学家数量的急剧萎缩。短短几年间，卓越的一代人中最优秀的那些陆续从视野中消失不见，而且很不幸的，后继无人。1720 年春天，威廉·谢拉德（William Sherard）在其伦敦居所的一次聚会中向著名的约克郡博物学家理查德·理查森博士（Dr Richard Richardson）报告："我和蒂尔曼·博瓦尔特（Tilleman Bobart）先生在一起；不一会儿，曼宁厄姆（Manningham）先生也来了，同时带来了兰德（Rand）先生；又一会儿，杜波依斯（Dubois）和他的兄弟也加入了进来。这是我来英格兰后头一次有这么多人（此外还有一些）聚在一起。"这是一种悲伤的、听天由命的口吻，他意识到自己不过是最后的幸存者。茫茫天地，无人追随。

如此，在 18 世纪中期，如同 20 世纪 20 年代一样，英国博物学在最基本的人手方面经历了（幸好）少有的几次青黄不接。新人的数量不足以将传统延续下去。已消逝的英雄时代的巨人们过于沉浸在自身的活动中，而忽略了对后继者的培养。而当他们故去之后，间接的榜样力量又太弱——在环境较好的时期，或许可以履行职责，但在如今这种情况下，无法独立弥补这一缺陷。而在他们留下的位置上，蒸蒸日上的新人们本应顺理成章地成为年轻人的依靠，为年轻人带去启发和激励，但在太多情况下，他们都纵容自己被"强烈的时代传染病"感染，将精力放在了钻营取巧争权夺利之上，或是像约翰·马丁那样，从视野中消失，沉陷于花里胡哨的小报新闻，以污言秽语的讽刺文章度日。马丁的例子尽管极端，但是在这一时期，其难堪的职业堕落也十分典型：前程远大的新星走向旷日持久的、无可解释的贫瘠。意味深长的是，和同时期的其他重要导师一样，他也未能教出一位能为这门学科增光添彩的学生——除了他儿子以外。

的确，博物学家大概很少是从头教出来的；但他们至少在恰逢其时的帮助和鼓励下得到了"认证"。对于长势良好的新人苗子而言，最关键的一点就是要有普遍适宜的气候，因这气候本身就会带来最重要的生长因子：年龄相仿的志同道合者。在这些年中，有一些年轻的新星所获得的主要启发和协助并非源自同代人，甚至并非源于父母一代，这一点本身足以证明，那种刚好让火炬得以传递的契机是非常不稳固的。例如，本杰明就不得不坦承，当他在 1740 年左右最早接触昆虫学时，年逾花甲的丹德里奇是其"主要的昆虫学导师"。爱德华·雅各布（Edward Jacob）——其 *Plantae Favershamienses* 日后成为最早的地方植物志之一——则将年轻时最早接受的准确的田野指导归功于了一位同在肯特郡的植物学家、年逾古稀的老手约翰·贝特曼牧师（Rev. John Bateman）。经过仔细检视后，还有少数其他人曾在最易受影响的岁月里，与伟大的雷－斯隆－谢拉德－佩蒂弗世代中的某些人（简言之，即坦普尔咖啡馆植物学俱乐部的成员们）有过关键的个人接触，因而成为了他们间接的弟子。著名的《墓畔挽歌》（*Elegy*）一书的作者托马斯·格雷（Thomas Gray）少年时住在伊顿，从叔叔和师傅罗伯特·安特罗伯斯（Robert Antrobus）那里培养了对植物学和昆虫学的热情，而安特罗伯斯则是那家俱乐部的一位真正成员威廉·弗农（William Vernon）的门徒。约翰·马丁，如前文所述，是从布莱尔那里收获了最早的鼓励；与他一起创立植物学协会（Botanical Society）的年轻朋友们则是艾萨克·兰德（Isaac Rand）的主要学徒，兰德是药剂师协会的植物示范官，年轻时曾与佩蒂弗、巴德尔、杜波依斯（Du Bois）、普鲁克奈特（Plukenet）一起采集植物。马丁伟大的朋友约翰·威尔默（John Wilmer）在数年后主持了切尔西药用植物园，他曾在 1719 年 21 岁时展开过一次特别的牛津朝圣之旅，他曾坐在年轻的博瓦尔特的脚边，却发现后者陈腐而无用。他说："我们谈了很多话，我看了他收藏的植物、昆虫、化石，等等。"

在后继无人的情况下，多数新学问（New Learning）都被遗忘了。蕴含在约翰·雷及同代人作品中的分类层面的伟大进步，以及最终得势的基于天然结构近似性的系统之根基，均陷入弃用状态，使得林奈劣质的"人工"系统能在日后轻松地拨云见日，大大阻碍了生物分类学的发展。如出一辙的是，罗伯特·胡克（Robert Hooke，1668 年已经创想出一种基于侵蚀周期的地球理论的轮廓）非凡的先进思维也完全湮没在了视野之外，当詹姆斯·赫顿（James Hutton）在 1785 年开始以远为精巧的细节构建大体相同的理论时，胡克的思想已经无从寻觅，于是，赫顿以自己的理论为现代地理科学奠定了根基。而且，似乎也没有人认为应该跟进胡克的另一项、甚至更开先河的主张：圣经中大洪水的故事——人们在历史中寻找化石存在的原因时锁定的传统解释——过于简略和虚幻，不足以造就所有已知的含化石岩石。如果其同代人留意到了这一主张，日后为达尔文及其先行者们带来巨大麻烦的对宗教信念的全盘冻结，应该就不会发生了。18 世纪学理探寻衰落的首要恶果就是，神学理论没有针对启蒙运动中新的科学发现做出必要的调整。相反，虽然古老的诠释已经过时，但却未被淘汰掉；而学术标准的滑坡，及由此引发的当代批评的匮乏，也令教会再次陷入了教条休眠之中。最终，当它于 18 世纪 90 年代苏醒时，不得不在酣梦中被惊醒；而如同受惊者的一贯做法，她完全表现出一种防备的态度，号召善男信女们站出来，封闭起自身的阵营。最终的结果则愈加悲惨：一方面对科学表现出不留情面的过于苛刻的敌意，一方面力不从心地捍卫经书上的字面意思。

正规协会的衰落并不表示博物学的一切组织化努力都走向了终结。它们作为学科中坚力量的功能，只是暂时转向了另一种不太显眼的社会联结，即半永久性的通信（或有益地称之为"互文"）圈子（colliterations）。当时没有合适的期刊杂志，通信对于传播新发现的重要性非今日可比，而除此之外，私人通信此时还发挥着一种空前绝后的更重要的作用。有人可能会说，博物学的世界几乎完全存在于纸面上。而虽然纸张在传播思想方面一向发挥着主要作用，尤其是对于更复杂的思想而言，但是，纸张也有其局限性。其效率永远难以同直接会面相比——不管是作为一种介绍新技术的方式，作为一种推进伦理观的方式，还是作为一种通过圈内意见的即时检验力量来评估声望的方式，均是如此。随着正式聚会的暂停，一定会出现某种对规矩的放松，社交层面的争斗，以及学科各方面交流的放缓。

此外，在这一时期投身于信纸之上，就是投身于缓慢、昂贵而不保险的邮政系统之上。早期博物学家们经常在信件中花费大量篇幅埋怨包裹去向不明，或是罗列出详细的投递指示——但却没有细数自己的所有可怕病症。仅仅向朋友借一本书，也要发送一份冗长的清单，列明匹配的公共马车时刻表，以及一个或多个驿站、中介，作为接收的地址。即便如此，仍然会石沉大海。即便最终收到，也有可能拖延数日、数周甚至数月时间。1702年，萨瑟兰在发给理查森的信中保守地写道，"我发现有时候，让普通邮递员寄送包裹是不确定和不保险的。"其他交通方式也几乎同样不可靠：1755年，约翰·埃利斯（John Ellis）选择通过海运将一本书寄给康沃尔的威廉·博莱斯牧师（Rev. William Borlase），后者不禁抱怨起所花费的时间之久，后来得知，盛大的征兵活动大大阻碍了泰晤士河的航运，令运送此书的船只延宕了很长时间。

　　尽管有重重障碍和风险，保持通信仍是一项不可忽视的要务。即便到了 18 世纪末，仍有四分之三人口的住处远离城镇，而所有这些人几乎都过着与世隔绝的日子。受过一般教育的小乡绅们，或在乡村地区居住、工作或传教的医生、牧师们，都注定在无法与志同道合者直接交流的情况下度过一生；而具有真才实学之人，往往对常规的狩猎、射击的活动提不起精神，对他们来说，一间汗牛充栋的书房，大量的书信写作，如果足够幸运的话，一两位学问还说得过去的邻居，通常就是全部的慰藉了。而书籍的昂贵价格，以及它们基本无益的特质，对于那些希望接下接力棒，并探索无人涉足之地的人而言，很难说是一种鼓励，而且，这些书往往在向当年的先驱者们传达一种理念，即如果他们完全投入在自身的资源之中，便可以大获成功。欣然自足的历史作家吉尔伯特·怀特（Gilbert White）——著有《塞尔彭博物志》（*Natural History of Selborne*）——就是在这些重重困难中取得成功的一个经典案例。他曾哀叹道，"我一直以来的遗憾就是，从未有一位邻居能在自身研究的引导下，转向对自然知识的求索；而由于缺少同伴来激发我的勤奋，磨砺我的专注力，使我在这个从小就投入其中的信息类型上，只取得了微小的进展。"

　　怀特在这段话里，有一点点狡猾。他的经历绝不极端，他的情况也很难说是典型的。他经常四处走动，有段时间还住在牛津，担任大学教师，而相比大都会知识分子，他绝对花了更多时间在"威克斯住宅"（The Wakes）消遣。不过，别的样板至少也不少见，如塞缪尔·戴尔（Samuel Dale），艾塞克斯的药剂师和植物学家；威廉·柯比（William

Kirby），萨福克郡的牧师和昆虫学家；理查德·普尔特尼（Richard Pulteney），莱斯特郡和多塞特郡的乡村医生，也是植物和贝壳方面的学生……教区学者的名单则几乎无穷无尽，他们保持了研究周边环境以活跃头脑的悠久而丰硕的传统。他们本身受人尊敬，这似乎也令他们研究的学科有了可敬的价值，从而大大提升了该学科在地方民众眼中的地位。

关于博物学对（尤其是）牧师的特殊吸引力，大概没有人比约翰·克劳迪厄斯·劳登（J. C. Loudon）说得更清楚了，下面这段话在多年后发表在了《博物学杂志》（*Magazine of Natural History*）上。

博物学研究有多适合住在乡间的神职人员，这一点完全无需赘述……它甚至胜过经典研究，胜过绘画，或任何其他的纯艺术形式；或业余车床加工，或任何其他的机械应用；喜好博物学对于牧师本人和他人都有巨大好处。从社会角度看，它甚至胜过对园艺的喜好。喜欢运动的人在追求自身愉悦时往往会对教区居民造成严重滋扰；园艺爱好者则是在自己的园子里从事很轻柔的活动；而任何类型的经典或室内研究者都会将自己隔绝在小房间或实验室中；博物学家们则是身在室外，在田野中，研究和搜寻鸟类、昆虫或植物的习性和栖息地，这不仅有助于他自身的健康，也提供了大量与教区居民交流的机会。借此可培养出令彼此互惠的熟悉感，最终，牧师不光会成为精神导师，也会成为一位建言者和朋友。

在 18 世纪的不列颠，生活中的残忍无处不见，这样一项事业无疑需要受人尊敬的群体施以援手：在那个时期，人们对于一切反常之人之事的常规反应仍然是激进、甚至暴力的。跛脚的人会被嘲笑；陌生人会受到滋扰和起哄；时髦华丽的服饰则会遭泥巴伺候。独行者尤其会引发普遍的蔑视或敌意，因为众所周知，会以如此方式自由外出之人不是盗贼就是流民。只习惯招待"马车团体"或骑行者的旅馆经营者们也从未对此类人士掉以轻心。当一位来自德国的旅行者问道，为何英国人从不像他一样出国徒步旅行时，他得到的回答是，他们都"太有钱、太懒惰、太骄傲了"。一个人的旅行方式彰显着他的经济地位。如果他步行出现在公开场合，这就明确表示，他很穷，养不起马或马车。如果绅士们有需要活动一下腿脚，他们会以体面而隐私的方式，在自家庄园里活动：的确，英国女子在欧陆上赢得了在庄园内散步过度的名声，法国人称这导致了她们都有一双大脚。

另外，除了单纯的不便以外，徒步旅行还要面对一些明确的危险。到处都潜伏着盗贼，连伦敦附近，如肯辛顿王宫花园（Kensington Palace）到威斯敏斯特教堂（Westminster）的路上，都有盗贼出没。一直到很晚期的 1749 年，霍勒斯·沃波尔（Horace Walpole）还在海德公园被两位持散弹短枪的马贼抢去了金表。更偏僻的区域则更不安全。爱德华·路易德（Edward Lhuyd）在搜寻植物和他所称的"造型石头"（formed stones）的过程中几乎比所有人都更加深入野外，旅途中，他经常遇到此类地方性的骚扰。1701 年，他在写给理查森的信中说："我希望（爱尔兰的植物）更多，也更好。但我们太快离开爱尔兰了，凯里郡基拉尼的托利党人迫使我们远比预计更早地离开了那些山林。"前一年，在康沃尔郡，他和伙伴们不断受到滋扰，总是被当做詹姆斯党间谍。即便发觉间谍的判断太牵强后，乡民们仍然坚信，他们是受"国会雇佣，前来征收更多税款的"。这一恐詹姆斯党症持续了许多年。凯莱布·思雷尔克德博士（Caleb Threlkeld）是众多有权抱怨的博物学家之一：他记录道，1707 年，他在泰恩茅斯采集植物的途中，"因为我登上了岩石，而没有留在大路上"，很快就被当成间谍，遭到当地人的突袭。甚至约瑟夫·班克斯爵士年轻时也未能幸免，1760 年，他闲逛于豪恩斯洛附近的树篱中时，被人当马贼抓了起来，他被拖到了弓街（Bow Street）的约翰·菲尔丁爵士（Sir John Fielding）面前，才得以重获清白。

　　乘马车旅行也并非愉悦的享受。旅馆常常肮脏或拥挤不堪（几名旅客睡一张床的情况仍时有所见，而且几乎都赤身裸体）；而直到 1751 年收费公路出现以前，连主要道路的状况也令人提心吊胆，有时根本无法通行。而且马车非常昂贵，又极不可靠，持续的颠簸会让太多乘客身体不适（吉尔伯特·怀特即是吃过马车苦头的一位著名人士），因此并不奇怪，很多人都会尽量（至少在夏季）避免乘坐马车，而选择在马背上旅行。雷和威洛比、彭南特（Pennant）、吉尔伯特·怀特、路易德、莱特富特（Lightfoot）等人——早期博物学家中的绝大多数——通常都选择骑马旅行。只要天气状况良好，骑马旅行一定又健康又快乐。"我几乎所有的旅行都是在马背上"，彭南特在自传中写道：

　　　　为此，也为了头脑的完美放松，我很享受这些愉快的旅行，这是我的夕阳红（*viridis senetus*）……。我考虑完全放弃马车的奢侈享受，我预感到这种享受与那种将我们送往最后阶段的车辆之间，只有一线之隔。

但马背并不适合所有人。比如，詹姆斯·谢拉德曾在 1724 年至 1725 年向理查森抱怨："除非骑马，否则我无法前往英格兰北部或西部，但我对骑马没什么兴趣，无法轻松踏上这样的旅程。"他通常选择的旅行方式是一架轻便马车和两匹马，另有一位仆人骑着第三匹马，"用来替换，或偶尔执行其他任务。"

独行的骑士们穿梭在不列颠的东西南北，单独的学者们在各自的私人图书馆和书房中记下他们的观察，装着标本和书籍的包裹辗转各地，从一位藏家来到另一位藏家手中。在现代人看来，这段时期博物学的组织形式一定恍如隔世。由于几乎没有任何协会或期刊为这门学科至少赋予一种实质性的框架，其信徒们会认为这一行没有留下任何严肃工作，而且完全没有人对他们正揭示出的数据感兴趣，这样的想法也是情有可原的。但如此一来，究竟有多少财宝湮灭在了这些岁月之中——未出版的笔记和记录，潜力巨大的博物学家，由于无人鼓励，而未能在这条路上坚持下去，因而未能留下名姓——是我们无力去想象的。

第二章
潮流兴起

正值作为科学研究的博物学进入短暂衰退期之际，在时髦的沙龙里，人们对这门学科的兴趣却（悖论式的）显著提升。而这两项趋势或许也不无关联。普遍的松弛氛围压倒了协会，松开了这门新学问的手脚，并在情绪和关注层面释放了巨大的改变，进而带来了一些补偿效果。理性让开道路，感性乘虚而入。

人们穿上了更轻松的服装；花园不再那么方方正正；巴洛克弯曲成了洛可可。如果说，1703 年胡克的离世和 1705 年约翰·雷的离世可被视为一个时代的终结，那么，仅仅三年之后，哀叹其首座废墟的威廉·斯蒂克利则明确代表了一个新时代的开端。十年后，波普（Pope）将设计出第一座非规整（informal）园林，而来自诺福克郡斯特拉顿村（Stratton Strawless）的罗伯特·马香（Robert Marsham）养成了种树的

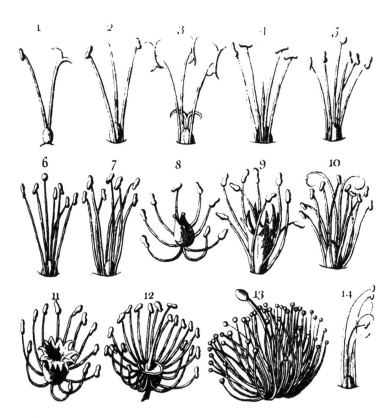

一部分的林奈植物性别系统，出自詹姆斯·李（James Lee）的《植物学概论》（*An Introduction to Botang*），1776 年。（伦敦林奈学会藏）

习惯，他在写给吉尔伯特·怀特的信中，将这一习惯称为自己"疯狂的一面"。1728 年，巴蒂·兰利（Batty Langley）提出了一个问题来挑战这个世界："还有什么比一座规整僵化的园林更吓人的吗？"而到了 1731 年，一股伪乡村的简朴热潮宣告了"乡土风貌"在服装界的七十年统治的开始。在历史中，有一种非常新颖的东西彰显了出来：对于风景本身及自然之本来面目的集体沉浸。

对于（某种）自然的欣赏并非新鲜事物。在西方文明史中，这样的欣赏至少可追溯至 15 世纪，甚至可一路追溯至古希腊和米诺斯时期。古代的中国人则在这个方向上达到了很高的程度，他们发展出了一套规定的系统，来恰当地观赏风景，以辅助冥想。实际上，当文明成熟到一定程度时，对自然的喜好似乎就会自行浮现出来。它似乎总是在人类有了足够丰富的知识，能够摆脱掉古老恐惧的时候到来，此时，人类眼中的自然至少不再是一种不可见的险恶存在——将人类团团围住，在生命的每时每刻带来滋扰。

不过，虽然有了这种欣赏，但迄今为止，自然仍基本被视为人类工事的附庸。18 世纪培育了天然森林，17 世纪曾种植人工青林，甚至加入一些人造的小鸟。自然一直是人们的炫耀之物，用来提醒彼此，他们征服了它，用它满足了自己的需求。他们喜欢自然，是因为确定它不会乱来。他们对其狂野的一面仍怀有一丝恐惧，并认为将自然局限和控制起来更加安全，如建造一座动物园，或一座有围墙的园林。

启蒙运动——带来了公正与客观的终极胜利——最终带给了人们信心。它驱散了迷信，让人们习惯于以一种超脱之眼看待自身和周围的环境，它带来了态度上的根本转变。被科学剥去了外在的神秘之后，自然逐渐斩获了一种全新的神秘感，诱人的缥缈，愉悦的陌生，不仅挑动着人们的智识，也挑动着人们的感官。就此开启了一个漫长而缓慢的过程，自然对象开始褪下令人胆战心惊的粗野直接的力量，并以一种远为微妙的效果取而代之，成为人类内在努力与直觉的外在反映：变得不那么强势，变得能够掌控，甚至能够选择，但也绝未丧失吸引力和影响力。

在这个过程中，18 世纪是一段过渡时期。18 世纪初年，人们把玩自然，就像把玩一件新买的玩具。后来，随着他们渐渐习以为常，学会了越来越平静地做出反应，他们的胆子也变大了。最终，随着 18 世纪走入尾声，他们已经无可救药地爱上了自然。这些最初的躁动体现出，人们探索的心灵只打开了一半，更多受到了显露在外的自然光华的打动，即骤然闪烁的光彩带来的兴奋、完美造型带来的平静的愉悦、鼓动的翅膀带来的激动等。值得一提的是，自然的许多信众都是专业画家，尤其是袖珍画画家：埃利埃泽·阿尔宾、本杰明·威尔克斯、摩西·哈里斯——甚至丹德里奇，我们发现他是一位出色的设计师。阿尔宾曾坦承，他之所以进入这门学科，是受到了昆虫之美的吸引。

在这段时期，大概正是由于这一唯美的吸引力，昆虫学的追随者中出现了相当比例的女性。埃莉诺·格兰维尔（Eleanor Glanville）女士（对应格兰维尔豹蛱蝶，*Glanville Fritillary*）是其中最知名的一位，也一定是最早加入的，她从佩蒂弗那里得到了许多鼓励。另一位是第一位贝福特女公爵（Duchess of Beaufort）玛丽·萨默塞特（Mary Somerset），她是阿尔宾的主要赞助人及其第一本书的启发者。也正是她最早告诉理查德·布拉德利，每种蝴蝶和飞蛾都有自身独特的食用植物，布拉德利曾在 1721 年倾慕地写道："我认为她培育的大量英国昆虫种类，比任何一个欧洲人准确观察到的还多。"今天，一卷英国鳞翅目昆虫的绘本仍保存在巴德明顿她曾经的书库中。在更晚期的 18 世纪 40 年代，我们发现威尔克斯提到了一位沃尔特夫人阁下（Walter），她曾培育许多珍稀的飞蛾。而在威尔克斯列出的其主要作品的订阅人 /"鼓励人"名单中，全部的一百多个名字里有不下四分之一都是女性。

这说明，花卉尚未成为女性的独特要务，而植物学研究也尚未沾染日后成为其可疑宿命的明显的女性意指。确实，一直到 1749 年，伟大的植物学画家乔治·狄奥尼修斯·埃雷特（G. D. Ehret）才开始为诺福克和利兹的女公爵以及许多贵族的女儿们上花卉绘画课程，虽然在他之前也可能有一些未留下记录的前辈。而在更严格的植物学意义上，贝福特女公爵似乎仍是一位重要的先行者。她在其位于巴德明顿和切尔西的植物园里——在当时一些重要的植物学家的帮助和咨询下（包括威廉·谢拉德在内，有一两年，他担任她儿子的家庭教师）——构建出了近乎无与伦比的珍奇植物收藏，由此也留下了一座庞大的植物园。

不过，就收藏来说，没人能在规模和丰厚程度上（把汉斯·斯隆爵士排除在外的话）媲美波特兰公爵（Duke of Portland）的第二位妻子玛格丽特·卡文迪什·本廷克女士（Lady Margaret Cavendish Bentinck），她在 1734 年二十岁时嫁给了波特兰公爵。接下来的五十年里，她将大部分时间和精力，以及超出其可观财富的一切，都投入在了构建一项庞大的收藏上面，这项收藏不仅涵盖了博物学（包括一切她想得到的分支领域），也涵盖了瓷器等纯艺术领域。

此项收藏绝对是英国规模最大的，很可能也是整个欧洲最大的：她离世后，其收藏的拍卖持续了 38 天之久。容纳该收藏的博物馆位于她在布尔斯特罗德（白金汉郡）的大宅邸中，她还在那座庄园里修建了一座植物园和一座相当规模的动物园。对于不列颠群岛的博物学而言，布尔斯特罗德的重要性甚至不亚于大英博物馆（后者基于斯隆的庞大收藏而创立，直到 1759 年才勉强向公众开放）。博物学家蜂拥前来观赏这一收藏，并总会得到公爵夫人的盛情款待，这位主人魅力十足而又极为友善。全国各地的许多博物学家都参与了她的收藏工作——哈利法克斯的博物学家詹姆斯·博尔顿（James Bolton）是一位典型的贡献者，1781 年，他从克雷文为她送来了地衣，"在一间公寓里，在她的一只典雅的盒子里"——其中几位则受其委托，承担起了分类和编排的艰巨任务。主要负责人是居住在附近的阿克斯布里奇的植物学专家约翰·莱特富特牧师（Rev. John Lightfoot），公爵夫人巧妙地将他聘为了图书馆员和家庭牧师。莱特富特也受雇为她采集植物，他被派遣至相对偏远、少为人知的区域，如苏格兰高地（Highlands），此举也歪打正着，帮助他写出了那部先驱作品《苏格兰植物志》（*Flora Scotica*）。其他被说服在博物馆帮忙的人包括丹尼尔·索兰德（Daniel Solander，1779 年成为正式馆长），理查德·普尔特尼及负责昆虫项目的托马斯·耶茨（Thomas Yeats）。埃雷特曾前来绘制她的植物，同样优秀的动物画家威廉·卢因（William Lewin）也就她收藏的英国鸟类和蛋创作出了杰出的插画。钟爱此类事物的乔治三世国王和夏洛特皇后也是她的常客。

在一个几乎没有组织化的协同努力的时代，这个超级的私人赞助案例为广大的博物学家圈子提供了安慰与鼓励，这也是一种（由于勤奋的园丁鸟心态滋养的）纯粹私人热情的无心产物。她曾在一封信中写道，"收到了我见过的最美的一只鸟"。另一次则写到了她的贝壳（"……我的所有美物"），从中我们能看到一种类似于沾沾自喜的感情。但至少她是人，甚至是讨人喜欢的人；如果说她在更堂皇地纵容自己，至少，就她不断感到的虚弱感而言，她要比多数人更为坦率。

　　相比下来，大部分有钱的收藏者对于科学都没什么想法。在上一个世纪（19世纪）进入尾声之际，存放自然界（以及人工的）"珍奇异品"的柜子已成为想展现修养的奢华阶层的必备家具。当新学问及与之相伴的新的积极的探寻精神逐渐式微，并最终消失之时，科学的推动力量——即便在最佳时期，也并不十分强大——往往会退化为无脑的囤积欲望，而富有教益的展览的动力则会堕落为自我膨胀。因此，当我们读到此时橱柜博物学家影响力的崛起时，必须非常小心，不要以为这就体现了博物学兴趣的任何有意义的传播。富裕藏家们发挥的主要作用在于为这门学科提供了金钱，并构建出了对原始材料的广泛遴选，从而为日后的分类学研究打下了基础。而真正意义上的博物学，基本只是搭了个便车。

　　从结果来看，它主要受惠于两个方面。首先，最高阶层的人士——在法国，包括无数朝臣和贵族——认为这门学科值得关注，而且适合公开参与，这就成功地为其赋予了一种备受尊重的地位。于是，对自然物品的收藏登上了时尚的舞台；在那个以风潮著称的世纪里，博物学也开始极大地受制于此，并达到了一种此后绝无仅有的程度。由于没有多少社会或财务检查能中止或限制它们，因此，潮流喜好得以全面盛放。这一次，我们称之为"时代精神"的那股神秘力量，从艺术领域强势漫溢了出来，将影响力也投射在了博物学之上。各学科在热门程度上的风水流转毫无理性可言，并不反映它们在科学上的重要性，而似乎呼应着主要风格喜好的潮起潮落。琼·埃文斯博士（Dr Joan Evans）在其专著《模式》（*Pattern*，1931）中谈到了法国贝壳收藏（*conchyliomanie*）的风尚问题，他说，此风尚会随着与之同源的装饰风格的流转而起落，这里指的是一种称为岩（*rocaille*）的贝壳式主题，最早出现于1719年。

一个同样生动的对照出现在花卉层面。对植物学和园艺兴趣的显著提升与丝绸上兴起的高度自然主义的花卉设计风格存在着呼应，这一丝绸潮流起始于 18 世纪 20 年代末期，发源于里昂。据称，在这一时期，昆斯伯里女伯爵姬蒂曾因一件裙子声名大噪，这件裙子完美展现了自然之美，穿上它的姬蒂就像一座行走中的植物园。

这场风尚被过于乐观地归于了林奈早期作品的影响。但是在那段时期，至少在英国，很少有人知道这些作品。甚至当林奈在 1736 年对这个国家展开了著名访问之后，迪勒纽斯在写给前辈理查德·理查森博士的信中，仍要详细解释他是何方神圣，为何值得关注。"一位新的植物学家正在北方崛起，"他平淡地指出，"他名叫林奈，发明了一种基于雄蕊和雌蕊的新方法。他是瑞典人，已经到访了拉普兰。"整体上看，英国植物学家对其新的性别分类系统并未表现出多大的热情。约翰·雷的《英国植物纲要》（*Synopsis of British plants*）已经是他们的标准手册——特别是在 1724 年迪勒纽斯全部修订过的第三版问世以后——因此，对自然分类法（Natural Classification）的使用已根深蒂固。他们不愿放弃一套行之有效的本土系统，而代之以一种新的（而且老实说，相当古怪的）舶来品。一些人甚至会对这一设想勃然大怒。曾担任詹姆斯·谢拉德的园丁的托马斯·诺尔顿（Thomas Knowlton）特别坦率地表达了看法：

> 至于林奈的新方法，不论他还是任何其他人，永远无法胜过约翰·雷，或图内福尔（Tournefort），因为他们选择了花朵本身，这是最基本的部分；在我看来，将花朵的某一个部分与其整体割裂开来，完全是异想天开和荒唐透顶的。

有迹象表明，在林奈出现以前，植物学的喜好已经风靡了起来。1714 年至 1730 年间，撰写植物生命主题的重要作家理查德·布拉德利推出了不少于 24 本关于该学科的书籍和小册子，多数都很畅销。我们现在知道，1720 年后，他不得不通过写书来挽救其财务状况；但如果没有一个安逸的市场，出版商也不会出这么多本了，同样，盗版商也不会如此放肆地盗印其作品了。1744 年，约翰·雷的《英国植物纲要》从拉丁文翻译成英文无疑也是由此带来的一个结果，同时也是一项令人鼓舞的征兆。

收集贝壳到收集化石之间只隔了一小步，很多情况下，贝壳和化石都是同样的材料，只是化石的古老程度令人困惑；从收集化石再向前一小步，即收集矿石及所有有趣的地质现象的样本。世纪开端，人们尚未普遍认识到化石的真正性质，即一度鲜活的动植物的遗骸——古希腊人最早认识到了这一事实。爱德华·路易德是其中一位最早开始孜孜不倦地收集化石之人，他也是牛津阿什莫尔博物馆著名的“化石柜”（Lithophylacium）的创立者，1699 年，他推出了第一本英国化石专著，但他一生对化石性质的基本认识都是错误的。他认为，至少有一些化石“是在它们被发现的地方形成的”，并引用了钟乳石来支撑这一论点。1671 年，马丁·李斯特认为它们是“自成一格的石头”，从不是动物身体的一部分，而是由石头内部的某种力量生成的。罗伯特·普洛特认为，大地生出它们，是让它们作为其隐秘部分的装饰，就像花朵是其可见部分的装饰一样。还有一些人认为它们是造物主早期的“失手之作”，当他学会怎么打造现存的生命造型后，就把这些次品扔掉了。不过，自胡克 1665 年出版的《显微术》（Micrographia，以及次年出版的克里斯托弗·梅雷（Christopher Merret）的 Pinax，两者的出版没有关联）

起，人们日益相信了它们的有机性质，而到了该世纪的中期阶段，这一理念已得到人们的普遍接受。一个常规解释是，它们都被淹没在了诺亚时代的大洪水下方。而约翰·雷早在 1671 年的旅行日记中，就拒绝认可这一信念，他在之前的十年一直在采石场苦心挖掘，他观察到，保存在化石中的许多生物都是如今已灭绝的物种。

不论他们的解释如何，总之在大众看来，化石十分"珍奇"，因而有收藏价值。于是，这一收藏贯穿了整个世纪，未受到任何明显干扰。一位典型的收藏者威廉·斯蒂克利在回忆录中记载道，1704 年，他在剑桥时会和多位医学同学"每周一次或两次前往周边的乡野中去，翻找砾石和白垩石堆，搜寻化石"。同一时间，塞缪尔·戴尔也在探索埃塞克斯，并记录下了他找到的各式各样的新物种。1730 年，在《哈里奇和多佛考特的历史和古迹》（*The History and Antiquities of Harwich and Dovercourt*）的附录中，他通过关于地方崖壁的记述，编排了一份准确的地质剖面图。

"哈里奇崖壁上有好几种化石贝壳，数量很多"，有两位收藏者在后来的 1748 年又重新发现了这一点，当时，他们正"在岸边游荡和搜寻"化石在时下的对应物。其中之一是埃马努埃尔·门德斯·达科斯塔（Emanuel Mendes Da Costa），这是一位葡萄牙出身的商人，当时他对贝壳、矿石和化石的收藏已经十分庞大而且珍贵。据他发表的信件中所讲，为了进一步充实藏品，截至 18 世纪中期，达科斯塔已构建出一个广泛的通信网络，通信对象遍及全国，他经常能说服人们前往所在地的采石场探寻，并至少寄给他一些出产的废品。他给出的指示有一种惊人的现代风采：每块化石都要小心包裹在单独的纸张里，并附上采集地点；若物种中包含地层，要标明采集深度，如不包含地层，则要标明它所在地层的情况。他在 1761 年已经宣称："我构建了庞大的收藏，我的化石收藏被认为能够匹敌——若非超越的话——英格兰的任何私人收藏。"两年后，他从商场抽身，成功担任了皇家协会的书记官（Clerk）。但此后，他失去了其英明的理智。很快他就被发现出于自身目的窃取了近 1500 英镑的协会资金，为此，他被辞退，并被判处了五年徒刑。这大概是其宝贵的通信活动的终结，但即便如此，也未终结他对这门学科的热情，甚至在服刑期间，他仍设法举办了几场关于"化石王国"的讲座。

达科斯塔留下了一份该领域重要藏家的名单，他们都活跃在这个世纪中期。其中列出了相当数量的藏家，再加上他私人的拾荒军团，说明了在这一时期，收集化石的癖好要比我们通常想象的普及得多。这些"化石学者"（如他们自称的）中既有卑微的劳工，也有有钱有势者，如托马斯·威廉·琼斯（Thomas William Jones），他的贝壳和化石连同房子一起在斯特兰德被出售，这也是达科斯塔能记起的最早通过私人拍卖处理掉的收藏——拍卖本身就是对于当时潮流强度的一项有效指标。

同样，鸟类标本收藏似乎是这些年另一项流行度被低估的志趣，原因就在于，相关的私人藏家们普遍都默默无闻。世纪初年，莫伊尔、斯隆、理查森和丹德里奇都曾追随特雷德斯坎茨（Tradescants）、威洛比、托马斯·布朗宁（Thomas Browne）爵士等人的脚步，彼此交换鸟皮及鸟蛋。马丁和布莱尔主要是植物学家，但很快都将关注点延伸到了鸟类。两人的通信透露出，起初，马丁天马行空地想通过蒸煮鸟蛋来保存它们，"但现在，"他在 1724 年记载道，"我发现肉可以吹出来"（吹钻设备直到 1830 年左右才被发明出来）。布莱尔住在林肯郡，他采用专业捕鸟器——借助网子和诱捕口哨的辅助——捉鸟，然后填充、固定起来，他对自己的这项技术非常骄傲。虽然"贵族或其他感兴趣的绅士们要求让鸟呈现坐姿"，但他在实践中会把所有鸟儿设置成更逼真的样子——架起翅膀，仿佛它们正要振翅高飞。通过布莱尔，他提出"在一两年时间内，将马丁的收藏打造得如同这座岛屿上的任何收藏一样有趣"，他也承诺记下"哪些是候鸟，哪些不是，以及它们如何筑巢，在哪里筑巢，鸟蛋的数量，等等，（布莱尔补充道）关于所有这些，他似乎都很爱寻根究底"。

相比欧洲大陆，英国藏家和标本制作者的方法十分落后。比如，柏林的一位教师 J.L. 弗里施（J. L. Frisch）带来了一项重要创新，将每只鸟放在单独封闭的玻璃盒子里，如此便可将害虫隔离在外。他的标本也和布莱尔的捕鸟器标本一样，架设得"栩栩如生"（*nach dem Leben*）。在巴黎，医生和博学家雷奥米尔伯爵（Comte de Reaumur）也是该时期博物学领域影响重大的一个人物（巴黎有一座地铁站以他的名字命名，呼应着斯隆广场（Sloane Square））。据称，18 世纪中期，他的博物馆里有三个展厅陈列鸟类标本，这些标本的不同凡响之处不仅在于它们的天然姿态，更在于它们的羽毛保留了鲜活亮丽的色彩。遗憾的是，产生如此美妙效果的保存方法成了一个不为外人道的大秘密，只有少数几位博物学家分享了这一秘密，其中似乎没有不列颠的收藏家。如此，当 1763 年《年鉴》（*Annual Register*）宣告"一项保存鸟类的新方法，羽毛鲜亮，毫发无损"时，一定是一件大新闻。那位化名的作者称，他潜心尝试了数年，以寻找一个能媲美雷奥米尔的方法，如今终于成功了，近期以来，他已经用此方法处理了几十只鸟，"全都栩栩如生"。其方法是将普通的盐、胡椒粉和明矾粉末混合起来施用，然后悬挂两天，再放入一个框架中晾一个月以上。在最后那个过程中，他会将标本用线支撑起来，固定为一个天然的姿势。

这样一份明显受众广泛的出版物竟会给一件如此专业的事提供版面，这本身就说明，已经有相当数量的乡绅开始将他们猎取到的标本收藏起来，并且已经遇到了一些问题。这些活动无疑为标本制作师带来了越来越多的就业机会，从而（不亚于任何其他原因）大大提升了当时动物标本剥制术的发展。于是，一些陈旧低效的做法——如在火炉上用小火"烘干"鸟类，将鸟类放入酒中腌制，甚至浸在清漆里等等——全面退出了历史舞台。标本架设方面更怡人的效果也推动了更不计其数、更庞大的收藏。而更多标本的存在，更完美样貌的保存都意味着，各种描述也越来越多地建立在标本之上，而非仅仅基于（如过去的通常情况）印刷的图片。

富人和时尚人士在这段时期对博物学的第二项主要助益是他们对奢侈的图文书籍的支持：即那个炫耀时代的"咖啡桌书籍"。如诺尔顿以其一贯的执拗语气所称，"这些书是为公子哥们打造的，让他们填充一间书房，更多的是为了外在的展示，而非实际的使用，徒有其表。"至少在英国（国外有其他前辈），此类书籍的首位倡导者似乎是埃利埃泽·阿尔宾，他早在 1713 年就开始制作那些最终用于《英格兰昆虫博物学》（*A Natural History of English Insects*，1720）中的图版。其中的图片质量不高，用色也被认为很幼稚；尽管如此，它一定卖得不错，因为截至 1749 年，已再版三次，作者也在鼓舞之下出版了更多同类书籍。与此同时，约翰·马丁在 1728 年出版了他的《植物志画报》（*Historia Plantarum Rariorum*）系列，以绘图形式介绍切尔西药用植物园里众多新引入的植物，整个系列持续出版八年，共推出 52 张图版，最终在财力上无以为继。其中多数绘图均出自荷兰画家雅各布斯·范海瑟姆（Jacobus van Huysum）之手，体现了 17 世纪伟大的荷兰花卉绘画传统，而英国的这场新风潮也可部分视为此项传统的延续。也是在 18 世纪 20 年代，动物学家乔治·爱德华兹（George Edwards）的彩色动物绘图开始卖出令人鼓舞的价格。在斩获了一个永久席位后——得益于斯隆一贯具有影响力的赞助，1733 年，作为皇家内科医学会（Royal College of Physicians）的图书馆员，爱德华兹开始创作四卷本的图文书《鸟类志》（*The History of Birds*，1743—1751），随后又继续拓展出版了三卷本的《博物学拾穗》（*Gleanings in Natural History*，1758—1764）。爱德华兹对鸟类的了解远胜阿尔宾，他也是当时少数几位与林奈保持通信的英国博物学家。他的到来标志着此类书籍开始扮演一种更实在、更科学的角色，此前，它们的卖点几乎全在图画上面。

1755 年，这座城市里一位殷实的商人，也是与林奈保持通信的另一个人，约翰·埃利斯，有趣地选择了以这种欺骗性的铺张板式来出版其博学的《关于珊瑚博物学的论文》（*Essay towards a Natural History of the Corallines*）一书，书中的精美图版出自埃雷特之手。三年后，摩西·哈里斯，一位经验丰富的鳞翅目昆虫学者，同时也是一位才华卓著的画家，开始出版《鳞翅目昆虫学家；或英格兰昆虫博物学》（*The Aurelian; or, Natural History of English Insects*），不但非常漂亮，而且涵盖了十分宝贵的准确信息。又过了三年，托马斯·彭南特（Thomas Pennant），一位身家丰厚的北威尔士地主，无疑受到爱德华兹大获成功的鼓舞，出版了第一批《不列颠动物学》（*British Zoology*），书中的描述清晰明了，基本成为了自威洛比的《鸟类学》（*Ornithology*）出版近一个世纪以来的第一本关于不列颠鸟类的实用手册。

与此同时，前文关于收藏热潮的说法也能用来形容这些图文书籍：将它们的受欢迎程度当做衡量作为一门建设性努力、并自命具有科学目的的博物学的受欢迎程度的恰当指标，是非常危险的。同样，我们必须小心那些似乎说出我们心愿的宣告，比如威廉·谢拉德在1720年写给理查森的信中主张的，"各类博物学都大受追捧"——意思可能是，只存在对这一题目下的珍稀书籍的追捧——或1746年贵格教派（Quaker）的商人彼得·柯林森（Peter Collinson）在写给林奈的信中所述，"我们深爱博物学的各个分支；在英格兰，它们是所有书籍中最畅销的"——同样，由于背景不明，这一判断也只能放在书商或图书馆员的狭窄语境之中。尽管如此，重要的是至少存在这样的喜好，虽然它们往往是肤浅和瞬息万变的。在漫无目的的技能和漫不经心的兴趣中，随时有可能浮现出坚定有序的目标。唯一缺的只是一种方向感，一只学理的指南针——首先将它们调动起来，然后继续在路途上引领它们。

最终，正是收藏本身带来了缺失的动力；因为随着18世纪的推进，这些收藏的规模往往变得十分庞大，类别更是多种多样，因而开始变得不可掌控。英法荷都拥有大量的海外领地，都开展着庞大兴旺的海上贸易，长期以来一直源源不断地吸收着航海者从遥远的土地上带回的各种爱物、装饰品和纪念品。而随着收藏风生水起，海员和旅行者也日益了解了什么样的人喜欢什么样的物品，以及什么物品会卖出高价，这就激励他们带回一些比玛瑙贝、甘蔗以及偶尔学舌的鹦鹉更不寻常的东西。收藏家们也学会了在甲板上徘徊，结交出海船只上的船员，传递给他们连篇累牍的指示，告诉他们如何搜寻物品，以及更重要的，如何以最佳状况带回一切能找得到的物品。

在这方面，没人比佩蒂弗更孜孜不倦了。他在其中一张大纸上写着，"不论你在哪里上岸，或深入哪里的田野或林地，都要随身携带收集指南（采集到样本或标本后，你必须在当天移入此书中，最多不能超过两到三天。）"1696 年 8 月，他以其一贯不容分说的口吻，为一位随船前往海外的外科医生列出了如下内容：

> 出国要随身携带如下用品：
> 收集指南等
> 一两刀牛皮纸
> 篮筐
> 两三块布，或麻袋，用来包贝壳
> 若干广口瓶或杯子
> 装昆虫的盒子
> 针垫、针
> 用来保存肉虫等的白兰地或酒精

几乎每一位听说要前往海外、特别是受过一定教育的人，都有可能受到佩蒂弗的恳求和叨扰。作为一个有着无穷精力，且勤奋到不近人情的人，他对于新材料显然是贪得无厌的。标本从世界各地向他涌来；而这些标本的庞大数量和千奇百怪的类型，似乎只会推动他付出更加汹涌的努力。结局完全在意料之中：源源不断而来的物品的庞大体量和体裁最终淹没了他，在对数量的迫切追求下，不管是他求来、买来或以其他方式得来的物品最终质量都成了鸡肋。

1710 年，在他最后的岁月中，一位富有的德国学者察哈里埃·冯·乌芬巴赫（Zacharia von Uffenbach）带着仰慕之情前往伦敦拜访了他，离开时却产生了深深的幻灭感："我们本以为会见到一位博学优雅的典范人物，"他在日志中抱怨道：

> 但他在这两方面都十分欠缺。其外表和行为都十分不堪，才华寥寥，拉丁文磕磕巴巴，几乎串不成句子……一到手任何毫无价值的物品，他就会马上印出一份简短无味的描述，然后将其送给任何和他有一点交情之人，并索要一份回礼。所有东西都被英国式地胡乱存放，堆在破柜子里，塞在盒子里……他会送给每位外国访客一件他的藏品；但不忘为之索取一笔巨款，因此我婉言谢绝……他们说他掌管着药剂师的药用植物园，但打理得相当粗鄙，不允许任何植物繁衍，只会将它们夹在书中，或送给他人以换取其他物品。

这些说法当然过于苛刻了。诚然，佩蒂弗很看重金钱，对于接收的东西不加选择，保存上也粗心大意；但他至少像发电机一样忙个不停，为当时的博物学奠定了一种激励人心的、不知疲倦的基调。毫无疑问，很多人都受到了其榜样力量的激励，即便他们的触角没有这么四通八达和随心所欲。或许他的戏份有些过了，但那个特定时期也的确需要一个人来扮演这样的角色。

但是相比处理材料、使其为科学服务来说，积聚材料是比较容易的。名称大都很烦琐，通常由一长串概括物种特征的拉丁词语组成，非常难记；而且，对于不同国家的博物学家来说，保持联系、交换标本和书籍，依然远非易事，因此，不同权威为同一物种赋予不同名称的情况时有发生。雪上加霜的是，几乎每一个人遵循的分类系统都不相同。毫不夸张，发明系统可以说是 18 世纪的时髦乐趣之一：这件事非常吸引那些喜欢规整的典雅，喜欢艺术中的秩序感，喜欢帕拉弟奥建筑及巴赫和莫扎特音乐之人；这也反映出了一种追求宏大，并认为可以达成完美的一种庄严信念。对于所有能够耐心细致地观看之人，自然中的模式都是一清二楚的；而这些模式如何在更广大的、包罗万象的方案之中彼此关联，则完全是可以争论的。可能的解决方案不计其数，如托马斯·马丁（Thomas Martyn）向普尔特尼抱怨的——"系统狂热"是真正的"流行病"。多数系统都有可取之处，问题是没有一种势不可挡。

如果只从驯服理性主义怪兽的层面来看，对于体系的追求在法国得到了最全面的体现。1732 年，那里出现了一部洋洋九卷本的巨著《自然的奇观》（Le Spectacle de la nature），其中，自然神学的教义（约翰·雷已经在大约四十年前的《造物中展现的神的智慧》（The Wisdom of God Manifested in the Works of the Creation）中对此做过阐述）被展现为了对话的形式，参与对话者是一位伯爵、一位伯爵夫人、一位小修道院院长和一位骑士。作者是阿贝·普吕什（Abbe Pluche）。本书推论浅薄、画面粗糙，但风格通俗易懂、生动活泼。它成为了博物学史上第一本热销书，持续推出了十八个版本，并译成多国外语（英文版于 1736 年至 1737 年以《自然明示》（Nature Displayed）的书名面世），大约二十年后，它更被视为了当时发生在法国的博物学热潮背后的最主要的推动因素。显然，受过教育的大众若想看自然方面的书籍，往往都会喜欢那些看上去蕴含着伟大思想的厚书。他们希望那些书能让他们腾空而起，摆脱掉单调乏味的细枝末节，将他们带往一个整体更加崇高的奇妙层面。

于是在 1749 年，乔治-路易·勒克莱尔（Georges-Louis Leclerc）出版了其伟大的《博物志》（Histoire naturelle）的最初几卷，勒克莱尔日后被册封为了布封伯爵（Comte de Buffon）。这部里程碑式的作品一共出版了四十四卷，耗时整整五十五年（得到了数位杰出的博物学家的帮助），其文字风格精良考究，被视为了对当时所知的全部自然世界的一份总述。布封身着全套伯爵服装，全身上下井井有条，为完成此项任务，他每天工作八小时，四十年坚持不懈。这套书甫一出版就大获成功，首印在六周内售罄。整个巴黎协会（Paris Society）的人都读了它，或同样不可轻视地宣称读了它，至少在一段时期内，博物学独领风骚，成为了学术讨论的首要话题。这部作品的吸引人之处在于它的规模和风格:相对来说，它作为科学作品的影响力较小。用威廉·斯温森（William Swainson）的话说，公众"采了花，却未探究蜜"。他们追逐的是它的宏大，而非具体的信息。

此后十年，当大部分世界都皈依了林奈后，法国人依然死守着布封。他们的万神庙只容得下一位博物学大师。而且，他们对于瑞典人、荷兰人或英国人的实证精神没有领会的天分。面对博物学时，他们更在乎的是陶醉其中，而非实用性:布封写起文章来就像一位剧作家;而林奈，从其方法的效率来看，更像一架冷冰冰的、不带个人色彩的机器。

简言之，林奈的体系并未畅行无阻地横扫一切:他在有些国家渗透得更快一些，特别是在碰巧出现意识形态真空的国家。如前文所述，和法国人一样，英国人也会尽可能长久地依附于自己的本土英雄——即约翰·雷。一直到1766年，卢梭（Jean-Jacques Rousseau）在英国广为人知的寄居期间，采集植物时随身携带的指南手册还是约翰·雷的《英国植物纲要》。

直到双词命名法最终确立，英国才转向了林奈，所谓双词命名法，即只用两个词来描述物种——类属名称加上一个指称物种的词——可以说，这个方式是林奈超越了约翰·雷和所有其他前辈的一项改良。回头来看，这项关键创新简单明了，它似乎源于林奈筹备《克利福特园》（*Hortus Cliffortianus*，1737）时的努力，目的是设计出一种更方便的引用书目的方法。他在其稳步出版的一系列出版物中，逐渐介绍了一套类似的体系，来简明地指示不同的动植物类型，并发明和推行了越来越多标准化的拉丁物种名的单字缩写。这带来了两方面的益处，首先是节省了空间，这一点在印刷成本高昂的时代至关重要，其次是大大简化了名称，方便人们记忆。但是在很多年里，他并未做到一以贯之地对每一个物种都使用双词称呼；而相比植物层面，他在动物层面的命名工作——以及个人兴趣——都有所滞后，因而被法国人阿当松（Michel Adanson）捷足先登了一年时间。

同样，他所谓的性别体系，即依据雄性和雌性器官的数量以及它们在一朵花中的排列方式来为植物分门别类的方法，也存在一个近似的先例——法国植物学家图内福尔设计的一个体系。那位瑞典人的独特成就在于，他将双词称呼的简洁性与一种特定的分类方案结合了起来，这一做法即便并不理想，至少也是行之有效的。为保障它们被采纳，他进一步施展了令人钦佩的天资，包括精准的描述，势不可挡的多产，以及对自身正确性的热切信念，通过所有这些本领，他在数年间"招安"了大部分怀疑和抗拒的人士。另外，毫无疑问，对这样一种自成一体的体系的采纳本身能大大提振采纳者的信心，而这样的信心被许多人错误地解读为了学术上的绝对正确。一群热心门徒集结在了林奈周围，他们追寻一条通往胜利之路，并不由自主地将自己的工作视同如《圣经》一般神圣；正是在他们的强烈热情推动下，林奈的方法赢得了广泛支持，这样的支持度已经无法用单纯的科学质量来解释了。

林奈及其追随者们也非常坚决。因为当时最急需的就是单一的归档方案，它必须能被轻松领会，能受到普遍的认可和接受。林奈本人承认，其体系对于某些科属之间明显的密切关联考量太少，但他深信，其首要任务必须是要将当时稳步揭示出来的前所未见的、令人眼花缭乱的自然多样性，简化为一种可掌控的秩序。至少在当时看来，任何简单有效的方法似乎都应受到热烈欢迎。乌托邦可以来日再战，眼下要做的是先平息原始材料的洪水，让科学不用再担心会被直接淹没。的确，从理论上看，由一种完全人工打造的体系来主导不能不视为一种退步，但在实践中，它的确能促成精力的联合与聚焦，并有助于打下基础，以迎接即将到来的系统性工作的爆发，而后者则是一切革命性启蒙的基础。更重要的是，经由其简洁性本身，它再一次让博物学的一种学问手段风行了开来，借此令广泛的大众感到，他们至少可以在这一个领域追随科学的脚步，并坚守此信念，这一情况一直持续到一百多年后专业生物学的崛起。

毫无疑问，英国需要一位本土天才脱颖而出，将双词命名法的优势嫁接到传统博物学系统的根茎之上。但是，或许由于该时期学术领域的普遍不景气，并没有这样的人物跟进。1753 年，《植物种志》（*Species Plantarum*）一书问世，随后，英国人也逐渐开始转变思维和写作方式，来适应新颖的林奈方法。这部重要作品终于一以贯之地使用了双词命名系统，而不再为结种子的植物添加辅助数字，同样，五年后，第十版的《自然体系》（*Systema Naturae*）也将这一系统引入了动物层面，由此，这两部作品构成了植物学和动物学命名法的正式起点。

1754 年 12 月，威廉·沃森（William Watson）在《绅士杂志》（*Gentleman's Magazine*）上发表了一篇长篇评论，盛赞这部作品为"一部杰作"，并称其作者为"历史上造诣最高的博物学家"，从而让英国公众首次了解到了它的伟大。但真正的皈依浪潮直到大约五年后才到来。据詹姆斯·爱德华·史密斯的说法（完全可信，他一定曾透过一批紧密关切者的眼睛，认真研究了这些发展），普尔特尼的《林奈作品概述》（*A General View of the Writings of Linnaeus*）"对于在这个国家传播林奈的知识来说，比其他一切作品的贡献都大，或许斯蒂林弗利特（Stillingfleet）的《关于博物学、农事及医药的杂章》（*Miscellaneous Tracts Relating to Natural History, Husbandry and Physick*）除外。"斯蒂林弗利特的这部作品问世于 1759 年，基本上是透过他的热情，他的朋友和邻居、伦敦药剂师威廉·赫德森才完全遵照着林奈模式，写出了重要的新手册《英格兰植物志》（*Flora Anglica*，1762）。另一部恰逢其时、颇具影响的作品是詹姆斯·李（James Lee）的《植物学概论》（*Introduction to Botany*，1760），这本书基本是对林奈的《植物哲学》（*Philosophia Botanica*）的翻译。1763 年，执教于剑桥和爱丁堡的植物学教授（托马斯·马丁和约翰·霍普（John Hope））开始在课堂上教授这一体系。1766 年，林奈的一位学生丹尼尔·索兰德，受约翰·埃利斯和彼得·柯林森之请来到英国，开始担任班克斯的助手，他在为古斯塔夫斯·布兰德（Gustavus Brander）的"*Fossilia Hantoniensia*"（一部关于汉普郡的第三纪软体动物的作品）所写的文字中将此福音传播到了古生物学领域。1769 年，约翰·伯肯霍特（John Berkenhout）出版了《大不列颠和爱尔兰博物学概述》（*Outlines of the Natural History of Great Britain and Ireland*）的第一卷，标志着林奈进入了英国的昆虫学领域，不过，直到六年后，当摩西·哈里斯出版《英格兰的鳞翅目昆虫》（*The English Lepidoptera*）时，林奈的方法才被永久纳入了此类文献之中。

伴随着出版宣传上的井喷，博物学的吸引力获得了显著提升，这一点体现在众多方面。人们会条件反射地断定这完全是一种因果关系。然而，虽然当时热度的提升很大程度上归功于林奈的带动，但很难明确这一影响的具体分量，因为在此之前，一项似乎非常独立的强势复苏已经在英国铺展了开来。

这种复苏可见于众多完全独立的领域。而不寻常的是，其中之一体现在了这片土地的最高层面上：1760 年，乔治三世登基，他为英国带来了众多影响，而一个比较意外的次要影响是，他在两年半的短暂时间里，在这个国家的中枢安插了三位热心的植物学家。第一位即皇后本人，她对科学的兴趣显然是货真价实的，国王甚至为她买下了莱特富特的植物标本馆作为礼物；第二位是国王的母亲奥古斯塔公主（Princess Augusta），她栽种植物的嗜好为如今所称的皇家植物园（Royal Botanic Gardens，也称邱园（Kew））打下了基础；第三位也是其中最热心的一位，国王的首席大臣比特伯爵（Earl of Bute），他无疑也是国王的偶像和最亲密的朋友。比特对植物学的兴趣可追溯至居住在苏格兰庄园时的早期岁月，这一兴趣也催生出了他在伦敦周边的野外工作，一座容纳收藏的标本馆，以及一座规模很大的图书馆，用来存放植物学书籍和植物绘画，此外，他还资助发布了一项庞大的新的分类体系，力图与林奈的体系分庭抗礼——据称，仅后面这一项，他就投入了不可思议的 1.2 万英镑的巨资。

多年来，国王和比特不得不忍受着令人沮丧的政治无能。而当他们最终掌权后，长期以来对于先朝和前政府的愤懑情绪也浮出水面，他们开始将职位分配给自己专属的小集团，包括朋友和食客，其中很多人对于先朝的支持者都非常不满。而其中一位受益者即多才多艺和备受诋毁的约翰·希尔（John Hill），他在比特手下做植物学工作，并很快当选了肯辛顿王宫花园的首席园艺师（以丰厚薪资著称）。希尔的一位门生威廉·杨（William Young）是一名缺乏经验的园丁，结果却当上了皇后的植物学家（Queen's Botanist），他在该职位上实际剥夺了其同胞威廉·巴特拉姆（William Bartram）面见佛罗里达州长所需的关键的推荐信，因而成功对北美的科学探索造成了严重损害。不用说，一定还有另一些尚未披露出来的此前完全不知名的博物学人士，也都从这场完全的政治剧变中收获了短暂的影响力和知名度的提升。

几乎在同一时期，剑桥出现了一股小规模的兴趣复苏。这一现象似乎只是因为，对博物学有共同热情的大学生等其他人士刚好比平时更多一些，大学官方对此则没什么（或毫无）贡献。领军人物是一位年轻的数学家伊斯雷尔·莱昂斯，他在 1755 年开始走进博物学，并很快就沉浸在了一项挑战之中——寻找约翰·雷在早期的区域植物志中记下的珍稀植物，拓展它们的产地范围。这项挑战深具感染性，很快，由记录者组成的一个特殊圈子就浮现了出来。托马斯·马丁也是其中之一，他是那位行为不端的主任的儿子，如今，他自己也成为了一位富有经验的田野植物学家。在接任父亲职位的 1762 年，他也见证了剑桥的另一件久拖不决之事：一座扩建的新的大学植物园投入运营。恰如其分的是，负责管理这座植物园的正是约翰·马丁过去的盟友菲利普·米勒（切尔西药用植物园的著名园艺师）的儿子。在植物园最早的常客名单中，有一位非常腼腆的托马斯·格雷，此时他已踏上诗人的征程，但最近再次被少年时收藏蝴蝶和飞蛾的热情俘获。那位新上任的主管和他也成了朋友，两人很快就进入了此时正快速扩张的地方圈子中。

大体在同一时期，另一个小团体——其源头更可肯定是早于林奈的——也在不远的诺里奇成立了。其中多数成员都出身卑微，多从事纺织、裁缝等工作，他们延续了一项传统——此类行业的人总是会固执而神秘地"通过在乡野采集植物来愉悦自己"，并尽力通过手中流传的古老的药草图版来辨别这些植物。我们通过詹姆斯·爱德华·史密斯得知了这一传统的存在，据他的说法，他们的活动最终催生出了一个明确的协会，"创立于多年以前"，在他下笔时的 1804 年仍然存活着。史密斯记录道，在 18 世纪 60 年代，这些长期以来波澜不惊的方式遇到了突然的颠簸：大批新来者涌入，而且并未掩饰它们对于该学科的兴趣源于大肆宣传的林奈方法的影响。如此，在英国的这个地区，林奈的方法就造成了一种错误地对传统的覆盖，一个显然无关的地层不容分说地罩在了原有地层之上。

这一诺里奇模式大概也不同程度地出现在了英国各地。这股林奈潮水不过是为一股本已十分强大的博物学潮流增添了一些流速和方向上的势能。如果没有一些预先的影响，《批评》（Critical Review）这样的杂志怎么敢在 1763 年就大胆宣称，"如今，透过某种全国性的编制，博物学已成为这个时代最崇尚的学问。"

这两条激流的汇聚很快就为博物学组织化的荒漠注入了一股活水。新的成长最早出现在 1762 年左右，摩西·哈里斯复活了鳞翅目昆虫学家协会（虽然只是名义上）。但和其前身一样，关于这第二家伦敦昆虫学协会的记录也没有留存下来；我们只知道，哈里斯担起了协会秘书的职责，协会成员则包括一位斯特兰德的富裕银匠德鲁·德鲁里（Dru Drury），德鲁里也是哈里斯的赞助人，有时会和他一起采集飞蛾。我们了解到，这家协会只存在了四年左右，随后就在成员间的纷争中覆灭了。大体在同一时期，一个没有正式名称的"文学和科学人协会"每周会在苏豪区的一家咖啡馆会面；1765 年左右，这家协会的主席是著名的解剖学家约翰·亨特（John Hunter）；据称，班克斯、索兰德、库克船长（Captain Cook）以及当时一位重要的医学讲师乔治·福代斯博士（Dr George Fordyce）都是该协会的成员。18 世纪 70 年代，兰开夏郡的埃克尔斯据称创立了一家小型的博物学协会；1782 年初，正在爱丁堡学医的詹姆斯·爱德华·史密斯召集一班朋友，成立了"博物学调查协会"（Society for the Investigation of Natural History，后来更名为更明了的"爱丁堡博物学协会"（Natural History Society of Edinburgh）），每周五在大学的博物馆聚会，史密斯当选首任主席，从而在职位上为他奠定了一个较早的起点；而在 1785 年左右，伊拉斯谟·达尔文（Erasmus Darwin）和他的几位邻人为自身冠上了"利奇菲尔德博物学协会"（Botanical Society of Lichfield）的称号。最后这家机构为达尔文阐述林奈性别体系的那首精妙诗歌提供了赞助，从而在历史上斩获了一只小小的神龛。在那首诗中，雄蕊被称为"丈夫"，雌蕊被称为"妻子"，并构成了这样的巧妙诗句——"丈夫们和妻子们住在同一间屋子里，但睡在不同的床上"（雌雄同株植物的定义）。

1782 年 10 月，当史密斯在爱丁堡忙于协会事务之际，一家更具实质性的协会——博物学推广协会（Society for Promoting Natural History）——在"迪恩先生家里（皮姆利科大道旁的一座拐角房）"成立了。威廉·福赛思（William Forsyth，连翘属植物（*Forsythia*）以他命名）是其中一位创始成员。福赛思是继菲利普·米勒之后的切尔西药用植物园（Physic Garden）的管理者，因此，这又是一项可归功于药剂师协会的成就。这家协会跌跌撞撞地（相当无益）维持了四十年之久，最终被自己的后辈取代，即至今仍欣欣向荣的可敬的伦敦林奈学会（Linnean Society of London）。

林奈学会主要源自史密斯的设想，他（连同其他人）很快就对博物学推广协会草率的办事方式感到不满。史密斯的具体目标是寻找一家显赫的机构，来烘托伟大的林奈的珍贵而庞大的收藏、手稿和书籍的吸引力，这些藏品是他读书时设法购得的，眼下保存在切尔西的库房里。这家协会除宣布成立外，其实在 1785 年至 1786 年已万事俱备，但基于个人原因，史密斯不得不将正式的宣布推迟到了 1788 年。这一年，七位创始成员在大万宝路街（Great Marlborough Street）史密斯住家附近的一家咖啡馆会面，宣告了协会的成立。如此，伦敦林奈学会成为了英国最古老的一家未曾中断过的博物学专属协会，而其创立于 1791 年的《学报》（*Transactions*）也成为了我们最古老的纯博物学期刊。

史密斯似乎从一开始就将这家协会视为了私家领地，他不喜欢的人要想加入协会，常常会被打回票。其中一位受害者就是可怜的约翰·爱德华·格雷（J. E. Gray），他是大英博物馆一位杰出的通才，据称，他曾经犯下一个不可饶恕的过错——在提及《英格兰植物学》（*English Botany*）的时候，漏掉了史密斯的名字，仅称"索尔比（Sowerby）的《英格兰植物学》"。而有幸加入者则会看到一套完全林奈式的纲领，一直武装到牙齿和脚尖；史密斯被尊为使徒的继承人，对唯一正统的拥护者，不亚于圣体的守卫者。林奈留下了一个传奇：史密斯及其仰慕者们则将之变成了一根当代的学术大棒。然而，口口声声关于藏品的独特和不可取代的虔言敬语，史密斯对待藏品本身的专横则令人扼腕。（至少）一些贝壳被当做礼物送了出去，全部矿石都被拍卖处理掉了，更多原始标本也都在他的手中神秘消失。他又将这些藏品与不同来源的近期材料混了起来，从而进一步损害了藏品的研究价值。1796 年，史密斯结婚，离开伦敦前往诺里奇居住，他带走了全部藏品，而且，仿佛是要彰显自已对协会的无视，他依然坚守主席的位置，虽然赏脸参会的情况已不足四分之一。

三十年里，协会只能步履蹒跚地维持，没有领导，没有实体，直到 1828 年史密斯离世，藏品才最终开放出来供人购买，而莫大的讽刺是，买下这些藏品的花销重创了整个协会，使其在随后的多年里都无法振作起来。史密斯真正的纪念碑是其《英格兰植物志》（*English Flora*）和他为备受赞美的《英格兰植物学》写下的文字。他带给了林奈学会一个关键的存在理由（*raison d'etre*），否则永远不会有这么一个实体；过程中，他为整体的博物学——以及最终，为科学发现的常规出版——提供了一个可敬的中心平台和一个正式媒介（虽然，如乔治·蒙塔古（George Montagu）抱怨的，有时要花上四年甚至更长时间，才能让一篇文章发表在其《学报》上面）。但这家协会能存活下来，则没有多少史密斯的功劳。它最终成功兴旺主要归功于托马斯·贝尔（Thomas Bell），一位牙科医生，也是重要的动物学家，他在 1853 年当选协会主席。五年之后，协会搬往了当前所在的伯林顿府（Burlington House）。

大约 20 年后的 1808 年，在苏格兰，一家类似林奈学会的爱丁堡维尔纳协会（Wernerian Society of Edinburgh）创立了。创始人是爱丁堡大学的博物学新晋教授罗伯特·詹姆森（Robert Jameson），他曾跟随伟大的德国矿物学家维尔纳（Werner）学习，近期刚归国；尽管他爱好广泛，但主要兴趣无疑在地质学方面，因而至少在协会成立的最初几年，关于地球及其起源的沉闷思辨有些过于吃重了。和史密斯一样，詹姆森主席也是一口气从头做到了尾，只是这里的尾不是他的离世，而是协会本身的终结，它一共维持了 50 年左右，随后部分由爱丁堡皇家物理协会（Royal Physical Society of Edinburgh）吸收，部分由爱丁堡植物学协会

（Botanical Society of Edinburgh）吸收，可喜的是，后两家协会一直存在至今。

伴随着协会层面的复苏，出版方面也迎来了一段精彩的盛世。18世纪80年代尤其在这方面写下了浓墨重彩的一笔。在这些年出现的大量作品中，最重要的一部是威廉·威瑟林（William Withering）的《植物学安排》（*Botanical Arrangement*），这是一部慢慢畅销起来的手册，（终于）以英文撰写。这本书至少在一代人的时间里成为了英国植物的标准读本，在作者的有生之年发行了三个版本，其去世后又有几个版本问世。威瑟林是伯明翰的一位成功的医生，如今常被提起的是，他最早阐述了洋地黄治疗心脏疾病的作用；但我们也应该记住，他是非专家指南（绝非易事）的先行者，也是首位在印刷品中向广大的英国博物学家们推介螺丝植物按压器（Screw-down plant-press）和锡制植物标本采集罐的人。

用英语出版此前一般以拉丁文撰写的作品，说明在未接受过正规学术教育的民众之间，出现了大批新的读者群。而且毫无疑问，其中很多都是女性。（比如）威瑟林就十分清楚地意识到，女性会构成其读者中不小的一部分：

> 以英文呈现的植物学将成为女性的一项热门娱乐（他在前言中表示），许多女性都突破了重重困难，成为了这门研究的能手。有鉴于此，我们最好取消纲目名称中的性别差异。

林奈的流行也伴随着一项我们并不陌生的代价：其作品的主要内容都经过了净化，以避免可能产生的尴尬。这种会让维多利亚时代的生活复杂化的烦心事显然才刚刚开始：女性读者是一个独立群体，只有审查后的自然才能向完美的淑女（Perfect Lady）开放，以免她们在欣赏自然之甜美与温柔时，偶然接触到其粗野和血腥的暗面。一部名称不善的《小姐们的博物学指南》（*The Young Lady's Introduction to Natural History*）早在 1766 年已经问世（《批评》（*Critical Review*）更指出，"即便成年的绅士也能从对此书的研读中获益"）。不久后，热情洋溢的献词中就充满了对于盛行的女性志趣的称颂：牧师查尔斯·阿博特（Rev. Charles Abbot）将其《贝德福德植物志》（*Flora Bedfordiensis*）"献给阿尔比恩（Albion）家美丽的女儿们"，牧师托马斯·马丁将他对卢梭《植物学通信》（*Lettres elementaires sur la Botanique*）的翻译"献给大不列颠的女士们；她们所取得的典雅而实用的成就不亚于她们的美貌"。

读到这些话时，我们并不总能轻易想象出，就在殷勤的作者们写下这些话的时候，有大量与众不同的女性正在聚会，正展现出学问上的天赋，而相对来看，这一定是些令人不安的本领。博物学大概远比人们意识到的更多受惠于当时著名的画室女主人们，维西（Vesey）夫人、奥德（Ord）夫人、蒙塔古夫人和博斯科恩（Boscawen）夫人，她们在 1750 年左右掀起了一场对抗时下风气的潮流，举办了一些以聊天为唯一要务的聚会，单调乏味的牌桌则被遗忘，这些聚会被霍勒斯·沃波尔称为"小圈子"（petticoteries）。在这些"谈话会"或曰非正式聚会上，出席人数可达数百位之多，男女共聚一处，或是一起吃早餐，或是参加晚上的招待会，晚会上则会分发一些小食，如茶和蛋糕，或咖啡、柠檬水和饼干等。而受邀参与此类活动的唯一门槛就是讲话要有学识，这个门槛对于男性和女性同等适用，其（心照不宣的）主要目的就在于，让聪明的女子们能活动一下她们的头脑，这是当时的习俗所不在意的。此类女子令学习在这个此前没有文化的性别群体中成了一件时髦之事；非常有趣，请回想一下，"才女"（bluestocking）[①] 这个用来责骂和围困她们的词语源于她们的一位最著名的朋友的奇装异服，这位朋友本杰明·斯蒂林弗利特（Benjamin Stillingfleet）经常如此穿着来参加派对，探讨（我们假设）植物学的问题，向她们解释林奈近日发明的好玩的室内游戏。

我们大概可以肯定，重要的博物学家是这些聚会上的"香饽饽"；因为这些女主人们几乎不自觉地自视为（至少）不亚于那些正热捧布封的巴黎女子们。当然，亲切的索兰德经常露面。我们也知道普尔特尼在 1764 年是蒙塔古夫人的宾客，正是在那里，巴斯伯爵（Earl of Bath）与他攀亲带故，将他任命为了家庭医生（但半途流产）。尊贵的收藏家波特兰公爵夫人（Duchess of Portland）经常参加这些聚会；德拉尼（Delany）夫人也是，她分享了公爵夫人的住宅与嗜好；赫斯特·沙蓬（Hester Chapone）也一样，她与吉尔伯特·怀特交换诗歌，并常常住在塞尔彭。虽然他们的谈话基本未留下记录，单看这些名字即可确定，博物学绝对在其中占有了一席之地。

正是在这个繁忙、兴奋、活跃、拥挤、组织化日益增强的、绝非不成熟的世界中，最终于 1788 年——即林奈学会创立后的几个月，巴士底狱陷落前的几个月——《塞尔彭博物志与古物学》（*The Natural History and Antiquities of Selborne*）一书出版了，这是一部举世公认的经典之作，一部博物学存在多年终于打造出的（《物种起源》之外的）本土"圣经"。

---

① 字面意思为蓝色袜子。

　　此书外观平平，只是一卷书信集，慢慢才受到人们的广泛关注。伦纳德·杰宁斯牧师（Rev. Leonard Jenyns）回忆道，他在1815年左右前往伊顿时，在一位朋友的书架上看到了此书："我从未见过或听说过这本书。"他对之爱不释手，抄写了其中的大部分内容，并尽量牢记在了心中。而爱德华·纽曼（Edward Newman）——1801年生于贵格教派的家庭，他的父母和多数该教派的人士一样都十分热心于博物学——自称是读着《塞尔彭博物志》长大的，这本书是他们全家人的挚爱。查尔斯·达尔文（Charles Darwin）也是在读书的少年时期，大约1820年，被这本书所感染。但直到1827年，威廉·贾丁（William Jardine）的版本出版后，这本书才真正开始蔚为风潮，其文学价值也开始得到广泛瞩目。

　　这一点很难解释。一个可能的原因是，它的写作风格过于古典，因而很难一下子吸引到习惯了浪漫主义的大众胃口。直到19世纪20年代末，一个正儿八经的、主要由中产阶级构成的新的读者群体才终于浮出水面，辨认出了令此书赢得长久声誉的卓越品质：怀特天生的同理心，以及他将深刻的情感投注在那些细致而清晰的内容之中的能力。他大概是英国博物学史上第一位展现出这一具有现代色彩之天赋的作家，单单因此，《塞尔彭博物志》就具有特殊的历史意义。而在一个多数人止步于单纯收藏的时代，怀特对于耐心观察的偏好也遥遥领先于时代。但即便拥有所有这些，如果缺少了一种成分，也没有一本书能斩获无可抗拒的经典地位：其中秘藏着我们必需的一定量的集体神话。洛厄尔（Lowell）几乎说出了真相，他称《塞尔彭博物志》为"亚当在天国的旅程"。因它确实是恬静之人的圣约：与世界、自身和睦相处，满足于深化他对于自己所在的一小片地球角落的了解，一个悬于完美的心智平

衡之中的存在。塞尔彭是我们每个人内心中隐秘的私人教区。我们必须
要感谢它在那么早的时候就被揭示了出来，而且伴随着仿佛自发式的简
洁与典雅。

第三章
往日的奇迹

　　《塞尔彭博物志》也必须放在时代的广阔语境中去审视。虽然很少有人愿意或能够以吉尔伯特·怀特式的非凡成熟的眼光来看待自然，但不少人也渐渐感受到了自然风景的魅力——虽然并不总能注意到博物学家主要关注的细节部分——并学着越来越自信地做出反应。18世纪30年代所玩味的简朴，转化为了某种更深刻的、同时更令人心醉神迷、令人不安之物。这些情感被表达在了艺术之中，也伴随着当时对于体系的钟爱，催生出了新的复杂的喜好模式。富有的贵族们从壮游中归来，带回了标配的意大利大师的作品，他们开始特别钟爱某一两位画家，克罗德·洛林（Claude Lorrain）、尼古拉·普桑（Nicolas Poussin）或萨尔瓦多·罗萨（Salvator Rosa）等等，这些画家选择去描绘自然中的风景：罗马平原的风景，而仅此一次，人物（如果有的话）处于从属地位。由

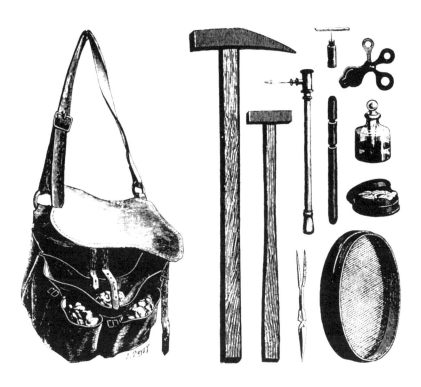

地质学工具（玛丽·埃文斯图片图书馆藏（Mary Evans Picture Library））

此，一种观念站稳了脚跟——如果通过某种简单的法则来观看自然景观，头脑中如同在画布上一样对自然景观进行编排和构图，它们也可以激发出一种温和而愉悦的忧郁情绪。在这样的新标准下，最经得起艺术模仿的、最"如画"（picturesque）（1768 年，威廉·吉尔平（William Gilpin）在"*Upon Prints*"一文中最终将这一风景分析原则引入了大众视野，而如画一词此前已经使用了数年时间）的自然最受推崇。园林作为此类理念一直以来的试验场，过去承受着不断累积的规整潮流的压力，如今则完全臣服于能人布朗（Capability Brown）和职业改良者们，一座又一座地沦为了后者的猎物。树木被精心地组合起来，以达成预期的效果，庞大的假山花园被建造起来，湖泊被填埋，一切有违如画教条之物都被无情地更改或抹去。而作为诚挚的探索者（如彭南特，自 1740 年前起）保留项目的"周游"如今则成了寻找"风景"的周游：透过"克罗德透镜"（Claude-glass）凝视小片的乡村美景，或以贝尔纳丹·德·圣皮埃尔（Bernardin de Saint-Pierre）《练习曲》（*Etudes*）式的语言将之描绘下来。

我们现在可以看到，对如画风貌的发现是一项必不可少的前奏，它预示了我们所称的浪漫主义运动的到来，这是一场影响十分广泛、因此也极其深刻的品味变革。它代表着一个安静的发端，一份温和的卷首语，就像（举例而言）19 世纪 30 年代——有人把"浪漫主义"一词严格限定在这一时期——更狂野的喷涌仅仅是一个过于臃肿的结语。它反映的是一种非常缓慢的思维方式的重建，带来了一种完全更改的面对自然的态度，就此来看，这整个阶段构成了一个单一的连续体。在这些早期岁月中，想象力尚未被束缚，理性仍然是遭人摈弃的。这是一段信奉浅薄感性的岁月，是向着虚无缥缈下潜的岁月，对此，这套礼仪的大师卢梭本人做出了迷人的示范。卢梭本人高度近视，即便最好的情况下，风景在他眼中也是一片朦胧，而异曲同工的，他的妻子从来不知道每一天是星期几，甚至从未学过怎么读时间。

从本质上看，对于自然的兴趣涉及整个世界观的转变，它是浪漫主义世界观的一项首要组成。在通俗美学的发展历程中，博物学此时所扮演的前沿角色是空前绝后的。（或许也可以说，博物学家在这一阶段普遍具有全方位的出色教养，这也是空前绝后的。）在这个国家，对林奈体系的接受，以及同时发生的对博物学兴趣的复苏，或许加快了这场新浪漫主义运动的进程。当然，那些在新的品味与哲学（特别是在其成型的早期阶段）的推广中发挥了关键作用的人，有很多也都是真正的博物学家。相对来说，卢梭对于田野植物学的持久喜爱广为人知，而歌德也正是通过对自然造型的研究，得出了那个对同代人影响深远的观念——一切活的物体中都存在特定的有序编排。另一位早期的浪漫主义者托马斯·格雷——其著名的《墓畔挽歌》发表于1751年——也是自少年时期就养成了采集蝴蝶和植物的习惯。对于他们来说，作为科学的自然研究和作为审美活动的自然研究似乎不可分割，而且依然水乳交融——他们只是众多抱持这一看法的人中比较早的几位。

而这一点为博物学带来的结果并不全然可喜。在极少数的情况下，观察的力量，以及随后到来的更强大的记录力量，仍然如吉尔伯特·怀特感到的那样，是不含糊和不失真的。而远为常见的情况则是，眼中迷离，笔下颤抖，理性让位，感性上场。公认的自然研究方式不再是确切直白地记下眼中所见；如今的目标是记下人的反应，这些反应越生动，就越有益、越崇高，也就证明了人与自然的往来越有"品位"。

到了法国大革命前后，浪漫主义运动已经深入到一个更基础的层面。崇尚风景的卢梭会热情地望向山坡，但很少（如果有过的话）将视线延伸至林木线以上。而在如今的新阶段，自然之终极的、被回避的部分必须接受检视了。受过教育的头脑已经与乡野间受到驯服的迷醉呼应了起来：如今，它必须要面对剩下的部分，"门槛之下"的部分——美其名曰"壮美"（sublime）。这样一来，维度便发生了变化。大地的原始内核进入了视野：存在于无穷无尽的空间和时间之中的自然之令人不安的本我及其狂野不定的性情。面对壮美，浪漫主义终于踢到了石头：荒凉崎岖的山峰，贫瘠光秃的谷地，充满黑暗、神秘与孤寂的古老领地，无人涉足，"阴森恐怖"。而借此，博物学也开始将主要注意力转移到了新近命名的"地质学"领域。

当达科斯塔及其同代人在世纪中期构建起庞大的矿石和化石收藏时，至少有两位活跃人士被好奇心引向了更认真和到位的科学调查层面。这两人一定属于英国最早的真正的田野地质学家，而非单纯的标本研究者。

第一位是才智过人的詹姆斯·赫顿，他相继接受了法律和医学方面的教育。他在贝里克郡继承了一座农庄，但依照其科学心性，他认为南方更适合自己，于是前往诺福克郡定居了一段时间，以便了解农业方面的最新进展。1752 年至 1754 年间，他在那里展开了向英格兰多地的远行活动，并展开了对地表矿床构成的研究。他在一封信中提到，他在这一时期探寻了自己遇到的每一道沟壑和每一片河床。1768 年左右，他告别了农业，也摆脱了其他的商业志趣，将全部时间都投入在了与爱丁堡的激励氛围契合的学术生活之中。1785 年，在经过了三十年基于严谨的田野工作的持续思考之后，他在爱丁堡为科学世界交出了其经典的著作《地球理论》（*Theory of the Earth*）。

书中以一种完全现代式的态度，仅仅强调了"可观察到的"（他最喜欢的词语之一）东西，他提出了"actualism"（均变说）——日后更常用的表述为"uniformitarianism"——的教义，认为要解释地球全部历史中的一切变化，最容易的方法就是从每天发生于我们周遭的"均变"（actual）流程入手。他认为，这些流程——剥蚀、搬运、沉积、固结、褶皱、隆起——全都有序地存在于一个永远变化着的庞大循环之中。由此，世界的时间延展如此不可计量，以至于几乎显得无边无际。而鉴于所有这些认知，他坦承自己察觉不到任何"开始的痕迹和结束的可能"。

这个结论既是异端之说，又（无疑是不由自主地）带着一股浪漫主义气息。达·芬奇和布封等大胆的思想者已经依稀预见到了这一点，日后，莱尔（Lyell）又以远为生动的话语重申了它，它凸显出一种萦绕心头的对于无尽时间的觉知，一种令人屏息的宏大感，一种宿命式的情绪——在缓慢而庄严地铺展开的不可动摇的创世方案中转瞬即逝。漫长而阴郁的廊道似乎延伸了出去，向后触及永恒，发出了凶残的回声。自然可怕的另一张脸孔，潜伏在感性面具背后的冷酷真相，被地质学痛苦地揭露了出来。从中缓缓浮现出的是一个远为残酷的粗野现实：一个地狱，充满令人生畏的险境、深不见底的泥沼，以及出没在阴郁环境之中的有鳞的爬虫。"存在的挣扎"这一最凛冽的观念即是达尔文从地质学家莱尔的书页中找来的——并非如许多人认为的那样，源自马尔萨斯（Malthus）的书页。

但是一开始，学术世界对赫顿基本充耳不闻。因为很遗憾，他的写作风格十分晦涩，无法立即引人入胜。很少有人读过在他去世前两年的 1795 年终于推出的两卷大部头；而的确读过或耳闻过的人则不禁要将其斥为危险思想的传声筒和一位自由思想者。这一情况一直延续到了 1802 年，爱丁堡大学的数学教授约翰·普莱费尔（John Playfair）在这一年出版了广受同代的地质学读者欢迎的《对赫顿地球理论的阐释》（*Illustration of the Huttonian Theory of the Earth*）一书，他将赫顿的观点表达在了过人的美文之中。

赫顿的概念——一个巨大的变化序列纵贯整个地球的历史——很吸引那些总在自然中寻找秩序和体系的条分缕析之人。它尤其呼应了当时（主要在法国和德国）正被展现和稳步勘测出来的规则的地层序列——基于对岩石矿物构成的研究，以及对不同地层的相对定位，而不涉及对化石的参照。对于大多数人而言，当前关于山体结构的火山理论似乎已经足以解释记录中体现出的规律程度。首先，划分地层的基本尝试是 1749 年由法国的布封，以及 1755 年由德国的康德（Kant）做出的；这个方向上的进展十分迅速，到了 1780 年，一份法国北部的矿物学地图已经出版，共四十四张。

另一位英国田野先驱牧师约翰·米歇尔（Rev. John Michell）是早期地质学寻路时期的一位孤独的贡献者。他迈向成熟的年份正值英国科学整体不景气之际。1762 年至 1764 年间，来自伍德沃德的米歇尔在剑桥担任地质学教授，随后离职结婚，在他人生高度活跃的最后三十年，都在约克郡的一个偏远的乡村教区担任牧师，偶尔骑马或乘车前往伦敦，参加皇家学会的会议。1760 年，他在学会的一堂关于地震的讲座中，展现了渊博的知识，列举出了全国各地层状岩的主要类别；而日后，我们从其手稿笔记中得知，他又大大增进了这方面的阐述。遗憾的是，出于谦逊或纯粹出于懒惰，他几乎未发表任何作品；因此，这些宝贵的成果，所有为此付出的辛劳，都未能留给急需它们的那个世代，呜呼哀哉！这样的事情在科学史上屡见不鲜。

就在米歇尔和赫顿去世前不久，另一位独自工作的人开启了对英国地层学的毕生研究。他是一位自学成才的年轻勘测员，有一个动人的约翰牛（John Bull）式的名字——威廉·史密斯（William Smith），后来的地质学同仁们则称呼他为"地层"史密斯。史密斯的伟大成就在于，他提供了必要的知识基础，使得两项彼此独立的地质学探究方针——浮夸的对于宏大理论的思辨和枯燥的对于化石的寻觅——得以结合为一项统一的传统。多年以来，他在必要的丰富数据的支撑下，不仅确立出：不同的地质构造以明晰的时代序列和某种可预见的秩序彼此衔接，一层压着一层，并横跨整个国家，他曾生动地称之为"就像一层一层的面包和黄油"（这一点，在他不了解的情况下，矿物学家已经先期呈现了出来）；同时，他也确立出：每一个地层，不管出现在什么地方，都可通过特定的化石类型得到轻松确认，因而可不费力气地将不同区域的地层关联起来，并可信心十足地将任何地层安置在任何特定的序列之中。这个关键的"指引"化石的理念将为地质学带来一场革命。一方面，它为此前无处安放的采集化石的喜悦赋予了一种建设性意义；另一方面，它为原本孤立的地质学打通了一个与植物学和动物学的有意义的联结。

1796 年，史密斯最早完整构建出了他的理念，同年，他计划撰写一本关于地层的专著。但很长一段时期内，他的发现都基本不为人知。很遗憾，他认为自己的数据有巨大的商业价值，因而把它们当成了一个大秘密，打算一直保守到其最终的大作（magnum opus）问世的那一天（他信心十足，认为这一大作不仅会带给他声望，也会带给他不菲的财富）。和另一项日后的大发现沃德箱（Wardian Case）一样，消息仅一点一点地、半推半就地走漏了出来。最早发表出来的是一份关于地方地层序列的记述，收录在他的朋友牧师理查德·沃纳（Rev. Richard Warner）

的《巴斯研究》(History of Bath, 1801)中。我们现在知道，此文发表时，史密斯已经绘制出了贯穿英格兰的完整的鲕状岩系（oolitic series）分布图，同年年中，他打造出了史上第一份完整的英格兰和威尔士地图，供他私人使用，其中的主要岩系也进行了手工上色。这份地图的最终版得到了大幅完善，但他一直到1815年才向公众发布，而3年前格里诺（Greenough）已经展出了另一份地图，由地质学协会监制，力争抢下它的风头（当格里诺的地图最终于五年后发布时，它也的确有效终结了前辈的销售）。

那部伟大的地层专著最终于1805年动笔，但进展十分缓慢。史密斯发现写作绝非易事，而他立志要做的大规模出版又花费高昂。他甚至试图卖掉其全部资产，以筹集必要的资金。他的心智很不安定，总是禁不住要摆脱这项艰辛的任务，转向另外一些更轻松的工作。而他对于"大书"的着迷，也阻止了他将自己的学识分期分批、一点一点地发表在（或许）一本学术期刊上。但是到头来，他也只能采取这样的方式。在他推出了地图以后，紧接着的1816年至1819年间，两部独立的短小作品《通过有序的化石来鉴定地层》(Strata Identified by Organized Fossils) 和《地层学的有序化石体系》(Stratigraphical System of Organized Fossils) 终于在久拖之下问世了，其中详细介绍了他的研究内容。至此，他的全部成就才开始得到广泛认可。

这并非史密斯公共服务的终点。除了全国地图以外，他还产生了进一步的想法，销售英格兰和威尔士每一个郡的彩色地质图，而等全部发布后，再综合成完整的一部全国地质地图册。截至1824年，这项计划已适时覆盖了21个郡，但由于遭遇了财务困难，他不得不半途叫停。不过，已出版的地图图版得到了出版商们的珍视，不同版本的销售一直延续到了很后期的 1911 年，当时，骑行者和漫步者对这些地图的需求依然旺盛。

史密斯的重要之处还表现在一个非理论的层面之上。他将自己最初的发现归功于了当时在英格兰许多区域大兴土木的伟大的运河网络——这样的地表干涉活动在规模和深度上都是前所未见的。实际上，他的职业令其全身心地投入到了对河道的研究之中，他正是在担任萨默塞特煤炭公司（Somerset Coal Co.）的驻段工程师时，为最早的地图收集了材料。同样，我们知道米歇尔是 18 世纪 80 年代新河道挖掘过程中的一位眼光敏锐的巡察员；我们可以愉快地想象，这两个人有可能曾在某些河岸上经过彼此，而互不相识。

地质史学家往往会将经济动机判定为民众对这门学科兴趣大爆发的一个原因；但是在这样的早期阶段，很难评估其确切的影响。可以确定的是，受教育者第一次可以在该领域谋得一份生计，通过自身的技术学识养家糊口。比如罗伯特·贝克韦尔（Robert Bakewell）——其《地质学概述》（*Introduction to Geology*，1813）大受欢迎——就成为了该学科的一位不折不扣的顾问，为地主乡绅提供关于地产的矿藏和土壤潜能报告。显然，大工业扩张所推动的大规模挖掘，带来了诱人的采集化石和研究地层的机会，这在此前是无从奢望的。偶尔的惊人发现，比如猛犸象的骨骼或一些让人摸不着头脑的巨型骨骼群，永远不会错过新闻的头条；而在普遍的浪漫主义氛围下，在追逐往昔的潮流影响下，这门学科无疑也吸引到了大量新人入行。同样确定的是，由于边沁主义者认为博物学这样的事业缺乏"实用性"而时常引起的焦虑情绪，在地质学耀眼的商业潜能之下，一定得到了大大缓解。但是，由此就认为对这门新学科的一切（或大部分）新生兴趣都是金钱导向的，就言过其实了。纯粹学术层面的魅力，崭新视野带来的惊奇感，以及悠久的收藏爱好的吸引力的大大提升——所有这些已足以解释这门学科的热门程度。

不过，对于地质学一开始就赢得了大量贵族和上层阶级的追随者这一点而言，认为这门学科本质上具有巨大现实意义的自信感可能发挥了重要作用。这里没有一丝一毫的女儿气；它培育出了高尚的思辨；它让一个人显得具有前瞻性，在经济层面上具有建设性。作为地质学家，人们既可自视为慷慨的赞助人，也可自视为饱学之士——真正的文艺复兴式的通才。借由这门科学，人们能够标榜一种崇高的才智和值得称许的灵巧。

该学科迅速斩获了这一社会地位，这一点是如何强调也不为过的。随便列举一些该领域早期的知名人物便一目了然：格里诺，在他列席国会之际也几乎一手主持了地质学协会（Geological Society）的各项事务；德·拉·贝什（De la Beche）、罗德里克·麦奇生（Murchison）和莱尔均获得了骑士身份（后两位还晋升到了准男爵的身份）；巴克兰（Buckland）和更年轻的科尼比尔（Conybeare）最后都担任了院长。最伟大的一位则是麦奇生，拿破仑战争结束后，他离开了其时髦的军团，早早退伍还乡，随后在其有文化的妻子的引领下，涉猎了这门学科。就我们所知，将他任命为地质学协会次任主席（Director-General）的决定在众议院收获了"全场欢呼"；而在其葬礼上，首相格莱斯顿（Gladstone）先生及众多其他人士，伴着他的灵柩一起走向了墓地，以示对他的尊敬。

应当指出，他们并非常见的那样，是为了提升一门学科或一家协会的社会地位，而被用来装点门面的人物。相反，他们都是这门学科公认的领袖，通过长期、稳健的一线工作，亲身赢得了各自的地位。地质学不仅吸引到了具有杰出才智之人，几乎更重要的是，它也吸引到了具有个人威望和影响力之人。而即便他们本身陷入失意，他们往往在所有或大部分适当的位置上也都有朋友，而且常常是血亲或姻亲。有一位国会议员既是伦纳德·霍纳（Leonard Horner，地质学协会的一位秘书）的兄弟，又是莱尔妻子的叔叔；另一位国会议员刘易斯·韦斯顿·迪尔温（Lewis Weston Dillwyn）本人就是重要的植物学家，他的一个儿子还娶了德·拉·贝什的女儿为妻。显然，在当时的众议院中，存在一个强大的地质学活动集团。

这里存在一个理由，至少解释了地质学为何会在博物学的所有分支中抢占先机，赢得政府方面的实际支持。德·拉·贝什和麦奇生等人就是很明显的例证：他们都是在这些事务上有决定权的名人，而且，在一个往往由令人安心的业余绅士坐镇各机构的时代，他们的经验和专注程度并不输专业人士。

作为一门有组织实体的学科，地质学诞生于19世纪的头两三年间。它近乎横空出世，而且非常惊人，一开始就羽翼丰满。罗伯特·詹姆森，一家兴旺的肥皂厂商的子弟，在师从维尔纳、度过漫长但诱人的学习生涯后，返回了英国。不久，在三十岁时（1804年），他被任命为了爱丁堡大学的博物学主任（Chair of Natural History）。他立刻着手筹建了一座矿物学学校，直接仿照了其导师在德国打造的广受赞誉的样板。在学校的众多项目中，他也引入了正式的野外授课，以维尔纳取得了持续而巨大成功的模式为基础。这些是英国大学地质学领域的首批此类课程（如果不算路易德在17世纪80年代的牛津常常与学生随意开展的远行活动的话）。当然，植物学方面是有一些先例可寻的，有些甚至就在爱丁堡，发生在很近期的1801年，由约翰·麦凯（John MacKay）主持。

许多年中，在亚瑟王座（Arthur's Seat）或索尔兹伯里峭壁（Salisbury Crags），有时甚至在偏远的西部群岛（Western Isles），听詹姆森讲课的学生有：查尔斯·达尔文、威廉·贾丁爵士（Sir William Jardine）、休·法尔科内（Hugh Falconer）、查尔斯·多布尼（Charles Daubeny，先后担任了牛津大学的化学和植物学教授），罗伯特·格兰特（Robert Grant，伦敦大学的首位动物学教授），还有许多重要的地质学家，如查尔斯·麦克拉伦（Charles Maclaren）、威廉·亨利·菲顿（W. H. Fitton），瑞士人内克尔·德·索叙尔（Necker de Saussure）和法国人阿米·布韦（Ami Boue），以及绝非最次要的，政府远征中派遣的大量外科医生、博物学家和探险家。长期以来，爱丁堡毕业的医学生一直是此类人员的主要后备力量。威廉·麦吉利夫雷（William MacGillivray）显然也非常看好这些野外课程，因而也在阿伯丁——他在 1841 年前往这里担任博物学教授——引入了相应课程。一份詹姆森的讣告中说道："这些远行活动对于地质学家的培养，比百年来的一切指导都更为重要。"

这些早期岁月是詹姆森精力最充沛的时期，他成为了一名鼓舞人心的教师，充满沉静的热情，虽说有些平淡和低调；但是，出于财务原因，他不得不长期恋栈其位，最终，其影响力在一种昏昏老矣的氛围下，不幸地式微、落幕。早在 19 世纪 20 年代中期，达尔文已发觉他的授课枯燥无味：他无礼地称其为"衰老的褐色枯枝"。另一位学生，历史学家卡莱尔（Carlyle）对他的描述也不遑多让。到了 19 世纪 50 年代，拉姆塞（Ramsay）也用刻薄的字眼称他"就像一具干尸"，此时他已经衰弱不堪，讲课时必须由一位副手代其朗读讲义。对于其几乎可媲美十字军东征的活力十足的事业起点来说，这不能不说是个令人痛心的结局。自上任之初起，詹姆森就立志于要将所有人都转化为维尔纳所谓的"水成论者"（Neptunist）。该理念（其实比维尔纳更古老）认为地球曾是汪洋一片，经过了一段结晶化过程后，大地从中浮现。该理论认为，在这些原始大洋的水面下，出现了长串的沉积序列，从而解释了如今在岩石中观察到的连续的地层。

水成论以外的另一种解释诞生于 1756 年，日后又经过了赫顿的强力重申，它认为地球主要是在火山运动下成型的，这一点完全是歪门邪说。然而，该阵线也出现了实力不凡的代表人物，即詹姆森的同事和主要敌手约翰·普莱费尔，后者当时已经用数学主任（Chair of Mathematics）的位子换取了更适合他的自然科学主任（Chair of Natural Philosophy）。相应的，普莱费尔和所有抱持这一观点的人都被称为了"火成论者"（Vulcanists）。他们在数年内构成了决定性的少数派。詹姆森曾有机会以一种几乎不向对手开放的特权，对学生进行填鸭式的灌输；此外，他还能将其新的维尔纳协会的《会报》（Memoirs）作为响亮的喉舌，向广大的公众传递他的信条。不止如此，他也在一部又一部的书籍中传播着维尔纳的学说，最早的一部是三卷本的《矿物学系统》（System of Mineralogy，1804—1808）。《爱丁堡评论》（Edinburgh Review）在评论此书的首卷时曾犀利指出，"从没有哪位信徒在维护教皇的绝对正确时，如詹姆森先生对待他的师傅那样义无反顾。"

虽然两方并非势均力敌，但关于这两位教授之间没完没了的争斗的风言风语，已足以让整个大学兴奋不已了。对于年轻人而言，没有多少事比眼看着两位长辈彼此口出恶言更精彩的了——特别是，这些长辈还是他们的老师，而这场斗争还决定着某种学术问题的输赢。如此，在一段时期内，地质学在爱丁堡激起了不同寻常的热情，很多学生都在学术的炮火声中被引向了这门学科。

虽然詹姆森的观点是错误的，而且他至少在理论层面上阻碍了地质学的发展，但作为一名教师和宣传员，他对这门学科的巨大贡献明显超出了一时可能造成的伤害。比如，完全得益于他，爱丁堡大学博物馆才呈现出了充实的体量。他也在教学中大力使用了这座博物馆，每周都有好几堂课在博物馆里开设。1819 年，他也和大卫·布鲁斯特爵士（Sir David Brewster）一起创立了《爱丁堡自然科学学报》（*Edinburgh Philosophical Journal*），发表了许多宝贵的博物学文章，而且多年来，他都是该刊唯一的编辑。总而言之，他开启了一项经久不衰的传统。如其继任者爱德华·福布斯（Edward Forbes）在 1854 年的就职演说中所慷慨陈词的：“在大英帝国过去的五十年里，除这里外，哪里还有一座博物学学校呢？”——这是一座涵盖广泛的学校，不只局限在地质学方面。

与此同时，牛津也出现了一场显著的复苏景象。1805 年，化学教授约翰·基德（John Kidd）开始讲授矿物学内容，参加这些课程的爱好者们又进一步组成了一个小型的俱乐部。其中的主要人物是日后在该领域声名鹊起的牧师威廉·丹尼尔·科尼比尔（Rev. W. D. Conybeare）；其他还包括他的哥哥牧师约翰·乔赛亚斯·科尼比尔（Rev. J. J. Conybeare）——很快担任了牛津大学的诗歌教授，以及一位 1801 年入学的年轻的神学学生威廉·巴克兰（William Buckland）。巴克兰童年时是一位热心的鸟蛋收集者，后来，他也自然而然地开始收集化石。毕业后，他仍留驻在学校内，并一直保持了对这门科学的积极兴趣，1813 年，他适时成为了矿物学准教授（Readership in Mineralogy），六年后又成为了新设立的地质学准教授（Readership in Geology）。

巴克兰的讲座——似乎更多归功于舞台，而非常规的学术用途——

很快就成了一个传奇。据莱尔介绍，"台下总会爆发出一阵阵的笑声，他会模仿他心目中的禽龙或大地懒的动作，或模仿翼龙的飞行姿势，抓着教员服的下摆，跳来跳去"。这一描述马上会让我们想起自己曾在某个阶段遇过的一类教师：那种手舞足蹈、眉飞色舞的"角色"，身着长袍的蹩脚演员，他们能利用性格中的某些古怪之处，达成卓越的课堂效果，这样的人若出现在其他几乎一切行业中，恐怕都会被视为严重的弱智。他的行为并不能立刻赢得尊重，但却能马上抓住受众的眼睛和耳朵，这是其他方法做不到的。

有些人认为巴克兰没完没了的模仿不成体统。达尔文即其中之一，他说巴克兰似乎是"一个粗俗甚至粗鲁之人"，"哗众取宠，仿佛在渴求一种臭名声，而非渴求科学，他有时就像个小丑"。许多带着日益明确的正经特质的维多利亚时代的人（尽管尚未真正进入这个时代）都难以相信，这样一门严肃十足的学科，面对如此不严肃的对待，竟然毫发无损。

巴克兰之所以引人不安，是因为他完全缺乏一位地质学家的典型风采：在他的性格中，不存在遥远的回响，没有跨越时代的特质，没有石头上的铁环；人们看到的只是某种博学的丑角。从许多方面来看，他无疑是个有趣之人：一个古怪的"残缺"之人，他似乎经过了学理上的修剪，而作为补偿，他需要透过尘世的喝彩，透过持续的古怪行为，来保持身心健康。他乐于抛出孩子气的俏皮话和双关语，乐于设计独特的装置，也乐于尝试最古怪的食物。他经常驾着一辆特殊的马车，以一种浮华的样式加固后，可用来承载沉重的矿物和化石，马车前段还配备了用于鉴定和分析矿物的火炉等装备，这或许是博物学史上最早的一件非常具体的专业装置。他总是携带一只神秘的蓝色背包，时机一到，便会如晚会上的魔术师一样，从中拿出一块又一块引人深思的骨头来。另外，他也常常和学生们一起去野外远行，但却会穿着一身不协调的正式服装。

他所开启的野外授课——和詹姆森一样，作为课程的附属——或许是其最高成就所在：户外场景一定最适合施展其戏剧才华，能缓和有些室内表演的矫揉造作之感。他喜欢面对一屋子毫无准备的学生，出其不意地宣布，"下堂课在斯通斯菲尔德（Stonesfield）采石场北面的田野里上"；或"明天十点，全班在肖托弗山（Shotover Hill）的山顶上集合"。这些课程有时会在马背上进行，因此人称"地质学骑行"。

1832 年 6 月，英国科学协会（British Association）在牛津召开年会时，巴克兰以该协会的名义开展了一次骑行教学。吉迪恩·曼特尔（Gideon Mantell）愉快地在日志中记录了这次活动：一大群人开始在伦敦通向牛津的桥上集合，有人乘车、有人骑马、有人步行。接着，整个队伍向肖托弗山进发，人们在那里搭起帐篷，分发一些点心，从当地的劳工手中购买化石，地质学教授不时地向大家宣讲一些科学知识。

在之后的 1839 年，协会在伯明翰召开会议时，巴克兰在著名的达德利洞穴（Dudley Caverns）举办了一场吸引数千听众的讲座，山洞也专门为这一活动设置了照明装置。他在浩大声势的鼓动下，不禁无耻地煽动起了群众的爱国主义情绪。他宣称，巨大的矿藏属于每一个人，而不只是自然的偶然产物；它们明确显示出，上天要经由这一馈赠，让英国成为地球上最富有和最强大的国家。随后，以巴克兰为首的庞大人群向着白昼之光喊出了同一个口号："上帝保佑女王！"

最终，剑桥也不甘落后，迎头赶上，巴克兰的一位友好的对手亚当·塞奇威克（Adam Sedgwick）开始在那里主持一些野外课程。1818

年，一位科班出身的数学家塞奇威克受邀——比巴克兰担任准教授早一年——担任了伍德沃德地质学主任（Woodwardian Chair of Geology，当时众所周知的一个闲职），虽然他坦承自己对这门学科一无所知。他表示，"此前我没有翻动过任何石头，今后我则要翻遍每一块石头"，很快，他就调整了自己受任时有些狂狷的态度，但他完全没有辜负支持者们对他的惊人信念。

1835年，在英国各地积累了大量田野经验后，塞奇威克开始在户外、在马背上讲课，并立刻大获成功。一般会有多达七十位骑马的学生参加这些课程，他们在芬斯（Fens）缓缓骑行，一天上五堂课，最后一堂关于沼泽排水的课通常会安排在一个无与伦比的地点——伊利（Ely）大教堂的屋顶上。这些做法无疑受到了巴克兰古怪行为的直接启发；但实际上，在剑桥，野外课程早已在另一门姐妹学科植物学层面发展得相当成熟了——由塞奇威克的同事、一生的亲密伙伴亨斯洛（Henslow）教授提议开展。有趣的是，根据一位很近期的托马斯·乔治·邦尼（T. G. Bonney）教授的说法，在当时的剑桥，骑马的大学生并不多，只有少数人负担得起相应的费用。亨斯洛的植物学家们（常常也包括昆虫学家们）习惯于在外出远行时雇一辆驿马车，或是雇一艘驳船沿河而下前往芬斯，都不行的话，就选择长途步行往返；而地质学生们采取的远为潇洒的交通方式再次显示出，该学科明显触及了更高的社会阶层。

18世纪初的另一项重要事件是，1807年，伦敦地质学协会（Geological Society of London）成立。该协会的原型是一小群矿物学家例行的早餐聚会。其中一位成员汉弗莱·戴维（Humphry Davy）曾建议将聚会时间改为晚上：

　　11月的早晨风寒料峭，非常不适宜科学热情的滋生。我认为，在品尝过烤牛肉和美酒之后，而非在准备咖啡、茶和黄油面包之后，我们的思维和谈话会更活跃一些。

　　随后，在大女王街（Great Queen Street）的共济会酒馆（Freemasons' Travern，林奈学会每年也在此举办周年庆）举办的其中一次晚餐聚会上，一家地质学协会正式成立了，日期是11月13日，共有13人到场——这在迷信者看来，恐怕不是个吉利的开头。

　　这样的起步正好与传统的流程相反。多数大型的伦敦协会都是在成立后才催生出了作为分支机构的晚餐俱乐部，而从非正式中生出正式，从消遣和闲谈中催生出学术论文，则几乎闻所未闻。之所以会有这样的颠倒情势，或许反映出了当时的地质学家们迫切想在首都建立起一个常规论坛的急迫需求。

　　协会成立初期，依照规定，在11月至6月间的每个月的首个星期五，成员们都要在那家酒馆聚餐，餐费为每人15先令。因为每餐的费用是定好的，凡不能出席者必须提前三天知会秘书，否则要面临10先令6便士的重罚。规定中写道，"晚餐5点准时上桌"，7点进入议事阶段。价格昂贵，而多数创始成员都不足四十岁，显示出该协会的平均社会阶层很高。或许正因为此，协会成立的最初几年承受了来自皇家协会的重压，后者显然看到了一种不必要的、具有潜在威胁的竞争关系。

　　协会的第一任主席是一名29岁的年轻人乔治·贝拉斯·格里诺（George Bellas Greenough），他读书时便继承了大笔遗产，这家协会之所以能很快斩获影响力，很大程度上也归功于格里诺本人。虽然他发表的作品屈指可数，但近期对其大量信件的研究显示出，他在幕后，以协会的名义做了许多工作，这些工作不仅丰沛饱满、涵盖广泛，而且充满远见与才智。在他的领导之下，协会并未染指毫无营养的水成论者－火成论者的争论，而是驶入了一个更有前景的车道——可以说是博物学机构对于全国性协作研究的首次尝试。

协会成立之初，他们确立的其中一项任务是——"明确在科学之中，什么是已知的，什么是有待探索的"。为达成这一目标，他们在最初的五个月里——由格里诺和一位化学家阿瑟·艾金（Arthur Aikin）——提出了一系列问题，编成了一本名为《地质学调查》（*Geological Inquiries*）的小册子，分发给每一位会员。"网式调查"（network research）由此诞生。这一方法本身并不完全是新鲜事物：几年前，道森·特纳（Dawson Turner）和刘易斯·韦斯顿·迪尔温已经在全国各地分发过一份印刷的四页调查问卷，为他们宝贵的《植物学家指南》（*Botanist's Guide*，1805）一书收集资料，这是一本面向地方人士的珍稀植物手册；这一做法也明显让人想起19世纪，彭南特曾在众多实地调查的远征中发放给地方牧师和乡绅们的问题清单。不过，地质学协会的这个项目则是第一个由永久性组织机构开启的此类项目，也就是说，如果能成功，它将可以永远延续下去，而且随时有适当的人选处理这些收集到的材料，并能让这些材料以恰当的方式向学科内的所有工作者开放。

协会的小册子充分履行了任务，有关地方矿藏的海量信息蜂拥而至，而且绝非完全来自会员。为跟进此项目，格里诺对全国各地开展了无数次旅行，拜访各地的线人。他这么做，部分（无疑）是为了鉴别他们的能力，从而确定内容的准确性，部分也是为了保持这家伦敦协会与他们之间的联系。他认为有必要建立一个全国性的观察网络——虽然很多人经验不足，他制定了新的协会政策，尽可能多地将地方工作者纳入为正式会员。由此，在非常短的时间里，协会就对英国大部分地区的地质状况有了大致掌握。在这个过程中，它非常意外地成为了一家兴旺的大机构，热心的追随者遍布各地；而没有如可能发生的那样，成为一个隐秘的伦敦小圈子，更注重排挤不速之客，而非培养广泛的学术氛围。

　　1820 年左右，在英国地质学领域，人们的兴趣明显开始远离原本的要务。构造出地球表面的苍茫的自然力——海洋和地震——不再是首要的主导考量。取而代之的是方兴未艾的对于无数物种的着迷，而且常常是一些可怕而陌生的，曾在地球早期阶段繁衍于大地之上的物种。如此一来，地质学变得越来越像一种石化的动物学；1825 年，新的称谓"古生物学"（palaeontology，由居维叶（Cuvier）的学生德布兰维尔（de Blainville）打造）取代了局限性的"化石学"（oryctology）一词，此前，"化石学"主要表示静态意义下的化石研究。

　　虽然史密斯的探索和地图基本仍不为人知，但另一些关于化石的作品已经问世，但由于之后的历史学家们只锁定了法国著名的大部头，导致这些作品受到了严重的低估。其中最早的一部也是最重要的一部，即詹姆斯·帕金森（James Parkinson）的《上一个世界的有机残骸》（*Organic Remains of a Former World*，三卷本，1804—1811）。这是第一部致力于化石的热门书籍，图文并茂，绘声绘色，对化石的性质给出了翔实细致的探讨，日后，此书的出版被称为"英国化石科学认知史上的非凡事件"。但它并未收获太大的成功，吉迪恩·曼特尔在 1811 年（帕金森向他展示其陈列柜的那一年）称该学科"在那个时候，是英格兰少有人耕耘的一片自然知识区域"。1822 年，不屈不挠的帕金森推出了第二本书，并起了一个令人却步的书名——《化石学概论》（*Outlines of*

Oryctology)。

帕金森的先驱工作渐渐后继有人。一位前演员和绘图大师威廉·马丁（William Martin）出版了《基于科学原则确立外来化石认知的基本尝试》（*Outlines of an Attempt to Establish a Knowledge of Extraneous Fossils on Scientific Principles*，1809），这也是该课题下第一本真正意义上的教科书。很有趣的是，此书比威廉·史密斯的印刷文本整整早了七年时间，它提前让人们关注到，化石能够帮助确定出地层岩的时期。《大不列颠矿物贝壳学》（*The Mineral Conchology of Great Britain*）是一个长篇而精美的化石贝壳图版系列，由一家知名的博物学制图和买卖王朝的创始人詹姆斯·索尔比（James Sowerby）于 1812 年开始出版，日后并由他的一个儿子继承，共维持了 34 年。

同年，法国解剖学家乔治·居维叶（Georges Cuvier）出版了他的《四足动物骨骼化石研究》（*Recherches sur les ossemens fossiles de quadrupedes*），此书很快就对英国人的思维方式产生了深远影响，他以一种不无确定的方式，证实了约翰·雷多年前的模糊认识，即化石中的大量物种都已灭绝。作为物种固定论的坚定支持者，居维叶力图以若干严重"灾害"来解释这个尴尬的事实。他认为，这些灾害在历史上的某些时期席卷了地球。而最近期的一次灾害即圣经中的大洪水，他认为每次灾害都未能让生命完全灭绝，都留下了刚好足够多的生灵，让这个世界得以重新繁衍生息。

该理论似乎一劳永逸地弥合了地质学的发现及正统宗教的教义，因此，它在英国受到了罕见的广泛宣扬。由此带来的直接结果就是，人们可以自由自在地研究化石，而不必感到任何良心上的折磨了。的确如此，正如巴克兰在其备受喜爱的《大洪水的残骸》（*Reliquiae*

Diluvianae，1823）一书中所主张的，化石是圣经大洪水时期留下的残骸——之后又在其 1836 年著名的布里奇沃特文献中更明确地重申了这一点——而地质学家的研究似乎证实了圣经中翔实而完备的地球早期历史，由此，对于遗失已久的往昔历史的探究，完全可以被视为单纯的宗教职责的延伸。

遗憾的是，并非人人都这么想。多年内，相当一部分英国公众都抱持着绝对论的观点，乔治·巴格（George Bugg）及其《圣经地质学》（*Scriptural Geology*，1826）即个中典型。他认为，对于地球早期历史的一切合理记述，都包含在圣经之内。这一脉络下爆发出了一场大费唇舌的持久的宣传战；不过，虽然它会让少数人良心不安，但越来越多的公众都力图紧跟科学的最新发展，就此来看，这场争论并未给地质学带来任何实质的伤害。

巴克兰、塞奇威克、麦奇生等科学巨匠们都心怀感激地接纳了"灾害"理论，同样，它也俘获了众多的业余爱好者。19 世纪二三十年代，它构成了地质学讨论的中心议题，支持者和反对者们集结起来，相互对抗，激烈程度不亚于——而且更有益的是，也得到了同等程度的宣扬——当时已偃旗息鼓的水成论者 - 火成论者的对抗，而灾变说在神学上的弦外之音也填补了空缺的剧烈争斗。人们又一次针锋相对；外来者又一次涌入其中，以领略这门学科，以探索是什么造成了这样的骚乱和动荡。正如洛克哈特（Lockhart，《每季评论》（*Quarterly Review*）的编辑，这段时间养成了参加地质学协会聚会的习惯）常对朋友们讲的："虽然我不关心地质学，但也乐意看他们争斗。"

当时，英国地质学还有另一重运气，帮它留住了这批已经分外热心的受众，即各种恐怖的、备受期待的史前生物一个接一个出土，并且受到了广泛的宣传报道。

其中，比较早现身的是鱼龙，它在 1805 年就受到了全面的科学检视。四年前，一位地方橱柜商人的幼子在莱姆里吉斯（Lyme Regis）附近化石众多的莱西克峭壁（Liassic cliffs）发现了一具鱼龙骨架，那位商人在去世前，培养出了孩子们采集化石的兴趣。他的孩子中最大的一位玛丽·安宁（Mary Anning）已经开始自己采集，并会将标本卖给访客，将它们和活鱼一起展示在母亲位于莱姆的狭小铺子里。因此，她很自然地将弟弟的发现挖了出来，并以 25 英镑的价格将骨架卖给了一位庄园领主，这也刺激了她展开更多的探索。

1821 年，玛丽·安宁收获了应得的奖赏，发现了第一副近乎完整的蛇颈龙骨架，并以惊人的 200 英镑的价格卖给了白金汉公爵。至此，这项追求明显的金钱价值、她的发现在科学上的重要性、她只是个小女孩而非白胡子教授的事实，以及她用这些化石收益支持寡母的孝举，都构成了完美的媒体材料，从而让此项研究进入了大众的视野之中。在此之前，人们对这些事几乎闻所未闻。

几乎同一时间，一本名为《南唐斯丘陵的化石》（*The Fossils of the South Downs*）的书中透露了一个消息：近期，"一副或多副巨型蜥蜴类生物"的骨架在萨塞克斯的威尔德出土。作者吉迪恩·曼特尔是刘易斯（Lewes）的一位忙碌的外科医生，他在进入该研究领域的初期曾得到过詹姆斯·帕金森的鼓励，而得益于其医疗背景，他也是一位十分高超的解剖学家。1824 年，他辨认出妻子两年前在当地发现的一些酷似鬣蜥的牙齿。他最初把这些牙齿拿给了居维叶看，后者十分大意地将它们视为了犀牛牙齿；面对如此重量级的权威人士，曼特尔仍不无大胆地称它们属于一种全新的物种。他将之称为剑龙。他当时只觉得这是某种巨型蜥蜴物种，而随着更多区域的更多出土发现，再加上对其他明显的关联构造的发现，情况逐渐明朗了起来——这是一种完全不同于现存物种的爬行动物。于是，理查德·欧文（Richard Owen）在 1842 年提出了恐龙——意为"恐怖的爬行动物"——这一统称。这个名称，伴随其爬行肉身的意指，完美呼应了一种时髦的浪漫主义风潮。

幸运的是，曼特尔不仅是一位具有现实能力的古生物学家，而且充满了热情和不懈的精力：据称，他每晚只需不到四个小时的睡眠时间。另外，他还是个爱出风头的人，他喜欢挥舞自己的"战袍"，喜欢无节制地在奢华的家居和时髦的马车上挥霍。博学多识、滔滔雄辩、才华横溢，以及最重要的、与生俱来的宝贵热情，这些品质令他成为了杰出的公共讲师，很快，他也因这一本领而备受各方邀请。

后来，他也推出了一部预料之中的畅销书籍，两卷本的《地质学的奇迹》（*The Wonders of Geology*，1838）、用他自己的话说，这是一部"科学的罗曼史"，他试图将脑中的浪漫想法落实在纸面上。随后，他又在 1844 年出版了《创世勋章：地质学的第一堂课》（*The Medals of Creation, or First Lessons in Geology*）。历史地看，他为这门学科吸引民众的能力甚至超越了巴克兰。

最后，地质学之所以能流行起来还有一个原因。这就是，当时有一些更前卫的思想者——甚至一些保守派们也在某种学理渴望的驱使下——以一种近乎离奇的方式，在这门学科不起眼的碎屑中嗅出了关于尚未到来的进化论的战争的气息。1830 年至 1833 年间，莱尔推出了三卷本的经典之作《地质学原理》（*The Principles of Geology*），这是一部以美丽韵文写成的集大成的巨著，为达尔文最终的理论奠定了基石。它曾被称作一本"仅仅缺少了自然选择假说的《物种起源》"。在这段时期

的所有学术分支中，地质学似乎是进步最快的，也是朝向终极的无可争

辩的真理之基石走得最远的。而那些跟随内心追求、而不得不踏上这一

征程的人们，也相应地将自己置身于了先驱的位置之上。

第四章

维多利亚时代的背景

就博物学而言，19 世纪虽然不如 18 世纪复杂，但也绝非人们普遍认为的那么整齐划一。不过，某些构成了这个世纪独特模式的基本倾向的确完整贯穿了下来，使我们在回头看时，感到这似乎是一段非同寻常的时期，基本呈现出了一种可轻易辨知的统一性，这一点对于我们今天看待维多利亚时代的研究大有帮助。

这些倾向构成了今天所称的"维多利亚风格"的内核，虽然这些风格在维多利亚女王登基前的十多年大体上已清晰可辨。其中一部分是新鲜事物，一部分是对前代承继下来的各种主导考量的改良，虽然有一些改得面目全非。它们之所以会聚合起来，是因为它们都涌现自一种内在的一致性，涌现自在某种明确界定的情感－宗教态度中蕴含着的一套设定，而这样的态度，如果要找一个更好的说法的话，可称之为"福音主

维多利亚时代的花瓮，出自菲利普·亨利·戈斯的《动物学概论》（*An Introduction to Zoology*），第二卷。（伦敦林奈学会藏）

义"（非宗派主义的意义上）。

福音复兴运动在 18 世纪末期浮现了出来，其最引为人知的事件是威廉·威尔伯福斯（William Wilberforce）的演讲以及克拉珀姆派（Clapham Sect）的宗教改革。实际上，这场运动只是长久以来隐藏在英国人生活中的强大的清教风气的复兴，这一风气在过去一百年间一直藏于社会表层之下。它对于信仰的聚合，更像是一系列的情感反应，而非一套拟定的理念体系，它正是透过信念的强大力量，渗透到了英国中产阶级生活的方方面面，并很快为英国这个关键阶层注入了一套强大的新的道德规范。

在历史上，如果说"挑战与响应"（challenge and response）的观念多少成立的话，福音复兴运动就是其最生动的一个例子。因为伴随着工业化的兴旺，出现了一种与工业发展完美相宜的新的伦理规范，以及一种能大大加速工业进步的能量的聚焦。道德与实用日益交织了起来：地质学这样的事业能够在同一自我（self-same）的内心闪烁中，被视为一种尊崇创世之尘世奇观的方式。佩利（Paley）所重新阐释的自然神学，如今在所有著作的前言中得到不断的赞颂——和一种达成物质繁荣的方式。另一方面，一切没有实用性内核，却仍散发难以抑制的魅力的追求，不论是登山，还是花卉收藏，都必须回击无灵魂的功利主义者们的挖苦；而最简单的回击方法就是采取一种让人无言以对的方式，即找出某些道德层面，来宣示其教化意义——这也一样是后见之明。

这些先验的陶醉时刻被早期的浪漫主义者们视为生命力的作用，如今，它们则被重新诠释在了正统的神学词汇之中。自然之魔力持续受到认可，一如既往得完整而自由，并因它们为人类身心带来的显而易见的奖赏而备受珍视；但是，人类从中收获的振奋（类似于从艺术中得到的愉悦）不再被视为感官的和中性的，而是被视为灵性的和约定俗成的：治愈（*vis medicatrix*）开始被视为一场圣礼。

在很大程度上来看，由此产生的一切不过是一种新的情感标签。新兴中产阶级索取了前人的玩物，并带着敬畏之心接收了这些玩物，而几乎没有更改它们的外观，虽然他们不可避免地要以某种新颖的方式来使用它们。正如他们开始喜爱哥特风格，并将之从古老破碎的废墟重新转化为新建的现代大厦。同样，他们也保留了卢梭式的自然观，并将之转化至一种恳切的宗教性之中。"可怖的"似乎成了高尚的，景观经历了神圣化：前人们如此痴迷的"花朵中的传奇"，几乎不知不觉地让位给了同样魅惑的石头中的训诫。

19 世纪 30 年代，真正的罗曼蒂克灵感——根源日益模糊不清——变得越来越陌生，而窃取了它的所谓浪漫主义则愈加像一个公然的姿态。那些被工业化的日常生活（或是被过于直白的原教旨主义的阻滞效力）所钝化的心灵往往不再能产生雅致的情感，长久以来，这样的情感普遍被视为一位有教养的绅士的标志。日益取代它的则是一种伪造的情感：一种感伤情调、装扮伎俩，他们不能或不愿全部投入其中（这是真情实感所必需的），这是一个拙劣的替身，正因其浅薄性，才得以来得更快，走得更远。

19 世纪 20 年代，它已经在法国登场，并冠上了"自然爱好者"（*l'amant de la nature*）的名号。由此，小巧的情绪性作品——多数都是关于花卉的——从出版社如雨后春笋般涌现出来，转眼就卖出了成千上万份。特别畅销的一部是夏洛特·德拉图尔（Charlotte de Latour）的《花语》（*Le Langage des Fleurs*，1833），书里搭配了潘克雷斯·贝萨（Pancrace Bessa）的漂亮插图，此书大获成功，以至于被译成英文，传播到了海峡此岸。随后，英国发出了一众回响，包括海伊（Hey）夫人的《花之德》（*Moral of Flowers*），托姆利（Twamley）小姐的《大自然罗曼史》（*The Romance of Nature*，"我爱花卉，它们是上帝自然之诗中最美丽的诗行"），威尔科克（Willcock）的《植物诗》（*Flora Poetica*），以及一些后期的喷发，如约瑟夫·梅林（Joseph Merrin）的《与诗人一同蝶舞》（*Butterflying with the Poets*）。一段时期内，一切博物学书籍或文章中都要加入一段华兹华斯的文字，这成了一项必需的义务。甚至冷静的科学文献也未能幸免，为了好卖，为了迎合当下的潮流，其中总要加入那么一两段，最终，它们都像韦布（Webb）和科尔曼（Coleman）的《赫特福德郡植物志》（*Flora Hertfordiensis*，1849）一样，成为了滑稽的杂交品种，在庄重的文字中随意点缀着形形色色的韵文片段。

我们虽然谴责这一效果，但也必须感激这场准浪漫主义潮涌终于到来，感激它刚好发生在新兴中产阶级成功取得主导地位之际——帮助将注意力坚定聚焦在了自然之上。如果缺少了这一条件——或是出现一种更纯粹的自然喜好，很可能会导致曲高和寡的状况——人们可能就会转向更通俗的、不太田园式的方向，或至少不会同等迅速地发现乡村潜藏的美学价值。此时，成熟的自然趣味向下的整体渗透极为迅速，且一气呵成，但我们不能因此就认定这是历史的必然。不如说，维多利亚时期博物学的庞大势能主要归功于一件文化意外。

本质上，此时浮现出的博物学完全是一种福音主义的创造，它和生活中的方方面面一样幸运，都被吸收在了铺天盖地而来的新的心智类型之中。的确，这门改良后的新颖学科忠实反映了这个国家妆容的各个面向，因此，几乎可以把它视为一面镜子。维多利亚时代的中产阶级在研究自然时，张望到了自身的意象：博物学之所以会在这个时代释放出难以抗拒的魅力，是因为它为福音主义性格提供了一个无与伦比的多方位的出口。

首先，这门学科格外适合于摆脱那些由清教徒式的情感"短路"引发的不自在感。维多利亚时代的多愁善感，部分源于一种对预期情感反应（一开始并不存在）的强制召唤，部分源于一直无处发泄的激情的走火。或者，他们的反应无法达到期望的准确性，又或者，他们感到的兴奋度远不及应当感到的程度，因而不得不装出一种符合最佳审美准则的兴奋感。这两种情况都会引发无病呻吟。

相对来说，维多利亚时代惊人的自律能力是一项巨大益处，但它也很容易矫枉过正，转变为近乎受虐狂式的苦中作乐。比如那位"来自瑟索的植物学家"罗伯特·迪克（Robert Dick），他的工作是一位面包师，全天的远足是他的日常锻炼方式，有时甚至会超过四十英里，一路上只吃一点压缩饼干。苏格兰高地的植物学先驱人物老乔治·唐（George Don）经常离开其在福弗尔的家，前往山里探索一个星期，夜里裹着方格披肩露营，吃的则只有面包、起司和燕麦。威廉·麦吉利夫雷早期也经常在外露营，晚饭只有一块燕麦饼和几口山泉水。诚然，以上三位都是苏格兰人，都活在悠久的克己传统之中。不过，英格兰人对待自己的身体也不遑多让，1830 年，巴宾顿（Babington）前往北威尔士探索，仅以"面包和起司"度日；廷德尔（Tyndall）攀登最高山峰时则只携带一罐茶水和一块三明治。

或许正是出于这一强迫性格，才让许多人将乡野视为了对于阳刚耐力的试验场。廷德尔几乎毕生都沉浸在每天 50 英里的远足习惯中；老胡克（Hooker）经常轻轻松松行走 60 英里；地质学家亨斯洛年轻时，曾经背着锤子和标本箱走了一整天，足足 40 英里的距离，接着又在舞会上跳了一整夜。诚然，这些行为即便在现代岁月中，对于习惯于仰仗双腿的人们而言，也算不上什么壮举；不过，对于维多利亚时代的人们来说，这样的行为更普遍、更一以贯之，在生命中维持的时间可能也更久。

当然，很难相信近期有任何人能媲美 1819 年威廉·麦吉利夫雷的远足壮举。这位博物学家当时 23 岁，贫困潦倒，却迫不及待想要见证大英博物馆里无与伦比的鸟类收藏。他只有一身的劲儿。因此，他决定完全步行前往伦敦——全程超过 800 英里。他在 9 月 7 日启程出发——并采取一种相得益彰的方式，清晨四点半多起床，五点左右用早餐。他的小背包和口袋里装了"一把小折刀、一小瓶墨水和笔、一小份苏格兰行程单、一只水杯和一把小铲子"。他在日志里写道，"衣着方面，我还添了一件大衣，和一双旧手套。全身上下只有 10 英镑。"他完全靠面包度日。

他一开始就选了一条最曲折的路线，先向西，再向南，途径布雷马（Braemar）、斯特拉斯佩（Strathspey）、威廉堡（Fort William）和因弗雷里（Inveraray）等地，在启程的三十天里，他成功走过了 500 英里。此时，他已经花掉了一半的钱。不屈不挠的他带着剩下的 5 英镑开始向南行进："在大部分旅程中，只要有面包和水就足够了。"

但不幸的是，在他进入坎伯兰（Cumberland）后，当地人因为担心假币而拒收他的苏格兰纸钞，如此，他在抵达凯斯维克（Keswick）前都没法购买食物，也没法投宿。他更多时候是在灌木丛下、杜鹃丛中或谷仓里睡觉，而非在床上。到了曼彻斯特，他不得不报告，"我的裤子破破烂烂……沾满泥浆……鞋子几乎散架，长袜也差不多没法穿了。"而抵达北安普顿时，他全身上下只剩下一英镑和三枚半便士的硬币，他决定在随后的旅途中减掉一顿早餐。等他辛苦跋涉至圣奥尔本斯（St Albans）时，每隔两三英里就得坐下休息一会儿，以减轻脚上的剧痛。

最终，他在 10 月 20 日，出发六周之后，抵达了伦敦，并恰如其分地迎来了一场倾盆大雨。次日，他拒绝休整，直接前往了大英博物馆。他共在首都停留了一个星期（大概借钱度日），然后乘汽船返回了亚伯丁。

大约 25 年后，他已经成为家乡城市的一位博物学教授，他喜欢带领学生们在野外远足，直到将最活力十足的学生也操到（记录中写道）"步履蹒跚"为止。最终，他的辞世也是这种过度运动的结果。

与极端的顽强体力并驾齐驱的是惊人的学术精力。在几乎所有学术领域，维多利亚时代都留下了具有充沛精力与卓越成就之人，令今天的我们瞠目结舌，仅仅阅读他们的事迹，就让我们惭愧不已。博物学的情况就完全如此。除了一位皮金（Pugin）和一位帕克斯顿（Paxton）外，它还带来了一位林德利（Lindley）和一位劳登：这些人都贡献了他们的天才成果，也都具有无可匹敌的精力：林德利 50 岁以前完全不知什么是疲惫，52 岁以前从来没有休过假；劳登有一段时期同时编辑着五本月刊，通常在 7 点的早餐和 8 点的晚餐之间完全不进食，每天的大部分时间都站在户外，指挥园艺团队工作，之后回屋写作，一直忙到凌晨两三点。劳登意志惊人，且坚定不移，以至于大夫给他做了截肢手术后，不得不马上允许他重返工作。

牧师弗朗西斯·奥彭·莫里斯（Rev. F. O. Morris）五十出头时也同时编辑着好几份月刊，包括《不列颠鸟类博物学》（*A Natural History of British Birds*，1850—1857）、《不列颠鸟巢和鸟蛋博物学》（*A Natural History of the Nests and Eggs of British Birds*，1851—1853）以及《不列颠

蝴蝶博物学》（*A Natural History of British Butterflies*，1852—1853），同时，他还要应对切实的教区工作，并且要维持一个大家庭。另一位乡村牧师迈尔斯·约瑟夫·伯克利（Rev. Miles J. Berkeley）忙里偷闲地记述了6000种新的菌类物种，成为了该领域公认的世界权威。约翰·爱德华·格雷在大英博物馆博物学部担任了35年的馆员（需要不断应付各种常规问询以及管理的繁文缛节）。据称，他发表了不下1162篇论文和文章，涵盖广泛，他的兴趣"绝不限于动物学，甚至也不限于博物学，他也积极参与了对社会、教育和卫生改革的质询，他称自己最早提出了（1834年）要采取统一的信件邮资，并以邮票的形式预付。"

关于维多利亚时代中期另一位伟大的博物学推广者牧师约翰·乔治·伍德（Rev. J. G. Wood），其传记作家写道：

> 他的工作能力非常惊人……不论寒暑，他总是在清晨四点半或五点就伏在办公桌上了，冬天他会自己生上火，然后一直书写到八点钟。接着，不论刮风下雨，他都会在一片陡峭的山坡上快跑三英里，整个路程要沿着一座尚可忍受的陡坡爬升四百米的高度，全程绝不休息片刻，甚至不会放慢脚步，他对此十分自豪。跑完步，他会洗个冷水澡，然后开始用早餐。

一天会照此继续下去。据称，在每天的二十四小时里，他有十二个小时都在握着笔写东西，"娱乐消遣减至最低限度，几乎没有"。有鉴于此，得知他一生都承受着严重的消化不良，我们大概不会吃惊。

对于他们而言，工作并不只是一种沉浸其中的乐趣；它是一种强迫性的精力释放。成长的背景让他们对懒散有一种负罪和厌恶感，娱乐从来不能令他们放松。一本地方植物志的作者曾激烈地呼唤，"由于缺乏适当而有益地利用时间的方式，有多少人转向了懒散的恶习，最终成为废人！"每个时刻都要填入有益的活动，那些令我们惊叹的建设性能量，大都得益于维多利亚时代的人们在规划时间时一丝不苟的态度。

许多业余人士都将自身的成就主要归功于严格的早起习惯。夏天，爱德华·纽曼通常会在清晨 5 点、4 点、甚至 3 点起床，开始他的博物学工作，其源源不断的书籍和文章也大多写于早餐之前（和特罗洛普（Trollope）的小说一样）。类似的，H.T. 斯坦顿（H. T. Stainton）每天会在 5 点起床，然后抓紧时间做一些昆虫学的工作，就像吉迪恩·曼特尔为地质学和（发明沃德箱的）沃德为植物学所做的那样。如此吝惜时间，以至于某些博物学家——如约翰·卢伯克爵士（Sir John Lubbock）和 G.C. 德鲁斯（G. C. Druce）——养成了穿胶制工作长靴的习惯，他们不在乎它有多么落伍，而只希望在每天匆忙赶往办公桌时，能节省出一点点宝贵的时间。本书 105 页上列出了一位地质学家、年轻的约瑟夫·普雷斯特维奇（Joseph Prestwich）订立的自我进步规划，那是他在 1830 年左右为自己设定的闲暇时要做的事情。

有时，他们对自身研究的全神贯注几乎是非人性的。举例来说，菲利普·亨利·戈斯（Philip Henry Gosse）如此着迷于自己的工作，以至于其独子诞生的那一天，他却在日记中留下了奇妙的一笔: "收到牙买加的青色燕子。E 诞下一子。"

这种勤勉之风为维多利亚时代的所有学人带来了一种独特的倾向。书籍开始以单纯的厚度和充实程度加以评判，仿佛倾注在作品中的工作和努力（作者道德力量的体现）就是它们的主要优点了，而不必管它们的可读性和准确性如何。在这样的压力之下，为书商写作的人往往会连篇累牍、卷帙浩繁，这一习惯对于那些辛苦维持的学术刊物也产生了副作用。许多早期协会都因他们发表的大量材料过于详尽，而过早陷入了无以为继的境地。而由此产生的许多书籍都比它们理应的价格贵出许多，再加上公共图书馆的缺乏，以及学术机构的书架不是人人都能翻阅，从而使得许多最需要这些书籍的人无缘入手。

这种为工作而工作的观念也为此前无关紧要的消遣性收藏添加了一个狂热的新注脚。与书籍的情况如出一辙，收藏的规模本身也被当做了价值的体现，它反映了不懈的投入和苦中作乐，并承载着一种意涵——透过每时每刻的凝视，"经由自然，触及自然之神"。如此一来，善男信女们便可抚慰自己说，他们的行为是高尚的，而不论他们是多么贪婪地射击、捕杀，或将植物连根拔起，也不论他们对真正的科学需求是多么的不闻不问。总之，收集得到了宗教认可。同时，正因为变得更加热切，它的效率也得到了显著提升。系统随之浮现：覆盖面更密集了，标本的保存更用心了，标签也做得更细致了。专业设备应运而生，取代了工匠式的创造。

对于事实的盲目堆积，即不加质询地搜寻和积累数据，也同样契合了流行的学术风气。19 世纪 30 年代，整个英国科学界突然爆发了一种对于海量事实材料的饥渴，这可能更多反映了情感上的便利，而非理性感知的需求。不过，这一现象呼应了新的专业主义的诞生。

大地上，似乎突然爬满密密麻麻的蚂蚁，而非之前为数不多的蚂蚱。新的福音主义气候孵化出了一群又一群的自然词汇学家、清单制作人、计数者和比较者：长于僵化的数学功力，争相贡献无足轻重的精确性数据。待在成熟的体制竖井中时，这些人最有效率；他们的耐力很强，而相对来说，思辨力和洞察力很弱。此类人会自动倾向于令人安心的物种固定论（因为是确定的），而会远离令人不安的进化论（因为呈现永不停歇的流动性）。

在这个时期的关键人物中，有很大一部分——道森·特纳、J.E.鲍曼（J. E. Bowman）、爱德华·福斯特（Edward Forster）、G.S.吉布森（G. S. Gibson）、威廉·布兰德（William Brand），甚至早年的亚雷尔（Yarrell）——都依靠银行的工作养家糊口，这一点并不令人吃惊。账房式心智呼应着一丝不苟的秩序感和一种快速敏捷、毫无差错地执行事务的能力，因而很适合那种在博物学中占很大比例的学术管家的工作，这是一些源源不断的次要工作，但要求苛刻，有时会让人精疲力竭。

这种新的对于意义的重视扎根于福音主义的心态之中：部分是虔敬（*pietas*），部分是庄重（*gravitas*）；部分是一种敬畏之心，部分是一种父式的尊严感和个人荣誉感。从前半部分浮现出了一种坚定不移的严守安息日主义（sabbatarianism），它无所不在，又如此极端，以至于麦吉利夫雷在朝向伦敦的远足之中，在油尽灯枯的边缘，依然有力气鄙夷英国乡村中一些周日仍营业的不知廉耻的店铺；而巴克兰在苏格兰展开地质调查时若恰逢安息日，他则会随机应变，把锤子藏起来。从后半部分则浮现出了一种病态的自以为是，永远警惕模糊的冒犯，总是会爆发为杂志中的连篇累牍，浪费了大量的精力及昂贵的印刷成本。

	5:45起床	6点至7点	7点至城镇	至下午茶 8:30至10点	10点至11点至上床
周一	整理柜子	参加数学课	德语	自然哲学	各科阅读
周二	化学	各科阅读	化学	与贝拉一起阅读数学内容	同上
周三	各科实验	参加数学课	地质学	历史	历史
周四	德语	化学	化学	化学	各科阅读
周五	标记、整理和编排化石与矿石	各科阅读	自然哲学	与贝拉一起阅读几何内容	历史
周六	各科实验	参加数学课	德语	各科阅读	博物学
周日	7点起床，阅读佩利的《自然神学》、弥尔顿的作品、《圣经》等，直到午餐时间。			经由自然的作品触及自然之神。	

不过，这些态度也存在一些有益的呼应。人们会带着尊严从事他们认为需要开展的活动。如此，许多小型机构或仪式被打造得分外庄严和尊贵；许多枯燥的灯笼讲座和乏味的田野远行显得充满启迪和令人振奋。伴随着高尚的心态，维多利亚时代的人们神奇地容忍了硬木椅子和冷风习习的昏暗大厅。经过训诫的培养，他们组成了最专注的听众。相比今天而言，他们对此类场合的投入以及从此类场合取得的收获都更大。他们洗耳恭听的态度和理性的责任感提振了许多学术协会，这些协会若出现在一些松弛散漫的年代，大概早就湮灭在历史之中了。

与此同时，他们普遍的庄重面色常常会受到一种轻快感的中和。只要不当着人，维多利亚时代的人们就能展现出狂乱的轻佻和自暴自弃的玩乐，最具代表性的即爱德华·李尔（Edward Lear）和刘易斯·卡洛尔（Lewis Carroll）那些鬼话连篇的文学作品（被恰如其分地称为了"本末倒置的训诫"）。他们感到揭开博物学的面纱是安全无虞的。如此，许多不装腔作势的期刊远没有同时代其他期刊那么沉闷乏味，也未必就不够实用和准确。今天有什么杂志能像劳登的《博物学杂志》或斯坦顿的《每周昆虫学情报》（*Entomologists's Weekly Intelligencer*）一样被捧读一百年呢？它们之所以如此引人入胜，不仅是因为时代的古雅奇趣，或大量个人稿件的高超文笔，同时也是因为它们可爱的坦率和自然流露的热情。

对此，他们的世界相对狭小这一点也发挥了一定作用。当时，人人都能轻易感觉到，他们是在为彼此写作——我们在浏览这些古老刊物时常常会感到一种不安，仿佛在偷听一场私人谈话。当时绝大多数的博物学家对于学科的目标都抱持着相同的看法，并且乐于对其他的潜在态度不闻不问。另外，当时的专业人士很少，语言的碎片化现象尚不显著。

独立的专业科学界几乎完全不存在，这也是维多利亚时代前半期和后半期的一个明显差异所在。一开始，除了大英博物馆和若干小机构外（如位于莱登霍尔街的不列颠东印度公司的博物馆），唯一的博物学全职工作就是那些主任职位，分别设在六七所英格兰、苏格兰和爱尔兰的大学里，称呼各不相同。

教授们在这些岗位上都是独立工作，手下没有员工：用 T.H. 赫胥黎（T. H. Huxley）的话说，这是"一支由将军组成的军队，没有士兵"。由于没有同事分享工作志趣，没有明确的学生群体追随他们，没有任何广泛的公众聆听他们的讲座（或严密监督他们），因此，尽职与否基本全靠他们自觉。1834 年，伦敦国王学院（King's College London）的博物学主任职位就完全因为生源不足而正式废止。这门课程属于选修课，学生们一定觉得"可有可无"，而不会有人视之为未来的职业方向。十年后，剑桥一位重要的动物学家不得不报告称："博物学受到了最严厉的打压，这座备受尊崇的大学里的一千零一名数学家视博物学为清闲的琐事。"如果不是地质学这样的潮流学科带来了充满启发性的教学方式，如果不是医学生对于植物学课程的貌似意外的需求，整个领域恐怕会持续衰落下去，陷入如同上世纪的大部分时间里、博物学在英国高等教育中一直忍受的那种不堪地位。

　　另一方面，尽管这些学科的正式教学常常处于缺省状态，但在非正式层面，一些碰巧对自身学科怀有个人热情的教授的影响力依然可以十分强大——而且，在"校外"的影响可能要大得多。当年的许多教授毕生都待在同一个地方，因此能在多年内构建出圆融的社会氛围，比如亨斯洛就在剑桥自己家中举办了每周一次的晚间聚会，欢迎所有对科学感兴趣的人参加，不论是教师还是青涩的大学新生（用他的一位讣告作者的话说，这是"传播科学兴趣的重大一步"）；再比如艾尔弗雷德·牛顿（Alfred Newton）后期著名的面向"鸟人"的周日晚会，刚入门的爱好者们基本也能马上融入其中，享受其无限好处。此类教学工作的薪水很低——或者更糟糕的，比如在苏格兰，需要从学生手中收取不稳定的微薄费用——教授们常常要仰仗其他的私人收入（再加上，如果他们足够幸运，执教于牛津剑桥的话，可以领取学院的研究津贴）。而这样的情况有时会违背大学本身的利益。到了很晚期的 1877 年，托马斯·乔治·邦尼当选大学学院（University College）地质学主任（Chair of Geology）后，仍因薪资"过低，无法应付伦敦的生活费用"，而决定搭火车通勤于伦敦与剑桥之间。

　　只有最鲁莽的人才会在没有外财的情况下，跳上大学教师这艘船。罗伯特·詹姆森便是其中一位鲁莽者，而如前文所述，他后来的结局并不如意。另一位是爱德华·福布斯，1842 年，由于父亲意外破产，福布斯不得不在伦敦大学国王学院接下一份不中意的植物学教授的工作（他此前主要专注于动物学领域）。微薄的薪资——年薪大大低于100英镑——让他不得不为了额外的150英镑同时担任地质学协会的馆员，而两地奔波的同时，他还会抽出时间以其卓越的文笔为流行报纸写稿，进一步贴补家用。他曾合情合理地向一位朋友抱怨："两份工作都很艰巨，并非儿戏，而薪水都很微薄。"此类对他开放的岗位无一例外全都有违它们堂皇的名称；这些岗位的设立初衷是作为一些家境殷实的业余学者的荣誉休息之所，薪资水平尚不足以维持基本生活，那些如今被迫接受这些岗位的杰出科学人士拿到的薪水远不及一位秘书或文员。因此，我们看到福布斯曾以一种明确而严厉的自责口吻写道："不能自立之人不该去掺和科学。科学永远不该牵扯利益。"

政府岗位的待遇也好不到哪去，还往往劳累得多。由此带来的后果就是，这些职位上的人往往会严重违背公众的利益。1813年，一位科班医生威廉·埃尔福德·利奇（W. E. Leach）——有幸拥有丰厚的私人财产——加入了大英博物馆，他吃惊地发现，馆内的动物学收藏无人照管，相当混乱，而造成这一状况的原因很简单——前任乔治·肖博士（Dr George Shaw）除微薄的工资外，几乎（或完全）没有其他收入，因此别无选择，只能用几乎全部的办公时间"为书商写作"。由此积压下来的工作淹没了利奇，这次轮到他无力应对了；其健康状况恶化，不得不提早退休。对于这些太久无人照管的庞大收藏，任何人仅凭一己之力都难以撼动。若干年后，威廉·斯温森曾在文字中称布卢姆斯伯里的地下室仿佛"我们在巴勒莫看到的地下墓穴，常年门户洞开，只为了把新东西放进去腐烂，同时看看这一流程在前一年进展得如何"。

斯温森抱怨此事是有特殊原因的，利奇退休后，他非常有望当选为继任者，因为他有丰富的经验和响亮的名声，并有一摞分量最重的推荐信为其背书。然而令他恼怒不已的是，这个职位最终被交给了约翰·乔治·柴尔甄（J. G. Children），一位科班出身的化学家，毕生的兴趣也都在化学领域，他在接受此任命前对博物学一无所知。这是当年典型的官吏任命情况。在1855年的竞争考试实施以前，担任国内文官（Home Civil Service）的全是保护人，而且多数都是政治人物，因此在许多中层岗位上，不论一个人多么勤恳能干，只要他知道多数令人垂涎的高层岗位都是留给外来者的，他只能认命或辞职。

造成这一状况的原因很多。部分原因可能在于大众的漠不关心，部分在于学术和官方层面的保守主义，部分在于社会政治层面的强大而根深蒂固的反动势力。但最重要的原因是，整个国家对于将公众资金赋予任何对象或活动怀有深深的自由放任式（laissez-faire）的抵触，不论它们多么有价值，多么有建设性，也不论它们的前景多么光明，能带来多少普遍的财富或全国性的经济利益。在这种情况下，政府的努力一直非常虚弱而业余。而由于缺乏资金，很少有机构能够健康成长，除非仰仗某些一心一意的非凡个体。皇家植物园（邱园）就是一个特别精彩的例子，它是对胡克父子1841年以来的远见与勤奋的宏伟见证，这样的例子说明了，即便在如此艰困的情况下，仍然有可能取得惊人的成就，但首先还是要将对的人放在对的位置上。

由于政府未能给予科学技术切实的鼓励，因而不可避免地——特别是对比竞争国家的努力情况——招致了来自特定领域的猛烈批评。1830年，苏格兰哲学家大卫·布鲁斯特在《每季评论》的一篇未署名文章中大声疾呼：

（他宣称）没有一位哲学家享受到了能在最低水平上维持一个家庭的津贴、养老金或挂名闲职！没有一位哲学家享受到了统治者的恩慈或长官的友谊！……科学精神受到全面抑制，成功探索的荣誉微不足道，即便获得良好报酬的教授，和另一些才能卓著、非常适于为科学发展做贡献的人士，也都投身在了职业写作之中，如此一来，他们便盗取了国家所急需的那类服务。

在英国科学协会早期的一次会议上，爱德华·福布斯几乎以同样的方式向"红狮子会"（Red Lions，他在 1839 年协助创立的一个很喧闹的机构）奉献了一首《给英国公众的十四行诗》：

> 啊，博学多识的协会、学院和大学们
> 你们这些蠢货和呆瓜，你们这些笨蛋和傻瓜
> 你们管它叫什么英国的世界科学，
> 你们这些陷在愚蠢的丰收尘土中的乌合之众；
> 这里是四位"大好青年"，一个辛勤的团体，
> 我们的灵魂因你们——蠢货们——而受到奴役。

虽然所有这些公开的鼓动和压力一定也发挥了作用，但归根结底，还是一些恰当位置上的个体行动带来了最重要的影响，并最终促成了改变的发生。在博物学的具体情况中，这一成就主要可归功于一个人：亨利·托马斯·德·拉·贝什（Henry Thomas De la Beche），他是一位 19 世纪场景中的大师级"操作者"，伟大的干涉主义脉络（自汉斯·斯隆爵士和约瑟夫·班克斯爵士以降）的可敬的后继者。

如前文所述，德·拉·贝什一开始就有两项重大优势：他个人交际广泛，能代表时下科学界最受尊敬的人士与无可置疑的权威人士展开对话。另一项重大的优势在于，政府已经有机会在他所处的领域做出了一些最初的慎重尝试，因此很容易受到先例的影响。

要了解故事的全貌，有必要回溯至 1791 年。政府在这一年创立了地形测量局（Ordnance Survey），负责打造一份覆盖全国的比例尺地图——此类工作实际上从 1745 年的詹姆斯党起义开起，就在军方的主持下，被视为了一项官方职责。1801 年，地形测量局最早的一批地图终于向公众发布，这批地图涵盖了英格兰的东南部区域。1832 年，时任地质学协会秘书的德·拉·贝什受雇为这份地图添加有关矿区的详细地质数据。鉴于这项任务明显的经济价值，向政府要求一笔财政补贴似乎是恰当之举。而当 300 英镑的补贴款迅速到位时，他大概也同所有人一样吃惊不已。

看到了机会后，他进而向特定部门游说，要求在地形测量局的永久编制中加入一小队职业地质学家。为此，他举出了法国、德国和美国的例子，这些国家已经在部分地区展开了政府资助的地质调查工作。1835年，此项倡议终于成功落地，而他本人也顺理成章地当选了新部门的首任总监。

取得了这一成功后，德·拉·贝什又顺势而为，以迅雷之势，相继创立了应用地质学博物馆（Museum of Practical Geology，后来变成了地质学博物馆（Geological Museum），位于南肯辛顿）、一座公立矿物学校和一座"公立科学艺术学校"（日后成为了——实际上，而非名义上——英国第一座科技大学的基础），以及一个矿业记录办公室，至今仍以另一幅面貌存在于世，地点位于怀特霍尔街（Whitehall）。

关于以上的最后一项事业，还存在另一项重要的辅助因素，即罗伯特·皮尔爵士（Sir Robert Peel）的个人兴趣和支持——更具体地说，是在其履行第二任期的 1841 年至 1846 年间。皮尔对于科学的积极关怀广为人知，而且不只是一种政治姿态，这一点得到了当年一些重要的科学人士的证实。例如，1844 年，在一场向萨克森国王（King of Saxony）致敬的晚会上，他透露了自己对爱德华·福布斯在地中海的捕捞调研活动的切实了解，令后者大吃一惊。福布斯记录道，他还"提到了对亚雷尔的关注，他在人群中找出了个子不高的亚雷尔，和他握手，并告诉他自己从他的书中获得了极大的愉悦。而鉴于这位大臣并没有跟所有人讲话，这样的举动就显得更不寻常了。"大约四年后，吉迪恩·曼特尔很高兴受邀参加皮尔家中的一场私人晚宴，而其他客人也几乎都是地质学家。"用我的显微镜向皮尔夫人和小姐展示了几个标本"，他在日志中记录道。

有充分证据表明，1840 年后，皮尔和阿尔伯特王子（Prince Albert）之所以会走到一起来，就是因为两人都抱持着对于科学的热情，而在女王热爱的墨尔本陷落后，这一交好进而调和了女王与托利党人的关系，从而避免了制度性的尴尬。

亲王（Prince Consort）① 作为科学赞助人的身份已经受到充分的称颂，在此无需赘言。比较不为人知的或许是他对博物学怀有的全面而强烈的兴趣，这一兴趣源自其少年时期，一生从未完全丢弃（例如，他去世前还是约翰·雷协会的会员）。据闻，正是得益于他的这一爱好（不只是因为当时的普遍风潮），才会有一系列重要的博物学家（包括理查

---

① 此处指阿尔伯特亲王。

德·欧文、查尔斯·金斯利（Charles Kingsley）、菲利普·戈斯等人）时不时地应召入宫，为皇家子弟们上课。一方面，这满足了他自身对这门学科价值的深切信念，同时，这样的姿态显然也具有强大的宣传效力，让先前在这方面犹豫不决的无数维多利亚时代的家庭吃下了定心丸。

地质学自然是亲王赞助身份最直接的受益方。作为当下超"安全"的一门科学，地质学为这个原本已具有博物学倾向的公众人物，提供了一辆进入学术世界的完美快车。很快，他已将莱尔归入朋友之列，并在北安普顿欧侯爵（Marquis of Northanmpton）时常举办的奢华聚会上，信心十足地混迹于地质学协会的精英之中。这种兴趣的展示如此有力，或许斯特兰德的坦南特（Tennants）公司在广告中粗声宣告的头衔——女王陛下的矿物学家（Mineralogists to Her Majesty）——具有某种不限于名义上的合理性。

我们很难厘清这一时期科学与政治之间的纠葛。它纵贯了政党、宗教机构以及行业团体的一切脉络。一支最活跃的力量——虽说在实质性和连贯性上有些含糊不清——近来以"剑桥网络"（Cambridge Network）这个有效名号脱颖而出。这基本上是一个压力集团，由"一批科学家、历史学家、大学教师和其他学者人士松散汇聚而成，他们都看重准确、智识及创新"；他们之间没有紧密的联结，基本只是通过私人信件维系。主要目标是推动英国科学的职业化，此外也尽力支持言论自由和思想自由。它反对仍掌控着皇家协会的保守的贵族势力，实际上，它反对散发出业余主义味道的一切。其领导人物包括地质学家塞奇威克和植物学家亨斯洛。他们的其中一条妙计是在1831年推举了达尔文参加小猎犬号的航海行程（Beagle voyage），他的名字被亨斯洛（举荐了他最喜欢的一个学生）为首的一批网络（Network）人员一路送到了海军部。

不过，与博物学更直接相关的，同时在运作中远没有那么多权谋的，则是被诺埃尔·安南（Noel Annan）称为"学理贵族"的那些唇齿相依的学术亲属王朝。之所以会出现这样的情况，是因为随着19世纪的演进，两股双生潮流或出于严苛的宗派理由，或出于共同的职业和休闲背景，推动了一些家族之间的通婚，甚至一次又一次的通婚。

最知名的例子，也是博物学界影响最广的例子，即一些重要的贵格会家族间的繁复交织，其中包括巴克斯顿家族（Buxtons）、格尼家族（Gurneys）、霍尔家族（Hoares）、卢伯克家族、巴克利家族（Barclays）、卡德伯里家族（Cadburys）等。可喜的是，其中很多家族至今依然稳定输送着博物学人才，这一点既呼应了漫长的家族传统，也呼应了适合这些和平学科的特定的教育倾向。

另一个突出群体由一些传承自原本的克拉珀姆派（Clapham Sect）的虔诚的福音派家族构成。特别是其中的两条线索出产了大量的博物学家。第一条即威廉·阿诺德（William Arnold）的后代，第一代中就出现了一位热切的业余地质学家——拉格比的阿诺德博士，他的一个姐妹嫁给了他在牛津的导师威廉·巴克兰的一个兄弟。而过了两代人后，这个家族又经由婚姻与赫胥黎家族联结了起来（朱利安·赫胥黎爵士（Sir Julian Huxley）因此成了巴克兰的弟妹的一个重侄孙）。第二条线的中心人物是历史学家麦考利勋爵（Lord Macaulay）的父亲扎卡里·麦考利（Zachary Macaulay）。后者的一个姐妹嫁到了特里维廉家族，这个家族中的杰出成员沃特·特里维廉爵士（Sir Walter Trevelyan）是知名的蕨类植物采集者及地质学家。更重要的是，麦考利勋爵的一位阿姨嫁给了托马斯·巴宾顿（Thomas Babington），后者的侄子即剑桥那位著名的植物学教授，他们的孙女则嫁给了威廉·丹尼尔·科尼比尔（地质学家、兰达夫院长）的儿子。

巴宾顿教授——他自己的父亲是威廉·威尔伯福斯的好友，也算得上是一位植物学家——还有一位叔叔托马斯·吉斯伯恩（Thomas Gisborne）曾为《斯塔福德郡植物志》(*Flora of Staffordshire*) 撰稿，他的第一个表亲牧师丘吉尔·巴宾顿（Rev. Churchill Babington）曾任剑桥的考古学主任，他也收藏贝壳和植物，并出版了《萨福克郡的鸟类》(*The Birds of Suffolk*) 一书。

不过，最大的一个豪门则延续自胡克父子一脉，它构成了某种皇家脉络，贯穿了整个英国博物学。

威廉·杰克逊·胡克爵士（Sir William Jackson Hooker）、他的儿子约瑟夫·多尔顿·胡克爵士（Sir Joseph Dalton Hooker），以及后者的女婿威廉·西塞尔顿-戴尔爵士（Sir William Thiselton-Dyer），令邱园的总监职位在这个家族停留了 64 年时间。老胡克的妻子是道森·特纳的女儿，后者是一位植物学家和古文物收藏家，也是胡克父亲的生意伙伴，两人也都与格尼家族（挪威银行家、贵格教派、博物学家）有生意往来。道森·特纳本人是海藻专家，他有一个兄弟研究地衣，一个女儿绘制和雕刻苔藓，他的妻子本人也是一位颇有成就的植物学绘图师，他的一个侄子托马斯·帕尔格雷夫（Thomas Palgrave）成为了知名的苔藓学者。他还有一位女婿约翰·冈恩牧师（Rev. John Gunn）成为了诺里奇地质学协会（Geological Society of Norwich）的主席。

小胡克青出于蓝而胜于蓝，他结过两次婚，每一次都和若干杰出的博物学家联结了起来。第一段婚姻的对象是剑桥植物学家亨斯洛教授的女儿。亨斯洛自己的妻子是牧师伦纳德·杰宁斯（之后更名为伦纳德·布洛姆菲尔德）的姐妹，伦纳德是一位重要的全方位的博物学家，他这边还关联着牛津植物学主任多布尼教授、另一位热切的博物学家牧师伦纳德·查普洛（Rev. Leonard Chappelow），以及另一个著名的科学家族沃拉斯顿家族（Wollaston）。亨斯洛的第二个女儿嫁给了格洛斯特郡一位重要的植物学家和考古学家，他的儿子则成为了伦敦大学的植物学讲师。

　　小胡克第二段婚姻的对象是重要的动物学家威廉·贾丁爵士的遗孀。她本人是牧师威廉·塞缪尔·西蒙兹（Rev. W. S. Symonds，地质学家，《古老的石头》（*Old Stones*）一书的作者，莫尔文田野俱乐部（*Malvern Field Club*）的创始人）的女儿。西蒙兹对于地质学的兴趣主要得自于休·埃德温·斯特里克兰（H. E. Strickland），后者除了作为鸟类学家和贝类学家外，对于地质学这门姐妹学科也十分在行，因而被任命为了巴克兰在牛津的副手。斯特里克兰有两个阿姨都是卓越的植物学画师，他本人则娶了贾丁的女儿为妻。已故的诺曼·金尼尔爵士（Sir Norman Kinnear），印度鸟类权威和大英博物馆（博物学分馆）的总监，是他们的侄孙——如此便在我们两个最重要的国家性博物学机构的领头人之间架起了姻亲的桥梁。

　　这张网络的触角无所不及，以上内容远未穷尽脉络中的所有博物学家。之所以会有如此广博的触角，部分原因可归功于其（至少）早期人员强烈的非国教精神（Nonconformism）。不过，我们猜测也有另一项理由，即这些家族中出现了大量明显合乎资格的女儿们，她们除了其他方面的魅力外，也具有长期的博物学一手经验，因此她们能容忍博物学家丈夫们有时令人气恼的作风。

　　此外还有许多由婚姻结成的家族群体和关系，虽然在广泛性上无法与以上的例子媲美，但对于维多利亚时代的博物学界也发挥了一定作用。仅在 19 世纪 50 年代创立了英国鸟类学家联盟（British Ornithologists's Union）的成员之中，我们就可以找到两个例子：通过婚姻的桥梁，亨利·贝克·特里斯特拉姆教士（Canon H. B. Tristram）成为了其田野伙伴奥斯伯特·萨尔文（Osbert Salvin）的表兄弟；亨利·约翰·埃尔威斯（H. J. Elwes）则迎娶了好朋友们戈德曼兄弟（Godman）的一个姐妹。

初看上去，这样的频率并不奇怪。相比今天，当年选择婚姻对象的范围要窄得多。社会阶层的考量大大削减了可能的人选；严格的监护、糟糕的交通，以及有时拮据的家庭状况，都让女生远离了社交活动。婚姻是令人羡慕的一部分人的特权，对于有明显魅力和前途的姑娘们来说，一定存在持续的诱惑，令她们不禁要在前来探访父亲或兄弟的有好感的年轻男子面前晃来晃去。

尽管如此这样的状况并不新鲜。但是，直到维多利亚时代降临以后，博物学家之间的通婚状况才变得如此频繁和广泛。事实上，在这门学科的不同分支之间，从未像这个时代一样出现过如此普遍的通婚。因此，不论在此前或此后，作为整体的博物学都未达成过如此紧密的团结；同样，在此之后，博物学的各研究分支也再未有过如此多志同道合的信徒。

这种程度的交织为维多利亚时代的博物学带来了一定的好处。首先，它保障了新闻消息的持续流通；多数情况下，各领域之间都非常了解对方领域中发生的事情，因此常常会吸取对方的理念，或复制对方机构的做法。同时，这也带来了一种军心的稳定。意识到自己的工作符合家族的正统，能让一位博物学家不受社会孤立的影响，同时不必介意那些认为他古怪的指控。这甚至带来了一种管理上的便利。一些稀缺岗位上的子承父业——甚至孙承祖业——如胡克和索尔比家族中那样，至少保障了价值观的一以贯之。在那个时代，低薪岗位上的穷人往往是靠不住的，也就是说，仅从家族传统来看，便可保障一定的正直诚实的标准。

尽管如此，这些家族网络的工作保障作用不应被过分夸大。其中的大部分（或全部）成员都是业余人士，因此不存在这样的考量。事实上，只有两个家族主要由专业人士组成：格雷家族——三代中有四人是大英博物馆的博物学员工；以及索尔比家族——四代中有十人是植物学家或贝类学家，从事博物学制图员、标本商或——连续三代人——皇家植物学协会（在摄政公园有一座花园）的秘书工作。

而与这种亲密性相呼应，并可能部分成就了这种亲密性的是——私人休闲的庞大的林下灌木，这些灌木逐渐生长并远远超越了正规协会和俱乐部中稳步增多的培养欢乐友谊的机会。在一个住房宽敞、家仆众多的时代，这带来了巨大的益处。一个极端例子就是罗德里克·麦奇生爵士（Sir Roderick Murchison）和妻子举办的盛大的招待会，在这些场合里，重要的科学家们常常会穿梭在社会和时尚领袖之间。规模不那么大的则是一些富人为科学界的朋友们举办的晚宴，以及之后的座谈会——此类活动一直延续至1913年埃夫伯里勋爵（Lord Avebury）的离世。此外也有比较轻松的早餐聚会，约瑟夫·班克斯爵士早已将该形式发扬光大。它脱胎于地质学协会类似的常规聚会；而作为一种休闲方式，此类聚会至今仍沿袭在某些大学里面。

在最不正式的层面上，有一种特别有益的习惯做法，称为"开放参观"（open house）。此类活动一般在周日晚间举办。此时，家仆不必准备晚饭，家中女子们仅食用冷餐，男士们往往则会躲到他们的俱乐部去。一些博物学家可能会告知大家——比如像斯坦顿那样，在一份专业刊物中插入一份通知——他们会在这些时间欢迎任何人前来参观。访客会得到点心的招待，而且往往十分丰盛。此类主人中最知名的几位是爱德华·纽曼、詹姆斯·弗朗西斯·斯蒂芬斯（J. F. Stephens）、J.S. 鲍尔班克（J. S. Bowerbank），以及慷慨和善的纳撒尼尔·巴格肖·沃德（N. B. Ward）——沃德箱的发明者，他常常称此类夜宴为他的"缝补派对"。也正是后面这些人，在1839年成立了显微镜协会（Microscopical Society），得益于沃德与其位于韦尔克洛斯广场（Wellclose Square）的邻居们——埃德温兄弟和约翰·托马斯·魁凯特（John Thomas Quekett）——对显微镜的共同热情。毫无疑问，由于缺少了如此简单的社交往来形式，今日博物学的境况要简陋得多。

第五章
效率的果实

　　19 世纪 30 年代——异乎寻常地与另一个热切的十年相仿，即 20 世纪 30 年代——出现了一批新的活跃人士，他们的根基都源于前维多利亚时代。其中的代表人物是乔治·蒙塔古，他是威尔特郡民兵（Wiltshire Militia）中的一位井井有条、活力十足、不辞辛劳的陆军中校，年轻时曾在美国殖民地打仗，后因一些挑衅性的军事行动令战友身陷困境，而被送上了军事法庭，进而被逐出了军队。当这位无名鸟类学家的一堆热心而犀利的问题——于《塞尔彭博物志》问世后不久——出现在吉尔伯特·怀特的桌上时，古老的不安分的田野探究精神，约翰·雷和威洛比的精神，在英国的博物学界得到了重生。

　　蒙塔古的《鸟类学词典》（*Ornithological Dictionary*）在世纪之初的 1802 年推出，彻底改变了英国鸟类学研究的面貌。正如另一位军人皮

椒叶蛾（Magpie inoth），出自《皇家博物学》（*The Royal Natural History*），第六卷，1896 年。（伦敦林奈学会藏）

特－里弗斯将军（General Pitt-Rivers）在多年后重塑了考古学一样，蒙塔古为鸟类学注入了饱满的效率，及一种脚踏实地、简单直接、近乎粗鄙和冷淡的研究方法。他不受常规的消遣活动或时尚偏见的影响，与所有经验丰富的军官一样，他接受过很好的辨别情报的训练，因此对于一切空穴来风和道听途说都毫不信任。他的伟大贡献在于确立出了一种接纳资讯的审慎标准，这些标准在多年中一直未被超越。这正是这样一门学科在这样一个发展阶段所需要的：一个一丝不苟的人，准备好了周游全国，亲眼确认手中的事实。

　　紧随蒙塔古的庞大汇编之后的是另一部颇具影响的作品，也以类似的精神写就：阿德里安·哈迪·霍沃思（A. H. Haworth）的《不列颠鳞翅目昆虫学》（*Lepidoptora Britannica*，1803—1828），这是第一部关于英国蝴蝶和飞蛾的真正全面翔实的记述，在19世纪上半叶一直是标准的教科书式作品。有趣的是，从事业路径上看，霍沃思与伟大的植物分类学家乔治·本瑟姆（George Bentham）简直如出一辙，本瑟姆是后来的一部同样重要的英国花卉植物教科书的联合作者。两人都是律师科班出身，都非常富有，也都更愿意将余生投入在撰写科学专著上面。而这样一部作品的持续流行也带来了一项预料之外的重要结果——其中采纳的英语名称逐渐发展为了标准用法。由于鳞翅目的科学命名法一向很不稳定，收藏家们因而选择了诉诸本土命名法，采用连贯一致的称谓，以方便读者的理解。

　　在"霍沃思"尚未完全兴起以前，詹姆斯·爱德华·史密斯也出版了他的《英格兰植物志》（1824—1828），为有关植物的作品确立了一个新标杆。在之后相当长的一段时期内，所有类似的出版物都从其非同凡响的详尽准确的描述中吸取了养分，人们终于有了一部能够仰仗的教科书，不久后，有人称它"为英国植物研究提供了一股决定性的推动力，用我们自己的语言呈现了一部标准而权威的作品"。这部作品在相当一段时期内，都未被完全超越。

此类大部头作品只是延续了一项悠久的传统。与阿尔宾的炫耀式书卷和彭南特的《不列颠动物学》（*British Zoology*）一样，它们面向的也是富有的绅士学者们的书架。它们并非指南书籍；而伴随着奢华外表的高昂价格，也一如既往地令许多真正需要它们的田野工作者们却步。

19世纪20年代后期，市场上出现了对平价鉴识书籍的实质需求。而恰逢这一时期，出版经济也出现了重大突破，可谓好运当道。

拿破仑战争结束后昂贵的印刷成本对学术协会的发展造成了严重阻碍。1822年，伦敦地质学协会要出版一卷《学报》，预估花费不少于369英镑，面对这样的惊人数字，这样一家机构不得不权衡再三。而1810年至1814年间，蒸汽印刷机的发展完全改变了这一现状。到下一个十年结束时，印刷机每小时的印数已经超出1810年20倍，相应地，成本也大幅滑落。1832年，新的改革派国会（Reform Parliament）为自由派长期反对的"知识税"——深深冒犯了理性主义对救赎的热烈信念——施加了决定性的打击；四年间，纸张的重税和报纸的印花税都大幅削减，从而为媒体和期刊出版的大扩张奠定了基础。

在这种情况下，伴随着"数不清的物美价廉的画报"和有通俗教益的口袋文库本，博物学刊物也如雨后春笋般涌现出来。很多可能永远不会为学术协会高度技术性的期刊或学报撰文的博物学家，此时也受到鼓励，投入在了出版物上面。工资不高的教授和馆方负责人也开始欣然接受各类（具有广泛而明确的吸引力的）书籍的约稿，一些人甚至基本成了全职作者。如今，稳定而持续地出版关于博物学等实用学科的印刷作品，已经有可能让一个人养家糊口了。

但要成功做到这一点，还得接受严苛的限制。他不能从事专项研究：他必须展现出——没有指望或不得喘息——一种假冒的无所不知和轻率的多才多艺。乔治·威廉·弗朗西斯（G. W. Francis）即此类作者，他推出了若干部关于英国植物的博识书籍，包括那本正式开启了蕨类植物狂潮的书（1837），另外，他还推出了一些化学和电气科学方面的教科书，包括《花园美物》（*Favourites of the Flower Garden*，1844）、《铁路及运河建设的实用平整手册》（*A Manual of Practical Levelling for Railways and Canals*，1846）以及《蜡花制作技术》（*The Art of Modelling Wax Flowers*，1849）。

多数创立于这一时期的、部分或全部致力于博物学的刊物都只出版了寥寥几期就停刊了。因此，今天保存下来的数量很少。通常，它们一开始都得到了某些意愿良好的、过于乐观的、慷慨人士的资助，但随着损失日益增多，资助者们的耐心逐渐流失，他们开始干涉期刊运营，与编辑争论不休，并最终割肉离场。即便运营得当的，也会遇到此类学科特有的一项顽疾：要维持收支平衡，他们必须采取足够流行的方针，以吸引和留住最多的受众，因为严格意义上的博物学家非常稀少，满足不了一份出版物的商业化需求。

遗憾的是，一般情况下，能带来稳定而准确的稿件的只能是那些相对有学问的工作者们，他们渴望将自己的发现刊登在永久性的印刷品上。久而久之，在一种无情法则的作用下，这些刊物会渐渐超出作为潜在购买者的普罗大众的接受能力，于是，销量便一蹶不振，刊物也只能快速走向终结。当时的两本最有价值的刊物——《博物学杂志》和《动物学和植物学杂志》（*Magazine of Zoology and Botany*）——最终都未能逃脱这样的命运。

《博物学杂志》由了不起的约翰·克劳迪厄斯·劳登创办于 1828 年 5 月。劳登具有经营此类杂志的天赋，他也通过一份类似的杂志《园艺师杂志》（*Gardener's Magazine*）大赚了一笔。《博物学杂志》新意十足（它是第一本热门的博物学刊物），由朗文出版社（Longmans）出版，起初为双月刊。头三四年间，杂志的需求十分旺盛，尤其是在它起初锁定的博物学入门者和学生中间。信件从四面八方蜂拥而至，赞扬劳登为博物学界提供了一项前所未有的服务。"每期杂志都让我愈加陶醉其中，"重要的植物学家 J.E. 鲍曼对其邻居约翰·弗里曼·米尔沃德·达沃斯顿（J. F. M. Dovaston）坦承，"而且我深信，这份杂志会对年轻世代的追求产生潜移默化的巨大影响……帮助他们摆脱掉时下大众娱乐的低级趣味"。

1834 年，在此类评价的激励之下，劳登决定将其改为月刊。结果证明，这是个毁灭性的错误决定。在许多优秀撰稿人（如达沃斯顿）的帮助下，早期的杂志非常实用，且通俗易懂，但同时，撰稿人们已经开始感到劳累；而这份杂志的大获成功也引来了越来越多的竞争者。于是，材料不再手到擒来，或不再充足，而由于劳登日理万机而疏于监管，编辑水准也显著下降。1836 年，一位更具实力的新的执行编辑爱德华·查尔斯沃思（Edward Charlesworth，有一定名望的职业博物学家）上任，杂志很快显露出了一种更恳切的科学气息，在这种非常有益的（但无利可图，呜呼）形式下，杂志又苟延残喘了几年时间。最终，在 1840 年，它不得不与另一本虚弱的刊物《博物学年鉴》（*Annals of Natural History*，本身即两刊合并的产物）合并，如此，它的独立存在终于走向终结。

但这些刊物并非当时唯一的推广力量。前文已经提到，书籍也在大量涌现，而一个特别光荣的位置必定要留给一套恢弘的动物学系列书籍，一共四十册，构成了贾丁的《博物学家文库》（*Naturalist's Library*）。

在 1833 年至 1845 年间，这些书以大约三月一册的进度推出，其中 15 册由整套书的构想者威廉·贾丁爵士本人撰写，并以远低于当时普通的博物学书籍（至少同等质量的书籍）的价格销售。比如，据《博物学杂志》报道，斯温森对翔食雀的报告书，配有 30 多张彩图，售价 6 先令，"不及许多并无多少科学价值的书籍价格的三分之一，而且印行至今"。

平版印刷术的引入是另一项重大发展。该方法由德国人发明于 1796 年至 1798 年间，采用墨水或蜡笔在某种石灰岩上作画，可实现非常精细的插图效果，更重要的，它能让印刷变得又快速又经济。最早运用该技术的英国博物学书籍大概是阿克曼（Ackermann）的《来自自然的三十份研究》（*A Series of Thirty Studies from Nature*，1812）。截至 1815 年，在整个英国范围内，依然只借鉴了该方法的一个部分。两年后，约翰·菲利普斯（John Phillips）使用这一方法，重新以彩色制作了若干份地质剖面图，并以每份 1 先令的价格销售。这似乎是该方法应用于严格科学层面的最早案例。这方面的首次大规模运用则是威廉·斯温森《动物学画报》（*Zoological Illustrations*，1820—1823）的初始系列。当时，流程尚不明确，必须绘制同一对象数次，才能让印刷机发挥出满意的效果。它逐渐成为铜版印刷（索尔比家族偏爱的印刷方式）公认的替代方法，最终也超越并大体取代了铜版印刷。约翰·古尔德（John Gould）是这方面最知名的示范者，他很早就采用此法印制了其美妙的鸟类插图，因为该方法可直接将画师的作品转换到印版上，能够留下羽毛和色彩的所有细微之处。此时，那些通常面向有钱人而非文化人（甚至识字者）的厚重图册，终于也发挥了自身的科学作用，呈现出了不可或缺的精确性；而博物学作品中的精确彩图的大幅改善也进一步提升了这门学科的吸引力。

鉴于所有这些可喜的发展——更多手到擒来的作品，因潮流而起的对自然的关注，以及认可（若非"神化"）收藏的通行道德观等——因而并不奇怪，大量作者都为这一时期惊人的兴趣增长做了见证。《布莱克伍德杂志》（*Blackwood's Magazine*）早在 1818 年已经在一篇题为"博物学日益受欢迎的证据"（Proofs of the Increasing Taste for Natural History）的文章中声称，这门学科"一度在这座岛上备受忽视，如今则已成为一门显学。商业人士及哲人贤士们甚至对这个愉快的学问分支的细枝末节表现出了兴趣。"1831 年，同一份杂志记录道，"那些货真价实的博物学家的作品，如怀特的《塞尔彭博物志》和纳普（Knapp）的《一位博物学家的日志》（*Journal of a Naturalist*），卖出了数千本之多，并会继续突破万字大关"。大约在同一时期，乔治·萨摩艾利（George Samouelle）在《昆虫学橱柜》（*Entomological Cabinet*）中以敬畏之语写到"英格兰的惊人进步，远远超出作者的预期"，这里指的进步是 1820 年后的十年间发生在昆虫学中的事情。

而尤其值得关注的则是人们对鸟类兴趣的巨大提升。在那个禁猎的黄金时代里，要是没有非打猎式的副作用才是咄咄怪事呢。当时，鸟类标本的收藏，以及越来越多的鸟蛋收藏，都受到了日益广泛的欢迎。但除此之外，还有一条更深的暗流：人们渐渐发现了《塞尔彭博物志》，也渐渐发现了托马斯·比伊克（Thomas Bewick，一位出身卑微的泰恩赛德雕版师，他在辛劳中投注了对于自然的毕生眷恋）作品中广受好评的木刻版画，从而激发了审美的觉醒。"我一生都忙着喂鸟"，比伊克曾向一位朋友透露，这在当时是非常古怪的做法，同时，这也是其插图中的生命力和准确性的部分秘诀所在。他在自己的书中坦承：

> 我从未想过它们能受到这么多年轻人的热烈关注……我的努力导向了新兴一代，我的目的是透过这些小插图将年轻人引向博物学的研究中来，进而引向自然之神。

比伊克的首要身份是一名画家；相对来说，他不太在意对于科学事实的记录，他也常常在这方面显地漫不经心。其《不列颠鸟类志》（*History of British Birds*）成为了一代人退而求其次的教科书，而这位作者并未充分领会到他意外扮演的这个额外角色的全部重要性。比如在1823 年，一批什罗普郡的博物学家给他寄去了他们在多年不寻常的细致观察中积累到的大量记录，希望可以纳入此书即将出版的第六版中，他表示了感谢，随后却几乎完全弃之不顾，从而严重伤害了那批博物学家的积极性，大概也因此阻碍了英国田野鸟类学研究的前进步伐。

即便如此，比伊克仍然打下了一个关键的基础，整个世纪的后来者也都乐于在此基础上构建他们的工作。接下来的一层楼由威廉·亚雷尔（William Yarrell）搭建，他使用了一模一样的标题来凸显延续性，他的作品出版于 1837 年至 1843 年间，每两个月推出一部分，共计 37 个部分。通过优质的配图和尚可的准确性，这部作品很快就成为了标准的指南书，并得到了不断扩充，直到 1889 年，以霍华德·桑德斯（Howard Saunders）经典的"手册"（*Manual*）形式达成完满。可惜的是，这部作品的大获成功几乎掩盖了另一部远为深刻的同名作品，后者的干货更多，学术性也更高（"全是胆和胗"，如其作者自嘲所言），由麦吉利夫雷于几乎同一时间推出。

除了这些书本和打猎方面的影响以外，可能还存在另一项我们所知甚少的影响。在这方面，我们的主要资讯依然来源于斯温森，他是关于该时期的评论的一个宝贵源泉。在他发表于1840年的一篇关于动物标本剥制术的论文中间，藏着这么一段一带而过的话：

> 人们越来越喜爱博物学的最佳体现，即此时非常流行在壁炉架或桌边上设置装有漂亮的鸟和昆虫的玻璃盒子。博物学抓住了最闲散者的注意力，寻根问底的好奇心开始苏醒。

他的意思可能是，人们正是因为不断接触到此类物品，才皈依了博物学。

这一风潮中存在某种神秘的启示性。它呼应了（甚至预示了）第一波以沃德新近发明的装有蕨类植物等其他温室珍奇的密封玻璃盒子来装饰客厅和窗台的热潮。这种将自然物品封装在玻璃器皿中的普遍喜好被视为典型的维多利亚时代的产物，但它最早出现的时期显然比人们通常认为的更早；事实上，它一定是前维多利亚时代的。人们似乎突然感到，有必要在室内装饰一些从大自然中挑选的物品。当时，玻璃的价格尚无变化，也仍然不易购买；而使用单独的盒子来收藏鸟类的做法在19世纪已经出现了。那么此时出现这一风潮是否有什么更难以捉摸的动机呢？有没有可能，这是新兴的都市中产阶级面对丑陋的工业主义蔓延，面对被自然永久流放的现实，而做出的第一反应呢？能否将这一时期人们对鸟类和昆虫的兴趣激增（尤其）解释为陷入了病态贫乏的潜意识的抗议呢？

新的昆虫风潮更是有过之而无不及。这两种兴趣的并驾齐驱——如在很久之后的 19 世纪 90 年代再次发生的那样——可能并非意外。18 世纪的男子迷恋的是花卉与贝壳，是那种静态的风格化的美丽边沿，对他们来说，这些构成了自然主要的吸引力；而 19 世纪似乎感到了翅膀的诱惑，人们需要贴近与血肉相近之物，需要更鲜活的、具有鲜明自然力的纪念品。根本上，钟摆向昆虫和鸟类的摆动可能是一种符号性的转变。

即便如此，在这一时期的英国昆虫学领域，仍然明显存在一种足够理性的搅动。首先，这门学科展现出了全面的辩论兴致。威廉·夏普·麦克利（W. S. Macleay）在《昆虫学时间》（*Horae Entomologicae*，1819—1921）中提到了五元理论（Quinarian Theory），该理论为昆虫学吸引了广泛关注，就像灾变说（Catastrophism）为地质学所做的那样。而和灾变说一样，这项理论的源头也在法国。麦克利是另一位杰出的昆虫学家的儿子，他父亲多年来一直担任林奈学会的秘书，之后被任命为了新南威尔士州的殖民地大臣（colonial secretary），麦克利在巴黎度过了数年时间，担任英国大使馆的专员。在这期间，他结交了许多法国重要的博物学家。返英后，他沉湎于了一种独特的大陆式浪漫主义之中，并且深信一种半神秘性的自然分类系统的正确性，该系统有些类似于歌德宣传的那些理论。根据该系统，地球上的一切生命都编排在数字 5 的形式之下，借此可以方便地对无数动植物进行分门别类。这个奇特理论必定会让许多人无力抵抗。其倡导者还是一位学术地位不低的人物，并且有丰富的数据支撑，学者们无法对之掉以轻心。更具说服力的是，两位热情的冠军多少有些出人意料地冒了出来，他们是尼古拉斯·艾尔沃德·维戈尔（N. A. Vigors）和威廉·斯温森，两人都是当时分类学的前沿人物。因而，此项理论得到了激烈而充分的讨论。而最终，不可避免地，依然是正统思想获胜；不过多年后，斯温森曾亲自表明，这场争论虽然在科学上一无所获，但至少为学科带来了一场活力十足的清算，从而推动它迈上了通往大众的征程。

这一征程也得到了若干优秀书籍的助力。其中影响最大的是构成《昆虫学概述》（*Introduction to Entomology*）的一系列有趣的书卷，作者是牧师威廉·柯比和威廉·斯彭斯（William Spence），前者是萨福克郡的一位乡村牧师，后者是赫尔的一位商人。此前，柯比已通过一本关于英国蜜蜂的专著赢得了声望，两人也是因此书而从 1805 年（特拉法加海战的那一年）开始了通信。他们都热切渴望一本准确全面的指南书籍，以帮助和吸引初学者；四年后，两人得以会面，并开始商讨这部书的写作事宜。第一卷出版于滑铁卢事件的 1815 年，并立即大获成功，截至三、四卷问世的 1826 年，第一卷已陆续推出了数个版本。很少有半技术性的博物学作品能让人们带着如此一贯的快乐反复阅读。书中的文字引人入胜，以一种大概此前无人可及的方式捕捉到了古老的收藏家精神。不难相信，许多新来者们之所以皈依这门学科（至少从常见的、无章法的短期学生式收藏最后皈依过来），正是得益于对此书愉快的阅读体验。

很快，许多作者也试图仿效柯比和斯彭斯的巨大成功，但无一人获得如此摧枯拉朽的欢迎。其中最接近目标的可能是那位杰出作家爱德华·纽曼。

英格兰全境确实存在着一种强烈的诱因（苏格兰的情况几乎完全不

同，很长一段时期都相对无动于衷）。一股昆虫学的热潮涌现，而且如此强大，几乎要将博物学的其他分支一举吞没。牧师伦纳德·杰宁斯在回忆 19 世纪 20 年代后期的剑桥时曾写道：

> 在这所大学里，博物学从未受到过今天这样的大欢迎；此后，它也再未占据过当时那么大的领地……尤其是出现了大量的昆虫学家……在夏天的几个月里，好几位低年级学生都通过售卖自己采集到的昆虫，赚取部分生活费，他们尤其喜欢在蕨类植物丛中翻找，那里面充满了各种珍稀的地方物种。

有些学生也被虫子严重咬伤，包括查尔斯·达尔文和之后的植物学教授 C.C. 巴宾顿（C. C. Babington），后者如此痴迷于鞘翅目昆虫，因而被冠上了一个临时的外号——"甲壳虫"。

一个可预见的结果就是，专业协会再次在昆虫学领域涌现了出来。第三家鳞翅目昆虫学家协会早在 1801 年就已经创立，经过了不稳定的起步阶段和一次更名后，这家协会逐渐兴旺了起来，甚至推出了一份学报。但之后却败给了另一家新机构，后者展现出了充分的活力，从而抢走了大部分的新来者；不久，它就步入了两家前辈协会的后尘。这里的"篡位者"即林奈学会的动物学俱乐部。其创始人们最初想要打造一家昆虫学的独立协会；但为了降低林奈学会的敌意，他们决定放弃创造一个潜在的强大对手，而寄居在林奈的名义盾牌下运作。两方之间从一开始就不无磕碰。这里还有一件引人注目的荒唐事，俱乐部的主要支持人之一约翰·爱德华·格雷由于被史密斯及其跟班们永久驱逐出了林奈学会，而从未成为俱乐部的正式会员。尽管如此，在六年的时间里，这家俱乐部仍维持了会中会的身份，并最终出版了一份独立期刊《动物学学报》（*Zoological Journal*）。

但这一状况不可持续。俱乐部明显更高的活跃性开始激起了其余林奈高级会员的不满。他们认为，俱乐部正在变成一只终将窃取其巢穴的杜鹃鸟。反过来，俱乐部的会员们也开始考虑向别处转移他们的忠心。

他们在 1826 年切实迈出了这一步；是年，主要在斯坦福·莱佛士爵士（Sir Stamford Raffles）的倡议下，伦敦动物学协会（Zoological Society of London）成立，该协会引人注目地从林奈学会的动物学俱乐部召集到了其最早的一批工作人员。于是，俱乐部得到的支持迅速萎缩，其刊物也陷入时断时续，最终资金告急，于 1829 年末寿终正寝。次年，动物学协会（该机构的成立未引起林奈学会的不悦，因它未透露发表论文的计划）设立了一个科学委员会，开始召开科学会议，进而推出了一个出版项目。虽然动物学协会在不列颠群岛的博物学研究中发挥的作用充其量是非常次要的，但它的成功还是确立了一个重要先例。未来，更加专业化的趋势将会体现在新的国家性协会中，并且将不再面临到破坏学科统一性的合理指责。由此带来的结果就是，大量支持都从林奈等协会所代表的"中心"流失到了"旁支"，这一点仅仅强化了其已经非常内向化的意兴索然的状态。

然而，很长一段时期内，动物学协会并未因为它是英国昆虫学家的主要家园而受益。1826 年，在其筹建时期，四位热心的伦敦藏家们，包括萨摩艾利和纽曼，已经联合成立了一个昆虫学俱乐部（Entomological Club），每月一晚，轮流在彼此家中聚会。1832 年，纽曼创立《昆虫学杂志》（*Entomological Magazine*），实际上成了该机构的学报，并维持了 7 年之久。这家俱乐部有意保持迷你的规模，以便维持惬意的同志氛围；这一点防止了它的野心膨胀，从而避免了重蹈大量前辈协会的覆辙。在经历了后期至少一次的重组后，它终于在 1887 年后迎来了一次明确的振兴。此时，乔治·亨利·维罗尔（G. H. Verrall）——纽马基特的一位官方发起人、苍蝇研究的重要权威——将这家俱乐部转变为了举办大型年度晚宴的媒介，他很乐意完全自出经费，在这些晚宴上招待英国昆虫学界的精英人物。这些欢快的活动一直延续至今，并被称为了维罗尔晚餐（Verrall Suppers），以纪念其创立者。俱乐部也依然存在于世，虽然只是昆虫学协会的一个外出用餐的附属机构，但它完全当得起世界上持续存在时间最久的昆虫学专属机构的称号。

偶尔有人称，正是这家昆虫学俱乐部催生出了第二家（至今仍欣欣向荣的）伦敦昆虫学协会，但没有证据支撑这一点。如果说存在明确传承的话，后者更应该是传承自动物学协会。因为昆虫学家们——放弃了林奈学会内部的俱乐部，全心全意支持这个新机构——似乎很快就幻灭了。1833 年 5 月，9 人在大英博物馆会面，最终决定创立一家完全致力于自身研究方向的协会。就在前一年，巴黎成立了一家此类机构，这或许扣动了此项决定的最后扳机。

这家伦敦昆虫学协会有两个特点值得一提。其一，参加创始会议的九个人里，不下五位都是职业博物学家（几乎所有人都是大英博物馆的馆员）。因此，它成为了最早的一家主要由专业人士创立的博物学协会，虽然他们几乎立刻隐没在了背景之中，而把运营权交给了业余人士。其中特别有三位创始人已经是管理此类协会的老手了。实际上，他们是这段时期的博物学组织化的关键人物，他们就像一支微缩的舞台军队，出现在了一个又一个机构的顶层。我们应该记住这些为博物学贡献良多的名字：维戈尔，英国近卫步兵第一团（Grenadier Guards）的一位前军官，政治上进步的自由派，此时已进入国会，他是动物学协会的创始成员和首任秘书，是林奈学会的一位理事，是其动物学俱乐部的主要推动者，以及其刊物后期的一位联合编辑；约翰·爱德华·格雷，大英博物馆馆员，也是动物学俱乐部的一位发起人，很快又协助成立了伦敦植物学协会（Botanical Society of London），并主持工作多年；以及亚雷尔，在皮卡迪利大街附近经营一家报社，担任一家新协会的会计长达十八年，也曾担任林奈学会的会计，并有一段时期担任动物学协会的秘书。只有斯坦顿的官方身份能与之媲美，他曾在不同时期里，分别担任过雷协会、昆虫学协会和林奈学会的秘书，甚至还短暂担任过皇家协会的理事。

第二个值得一提之处是——威廉·斯温森专门提到这一点——相比当时几乎所有其他的伦敦机构来说，昆虫学协会的会议具有一种相对非正式的氛围。在这方面，它的先驱机构动物学俱乐部，也与其收养机构林奈学会的那种 18 世纪的沉重感大为相异。人们注意到，这些昆虫学家平均要年轻得多，也明显更为热情。会费很低。书库和收藏室可自由进出，没有别处常被人抱怨的繁文缛节和磨磨蹭蹭。没有人只为了一己之利而操纵选举，也就是说，这家协会里没有常见的官迷。最后，这里的会员资格具有实效，而非如大量其他协会那样，基本只是名义上的，也就是说（用斯温森的话说），"这里没有江湖行径"。

在创立的头 18 个月内，这家协会吸收了超过 100 位会员。其中许多都是剑桥的昆虫学家，巴宾顿和达尔文均立刻加入，两人也都将会员资格保留到了生命的结束。但此后，进展就慢了下来。在接下来的 14 年里，会员数量只增长了 52%，而在 1840 年至 1843 年间，会员数量一度减半，降至区区 88 位，显然是因为严格地取消了大量未缴纳会费的会员的资格，而关于这一剧烈变动，协会的官方历史中竟然很不寻常地未置一词。到 1849 年，协会已经负债累累；而得益于斯坦顿，一项成功的会员推广行动被开启，协会的学报也有幸逃脱了停刊的命运。尽管如此，在这一时期，该协会显然远非英国昆虫学家们的合格代表。

与此同时，在植物学领域，情况则发生了完全出乎意料的转变。

而长期以来，这背后的原因一直不明。社会史中经常有这样的情况，对于当时的人们而言，我们最想了解的某种状况一定显得非常理所当然，或者完全不言自明，因而几乎没人会明确地指向它们。我们迄今追溯到的一条线索出现在一本少有人知的书中，即 1816 年出版的《植物学家的伙伴》（*The Botanist's Companion*）。作者威廉·索尔兹伯里（William Salisbury）起初是威廉·柯蒂斯的学生，后来两人成为了一家私塾机构的合作伙伴，该机构是柯蒂斯在 1770 年辞去药剂师协会的岗位后创立的。机构的内核是一座小型植物园，最初大体位于如今的节日会堂（Festival Hall）所在的位置，最后搬到了斯隆街（Sloane Street）。他们通过这座植物园向伦敦的医学生讲课，开展田野远行活动，并收取一定费用，显然，他们直接沿袭了悠久的药剂师协会的传统。索尔兹伯里撰写此书，部分是为了推广他刚刚作出的创立一所完整规模的植物采集学校的决定，"立法机构的一项近期法案已使（植物知识）成为了医学专业所有年轻分支的必不可少的组成"。

这句惊人表述中所指的是 1815 年的药剂师法（Apothecaries's Act），该法案经常被视为英国医学教育史上一个重大的转折点。但实际上，如一些近期研究清晰指出的，这项法案基本是一项倒行逆施，是司法泥潭结出的无心之果。其主要支持者的意图在于，用它来掌控整个英格兰和威尔士的药品发行。而它最终发挥的效果则是，为药剂师协会（此前是一家纯粹的伦敦机构）授予了为英国（苏格兰、爱尔兰除外）所有普通医生颁发执照的专权，不论一个人的水平多高，只要没有在一位药剂师身边做过五年学徒，便不能行医。由于它甚至未能达成其初始目标，即阻止无知的江湖郎中开药或卖药，这个法案为整体的医疗和医药行业带来了一场灾难——尽管保守机构内科医学会（College of Physicians）很欢迎它，将它视为了扼住所有乡村医疗教育的一个都市闸门。对于植物学而言，它带来了同样出乎意料，但又几乎前所未有的一笔横财。因为它规定，从今以后，每位医学生——甚至包括苏格兰和爱尔兰大学里的医学生，只要打算在英格兰行医的话（许多人的确如此）——都要对不列颠植物建立最起码的了解。

正是这一离奇的发展，而非巴克兰和詹姆森等地质学家树立的榜样作用，更有可能催生了植物学田野课程的涌现，这些课程在这段时期前后突然出现在了若干所英国大学里面——这本身可能就是英国田野植物学组织化历史上最重要的一项发展。1821 年，老胡克在格拉斯哥创设了常规的田野课程（参与者几乎全是医学生），几乎同一时间，罗伯特·格雷厄姆（Robert Graham）也在爱丁堡创设了此类课程。7 年后，亨斯洛将此类课程引入了剑桥。而我们知道，这三位教授之间保持着密切联系，几乎可以肯定，这一发展并非巧合，而是直接的效仿。远行活动在这三个地方都激发了巨大热情，其中更胜一筹的或许是在爱丁堡，格雷厄姆很快就证明了自己是又一位托马斯·惠勒。他的学生留下了若干份关于其课堂的记述。其中清晰展现出，爱丁堡的远行活动很像伦敦药剂师协会的那些远行活动，两者呈现出了耐人寻味的相似性，甚至细微之处也如出一辙。这里仍然很有可能是蓄意的复制，而从药剂师协会在这方面的悠久声誉来看，这样做也是顺理成章的。

　　至于这些田野课程对于英国田野植物学的未来究竟有多重要，我们只需扫一眼这些课程的早期出席名单，就一清二楚了。我们发现，出席胡克课堂的人包括：大卫·道格拉斯（David Douglas），后来在美洲成为了一位著名的植物采集者，沃克·阿诺特博士（Dr Walker Arnott），日后成为格拉斯哥的一名植物学教授，还有休伊特·科特雷尔·沃森（H. C. Watson）以及苔藓方面的重要学生威廉·威尔逊（William Wilson）——后面两位都是旁听生，其中有几位经常加入格拉斯哥或爱丁堡的队伍，进行为期一周的远征，前往苏格兰高地未开发的偏远地带。

　　亨斯洛在剑桥的队伍里则有达尔文、巴宾顿以及伟大的菌类学家伯克利。在爱丁堡，格雷厄姆带出了其后继者约翰·赫顿·鲍尔弗（J. Hutton Balfour），以及另外若干位初掌教鞭的老师，而他们在前往别处执教的过程中，也将这一薪火传到了更远的地方。比如1843年，爱德华·福布斯就在伦敦国王学院为他的植物学学生开设了格雷厄姆式的远行课程，"带着二十来名游侠（vasculiferi）侵入周边的村庄，惊扰了村民们"，他们会在一家小旅馆结束一天的行程，"伴随许多潘趣酒（适量的）和好歌声"——典型的福布斯式欢闹场面。也正是格雷厄姆的远行课间接催生出了贝里克郡博物学家俱乐部（Berwickshire Naturalist's Club），而如后文所述，这家俱乐部又在维多利亚时代中期的英国大地上催生出了大量地方性的田野俱乐部。

　　除了为一代代的学生引介了田野工作的隐秘欢愉外，这些课程也普及了形形色色的野外设备，同时在这个过程中，得益于他们创造出的庞大而稳定的市场，这些设备也变得更为标准化和廉价。其中最重要的即植物学家的植物标本采集箱。在爱丁堡和剑桥，早在19世纪20年代，标本箱已经是人手一只，凡是要参加远行的学生都要配备一只。长途高地远征也催生了很多干燥方法的实验（从而发现了一种更适合于此的纸张）——由于常常遭遇很原始的状况，因而需要对此类手法进行极端的简化。他们到访的区域旅馆很少，有一回，胡克为整支队伍配备了一顶大帐篷，装在一辆荷兰马车上，由一匹高地马拉着。还有一次，整个团队不得不挤在木屋地板上，在石南铺开的通铺上睡觉。

出席这些课程的学生们非常清楚，胡克正是基于这些活动写出了他的《不列颠植物志》（British Flora，1830），此书后来和另一本更热门的指南书组合起来，构成了人们熟知的"本瑟姆和胡克"（Bentham and Hooker）。当时的标准教科书是史密斯的《英格兰植物志》，对于野外携带来说，这部书过于卷帙浩繁，而对学生而言，它也太过昂贵。通过对其大刀阔斧的削减，胡克打造出了一册单卷的八开本书籍。这本书满足了比较执著的入门者的需要，但却无法满足经验更丰富的人士；而为了后一批人，巴宾顿出版了他的《不列颠植物学手册》（Manual of British Botany，1843）。这两种书均多次再版，一直延续到了19世纪末。

格雷厄姆的学生中间浮现出了非凡的集体荣誉感，这一荣誉感先是在1823年催生出了爱丁堡的普林尼学会（Plinian Society），一家涉猎广泛的科学协会，偶尔会组织田野远行活动；之后又在1836年2月催生出了更重要的爱丁堡植物学协会（Botanical Society of Edinburgh），主要推广者为爱德华·福布斯。

这家新机构一开始就设立了一个主要目标，即成为一个组织化的全国标本交易中心，《博物学杂志》称之为"此类协会架构的一项新功能"。早在六年多以前，在休伊特·科特雷尔·沃森的倡议下，一项类似方案的蓝图已经出现在了这份刊物上，显然开启了印刷品中的先河，当时沃森只有25岁，很快就成为了维多利亚时代田野植物学领域公认的领袖人物。沃森在此提出了一种商品交换方法，收藏者可寄出自己多余的标本，作为回报，可从别人手中得到他们尤其想要之物，完成这项交易需要支付一笔佣金，来负担过程中产生的费用，或采取年费或会费等形式，以便整个项目能够运转下去。他认为最好的方案是，让人们在作为名录的标准出版物上标出渴望之物，每件物品都进行如此标记，以指示出珍稀与否，或其他价值标准。

这一总体设想——一个覆盖整个博物学领域的信息交换平台——成为了沃森随后人生中思考的核心议题。虽然在他离开爱丁堡大学，搬往南方居住的三年以后，爱丁堡协会（Edinburgh Society）才成立，但基本可以肯定，正是得益于他丰饶的头脑，这家协会才收获了将其引向成功的中心思想。而在该协会开展此活动的头一年里，沃森几乎比所有人都更多地使用了这个交换项目，这一点也绝非偶然。同时，协会也忠实遵照了他的蓝图，发布了一份专门的英国花卉植物和蕨类植物名册，并力劝寄出心仪清单的会员们使用这本名册。而且，一位贡献者能具体说明他想要的标本——并合理地期望它们与自己所寄物品的数量和价值是成比例的——正是沃森原始方案中的一个关键层面（不必一定是他人想要的）。协会的一项规定也反映了沃森一贯的远见卓识，即要将一切与交换物件一同寄来的标签记录保留下来，以便用于编纂地方植物志，以及最终用于编纂全面的不列颠植物志。如此便诞生了植物学领域里的首个"网络研究"（network research）。

五个月后，几乎肯定是在爱丁堡协会的样板激励下，一场会议在英格兰的首都召开，并迅速催生出了一个基本建立在同一纲领之上的伦敦植物学协会（Botanical Society of London）。同年，19 岁的医学学生丹尼尔·库珀（Daniel Cooper）推出了一部伦敦周边的小型植物志，他似乎是这家协会背后的主要倡议者，他也得到了约翰·爱德华·格雷、一些热心的地方业余人士以及医院附属医学院的几位植物学讲师们的帮助和鼓励。事实上，医疗相关人员多年以来一直占据很大比例：例如在1839年，有五分之二的理事和官员都源自该行业。第一年末，会员数量达到65名，并一直稳步提升，到40年代末达到了250名——迥异于昆虫学协会大起大落的模式。

不同于昆虫学家，伦敦（以及爱丁堡）的植物学家们付出了特别努力，来扩充他们的外省会员，他们称之为通信会员，以示区别。他们甚至更进一步，将其中多位都任命为了地方秘书（截至1839年，这家伦敦协会已有不下25位此类人员，占全部会员的整整四分之一）。目的非常清楚，就是要打造一个全国性的采集网络，他们会从一些少为人知的偏远地带寄来大量标本，从而令中心的交换原则变得更为高效，更具吸引力。大体上看，这一政策与地质学协会数年前在格里诺的领导下所追求的政策如出一辙，但是没有理由认定植物学家受到了地质学家的任何影响，或了解他们的任何先行努力。的确，他们起初对这一新颖的协作活动似乎只有一些非常模糊的想法。

最初五年左右，年轻有为的丹尼尔·库珀尽力应对着每年累积的交换负荷，根据每一件贡献物品价值的大小，从协会的标本室中挑选和寄出一包又一包匹配的包裹。不过，虽然意愿很好，但他采取的方法却相当马虎；标本经常和标签分开，之后又常常贴错，因此，对于协会早期的这一关键工作的科学目标，后来者们永远可以投下严重的疑虑。由此来看，库珀此时决定参军，成为一名军医，并辞去了此项职务，不完全是一件坏事。

他离开之后，协会非常有幸得到了该系统的原初构想者——休伊特·科特雷尔·沃森。沃森已在大约十年前搬至伦敦附近，但直到此时，他似乎并未在该协会的活动中发挥任何作用。他终生未娶，仅以一份微薄的私人收入度日，全部精力都投入在了漫长而具体的研究之中——关于英伦列岛花卉植物的分布问题，关于掌控它们分布的因素。这样一门新学科在他的努力之下，基本成了他一个人的学科，他为之投入的精力不亚于任何真正的专业人士，而完全有别于那种为保住爱尔兰大学的主任职务而做出的三心二意的尝试，他的一生兢兢业业，并坚守毫不妥协的科学观念，他的投入是全身心的和一以贯之的，因此，很难把他划入业余人士之列。

我们所说的"专业主义"（professionalism），实际指的是一种严谨性，一种强烈的情感投入；而这样的品质未必总是关联着有薪金的全职岗位。

同时，沃森也采纳了一种个人的行为准则，在严厉程度上几乎构成了枷锁。他很容易犯下一种错误，即有时会毫无道理地顽固起来；但同时，这也把他放在了行动的道路上，一旦他认定什么是必要和正确的，便会义无反顾地走下去。此时，他总会全力以赴，而不去挂念任何奖赏或荣誉，并尽可能地匿名行事。我们可以断言，正是出于这样的动机，他才答应了继任这家协会的"分配官"（distributor），并且依照他的一贯作风，坚持严格维持此项事业的非官方色彩，而当他发现协会的其他成员并不完全认同这一自治地位和潜力时，他最终放弃了这一职位。

转瞬之间，他就对现有方式进行了大刀阔斧的改革，打造出了一套高效的模式。按照他的新规，此后，一切新的、不为人知的或棘手的物件都要交给适当的全国专家查看，并请他们给出评论，如此便大大提升了以协会名义返还给贡献者的材料的价值，同时，评论中最有趣的内容还可以发表在英国主要的植物学期刊上。他要求协会制作出一份标准的核查清单，名为《伦敦不列颠植物名册》(*London Catalogue of British Plants*)，如此，所有寄送植物的人均可查看同一套命名系统，这也为英国植物学整体提供了一种廉价方便的最新的公认清单，从而为参考方式的统一做出了重要贡献。他本人也为这一交换项目贡献了大量物件，反过来也收获了众多宝贵的材料，对其自身的研究工作产生了巨大助益。

沃森宣称，透过他的努力，该协会从近乎确凿的灭亡中复苏了过来。作为一个从不扭捏作态之人，他公开表示，正是这一交换项目构成了协会迄今存在的合理性；他并公开谴责了大量会员对于开会，对于打造大型书库和参考标本室的沉迷，因为要做成这些事，协会既没有资金，也没有熟练的人手和必要的知识贮备。他没有锁定这些华而不实的、错误的向心式目标，以将之转变为一个专业版的林奈学会。相反，他希望这家协会能服务于一种更为有益的目标，培养一种离心式的、非本地化的运作方式，从而面向整个国家，而非仅面向少数优越的伦敦会员。"时代变了[①]：过去创立科学协会时往往锁定的目标"，他写道，"如今能通过期刊杂志、旅行、通信和交换等方式更好地达成。"这一看法在 1849 年是非凡的先见之明，虽然有欠成熟。

另一项可能与他有关的发展是，1846 年，协会的年收入突然显著提升，并且具有指示意义地呼应了沃森关于植物分布的终极杰作《不列颠植物志》(*Cybele Britannica*)之首卷的推出。很有可能，在搜寻越来越多各地的工作人员时——让他们在寄出的协会核查清单上标出当地出

---

① 原文是拉丁文，*tempora mutantur*。

现的物种——他把握住了机会，如同格里诺曾对各地的地质学家们所做的那样，激发了他们对于协会设施的兴趣，从而非常有益地将他们整合在了当前的全国网络之中。

但此后不久，沃森就辞去了分配官的工作。几乎同时，会议变得越来越少，记录也骤然简陋起来。此后数年间，一直规律地出现在各期刊上的协会活动报告也基本中断。最终，1856 年末，一场解散会议召开，书籍和藏品被卖掉，以偿付租金尾数，协会就此寿终正寝。清算下来的盈余款只有 30 英镑左右，被发给了忠诚的秘书乔治·埃德加·丹尼斯（G. E. Dennes），他是一位专业的法务官，沃森曾在一封信中表示，他"已经揭不开锅"，而据信，他很快就搭船前往了澳大利亚。

这期间究竟发生了什么，至今仍是一个谜团。沃森在 1849 年的指摘很可能有凭有据，协会日益膨胀的野心过分耗尽了其从不充裕的钱包。19 世纪 40 年代的会议记录显示，协会的财务状况已经难以为继，即便只有少数几位会员拖欠会费，整个协会的活动也要相应地缩手缩脚。这家协会（和其他类似的机构）未能投射出一劳永逸的吸引力，未能长久地站稳脚跟，或未能斩获到任何私人的捐赠或资助，这一点非常奇怪。相比来看，地质学协会则拥有充沛的辅助资源，比如著名的沃拉斯顿基金（Wollaston Fund），1834 年，这笔资金被用来招募了一位重要的海外学者路易斯·阿加西斯（Louis Agassiz），让他可以在英国重要的博物馆里从事化石收集工作。

不幸中的万幸是，在这家协会灭亡的过程中，交换项目大体被拯救了下来。交换活动继续开展，没有任何严重的中断，最初搬往了北约克郡的某处，1865 年后又迁回伦敦。脱离了全部房产后，如今，该协会被迫成为了一家沃森长期以来所倡导的纯粹的邮寄机构，并在一个更具体的植物学标本交易俱乐部（Botanical Exchange Club）的名义下，进入了一段漫长的恢复期。

与此同时，爱丁堡协会表现得更具创造性。首先，不同于其伦敦的姐妹组织（出版的学报未突破双位数），其年报和学报的出版一直未曾中断。而与爱丁堡大学的紧密联系也让这家协会收获良多，此时，这所大学是公认的植物学领域的领导者，教师和学生队伍中均人才济济。尤其值得一提的是威廉·布兰德，他曾师从格雷厄姆，此时为一名初出茅庐的律师，他发挥了最为重要的作用，但却受到了很不恰当的忽视。

1838 年，为了设计出最令人满意的录入海量分布数据（通过交换项目开始蜂拥而至）的方法，布兰德想到一个主意，将英伦列岛划分为42 个编号"区域"，以现有郡县为基础，使各区域的规模大体相同，并尽可能组合起来，以反映主要的江河流域。他制作出记录协会收藏的活页登记册，将每个页面划分为 42 栏，如此，每个物种在每个地区出现与否便可一目了然。同年九月，在英国科学协会的年会上，福布斯展示了一份区域划分的地图，他建议，应使用这样的通用基础地图来记录所有英国物种的分布情况，包括动物和植物。一个专门的委员会就此设立，负责以平版印刷的方法印制一批此类地图的样本。校样的样本被分发给了多位博物学家，以搜集意见，1842 年，最终的定版开始投入使用。

次年，在其有关英国植物地理学的一系列重要作品的最后一部分，沃森发表了 39 种花卉植物的"省际分布图"。他将大不列颠划分为了18 个大区，分别以其中的主要河流命名。虽然他和布兰德的理念惊人相似，但没有理由怀疑沃森的说法——事先对爱丁堡的工作一无所知。

到头来，还是沃森的系统流行了起来。而除了借由其书籍所发挥的广泛影响外，他本人并不同意将这一初始而简陋的区域划分法当做长久的解决方案。随着更多数据的日积月累，他毫无顾忌地转向了更细的区域划分方式，截至 1873 年至 1874 年，在其终极宏大的纲要《地形植物学》（Topographical Botany）中，原本的 18 个"省"已经细分为了多达 112 个"副郡县"（实际上，他早在 20 多年前已经预示了这一点）。如果他能活下去，毫无疑问，这些副郡县也会被他适时抛弃，而他终将转向生物制图学终极的点分布图。的确，早在 1836 年，在发表于《博物学杂志》中的一篇关于创建地图的文章中，他已经构思出了这一理想状况——虽然当时他认为这一设想完全无法执行。

一如既往，这个"副郡县"系统也大获成功，被普遍视为了英国的基础记录单位，一直到它的实用性消退很久之后，依然被广为采纳。沃森去世后，此课题的前沿思考陷入了停滞，一直到 1936 年——与其初始创想刚好相隔一百年整——一份关于全部已知的英国植物的点描法地图才终于问世。当时，此类地图在欧洲大陆上早已投入使用（德国早在 1860 年已投入使用），而我们不可能假装这样的失败是因为我们对此类地图的巨大潜能缺乏认知。原因仅仅是，沃森的系统已经根深蒂固，英国的记录方法也已经长久地深陷其中，从而没有了容忍改变的空间。

"副郡县"系统之所以会如此根深蒂固并不难理解。因为这是第一次，有一个足够小的划分单位得到批准，而对于相对静态的普通的地方工作者而言，它已经为新的记录留出了几乎不可穷尽的余地——因而，据他自身评估，它具备明显的科学价值。从此以后，一位博物学家不再需要离开他所在的庄园或教区，便可让自己的采集服务于全国性的宏伟计划。人们能在自己的郡县里分享这种骄傲：可透过其"副郡县"进行单独的鉴别活动。对于那些需要一个要求相对不高的挡箭牌来梳理眼前的乡野空间的人而言，沃森给出了一个完美的回答；在 19 世纪的最后几十年间，填补其预备编目所揭示出的空缺的任务为这门研究提供了相当一部分的动能。

探寻更好的分布地图，并非英国田野植物学领域展露出未来迹象的唯一方式。对于各类文献的细致检索，也揭示出了其他许多如今看来极为现代的思维。比如，1836 年，在伦敦植物学协会（Botanical Society of London）宣读的一篇论文中，亚历山大·欧文（Alexander Irvine）提议会员们合力打造一部《伦敦植物志》，其中：

> 要让印制的物种清单在大都会区的植物学家之间流通……清单上要流出空栏，供植物学家插入准确的物种习性、土壤性质、产地海拔、花期等内容。

两年后，同一家协会的会员们被要求，引述产地时要力争更加精确，"让指南针与标本箱形影不离"，换句话说，即通过植物学家们刚学会的对参考地图的精确定位，来打磨他们的记录。1844 年，沃森在《植物学家》（Phytologist）上发表了一篇探路式的笔记——"论一平方英里地面上的植物物种数量"。1840 年至 1847 年间，年轻的赫特福德教师、牧师 W.H. 科尔曼（Rev. W. H. Coleman）在筹备赫特福德郡植物志的过程中设计了一套方法，该方法与一百多年后不列颠群岛植物学协会（Botanical Society of the British Isles）的成员们在为《不列颠植物志地图册》（Atlas of the British Flora）采集数据时使用的方法如出一辙。他为每个地区分配了一名帮手，他发现，这些帮手"有志于在各自所在的地区树立名望，这一点会激励他们勤勉工作"。他准备了一种记录册，并为每个地区划分出栏目（布兰德最早倡导的方法），田野记录的任务就此开启。

一段时期内，这些在田野研究组织化层面的大迈进让植物学成为了博物学里的排头兵，这一点主要得益于，植物非常适合简单明了的分布测绘和比较，而且，压扁的干燥标本很容易通过邮局寄送。尽管随着铁路时代的到来，邮政服务有了大幅改善，但是在任何其他领域，组织化的标本交换都从未达到这样的规模。1858年，地质学家协会（Geologists' Association）成立时，这一功能就纳入了最初的目标宣言中；但它从未大受欢迎，大概是因为成员间很难就化石的相对价值达成共识（而非如人们可能认为的那样，因为邮寄此类材料的花销和麻烦）。但至少地质学家们亲身试过了。而昆虫学家们呢，当1859年有人在《每周昆虫学情报》（Intelligencer）上提议创建一个"合作性的昆虫学协会"时，几乎无人响应——虽然在多年之后的1890年，一家交换俱乐部终于由《昆虫学家的记录》（Entomologist's Record）杂志社创立了，一度好像还颇为成功。

地质学家的确从植物学中学到的一点是，他们也指派了一些地方秘书。一家创立于1847年的新机构古生物学协会（Palaeontographical Society）采纳了这一做法，该机构旨在发表一切无法描述的英国化石画像。这一理念又从这里传播到了地质学家协会，这家机构后来在所有的全国性协会中，走在了开设地方分支机构的前沿。

古生物学协会本身也部分效仿自另一家类似的机构——三年前成立的雷协会。后者的创立源于一种当时普遍感受到的需求，即通过某种方式来出版博物学的学术作品，特别是一些更深奥的专著。这些作品很难找到出版商，自费出版的成本又太过高昂，超出了普通博物学家的承受能力。至少有三人几乎在同一时间，各自独立思考出了这样的方案。其中之一是鸟类学家（及地质学家）休·埃德温·斯特里克兰，一开始，他力图说服英国科学协会来资助此项事业。半途夭折后，他决定创建一家专门的俱乐部，类似于现有的一些致力于出版古物藏家、牧师和医生所心仪的私人订购书籍的机构。他最初想称之为"蒙塔古协会"（以那位著名的鸟类学家命名），并将之局限在动物学领域。与此同时，贝里克郡博物学家俱乐部的核心人物、海洋博物学的主导力量、精力十足的乔治·约翰斯顿（George Johnston），也开始为一个组织方式几乎一模一样但目标更为宽泛的机构寻求支持。这两股力量非常明智地合二为一，并同意以一位不那么专科的博物学家来命名这一机构——约翰·雷无疑是最佳人选。据估计，这家机构要想获得成功，至少需要招募500位会员。他们适时印出了一份简章，打包寄给了英伦各处重要的博物学家群体，请他们在当地及他们的朋友之间招募会员。

或许部分归因于这一草率的通函询证方式，部分归因于少数权威人士的大力反对（一如既往，他们认为这一新机构会为威胁到现有的全国性协会），该项目的进展十分缓慢，约翰斯顿对于成功已经不抱希望。但过了一个月后，入会人员翻了一番，157人已"收入囊中"，正式创会的风险似乎已经可控，约翰斯顿也适时当选了协会秘书。此时，他终于喜形于色。

> 我将见证新的生命与活力注入在有能力的户外博物学家的体内，他们将会投入在热心高效的工作之中，他们付出的辛劳将不再是一场空；贫穷的乡村药商和牧师们手中将拿着物美价廉的指南书籍，大众书商们将会以折扣价捆绑售书，人们会开始探索动植物领域里备受忽视的角落，所有隐藏的宝藏都会如百合、鸟类以及业余

人士客厅中的艳俗贝壳一样得到精心细致的描述……肉类和药品只
为富人特供的日子已经太久。

这家机构至今依然很活跃，它构成了博物学历史上较少为人所知但
又影响最为深远的成功故事之一。

这一时期，在以上发展以及许多其他活动的背景之中，我们一次又
一次地发现了那位"壮伯伯"（heavy uncle）的身影，即英国科学促进
协会（British Association for the Advancement of Science）。该机构成立于
1831 年，显然效仿了 9 年前在德国创立的一家类似的巡行机构。

除了为博物学界提供了一个有益的年度会场和论坛以外，"B. A."
（英国科学促进协会的简称）还发挥了更实际的作用——提供津贴（截
至 1903 年，全部资金均出自会员的年费）。地质学是主要的受惠方，这
一点并非不合情理，毕竟地质学家在该协会的成立中发挥了首要作用，
并在其早年的理事会和学报中，占据了不成比例的重大分量。在 1834
年至 1843 年间，地质学足够机敏，在其 7614 英镑的全部支出中分走了
不下于 15% 的份额，是其后期所占份额的两倍。合计下来，在其存在
的头一百年里，有接近 2.8 万英镑，即全部资金的 30%，都被这家协会
以津贴的形式分配给了地质学或生物学领域；但其中很大一部分都流入
了海外项目，实际上，只有很小的份额被用在了推进不列颠动植物的田
野工作上面。即便如此，这样一个足够规模的金援机构的存在本身已经
值得瞩目，它提升了英国科学家的整体士气，一定程度上补偿了政府长
期以来对科学的不闻不问。

讽刺的是，在这个国家，首个受益于英国科学促进协会的重要的博
物学项目——始于 1880 年的候鸟迁徙研究——在联合会成立的头三年

里就有了预兆。早在 1834 年,《博物学杂志》的一位撰稿人 J.D. 萨尔蒙（J. D. Salmon）已经实际提议,"通过留驻在海角附近的博物学家合作机构",来记录海鸟的移动轨迹。而历史的发展证明,他足足比时代领先了四十多年。当时,英国的动物学不同于植物学,尚未领会到集体研究的潜在优势。

但即便如此,鸟类研究领域中仍出现了一些喜人的发展,预示着有趣的事情即将到来。已经有许多鸟类学家——包括爱德华·布莱思（Edward Blyth）、查尔斯·沃特顿（Charles Waterton）和约翰·弗里曼·米尔沃德·达沃斯顿——丢下枪支,拿起了望远镜,比如,达沃斯顿就通过望远镜（据比伊克在 1826 年留下的文字）"获得了大量此前不为人知的知识"。少数几位还发现,要研究一只鸟,不一定非要在远处眺望,也可将鸟儿引诱至观察者的近前。他们发现,可通过人工的巢穴和盒子来实现这一点（19 世纪二三十年代已得到各类人士的使用）；也可搭建"掩体",如麦吉利夫雷所述,T.D. 韦尔（T. D. Weir）曾在 1837 年以枯枝搭建掩体；或在某种专门的装置上投食,如达沃斯顿的"鸟杯（ornithotrophe）",可方便地安置在窗户外面。达沃斯顿是一位积习成瘾的实验者,他发现,通过以上的最后一种方式,可将知更鸟引诱进圈套；他在它们身上做了记号,然后放生,他记录道,"每只鸟都有专属的觅食区域……很少会侵入其他鸟的领地"。他还制作出了一些粗略的领地地图,但除了他的探究以外,这个丰饶的领域一直备受忽视,直到多年以后,才出现在了亨利·艾略特·霍华德（Henry Eliot Howard）的工作之中。

如此,到了 19 世纪 40 年代,一个又一个领域内都出现了深入探索的明确迹象。几乎转眼之间,英国博物学的研究就变得更加敏锐了,组织化的触角也变得更具野心。照此发展下去，它很快就会触及发展历程上的一个关键节点，或可称"起飞"的阶段。

当若干项发展达成某种关键的汇聚时，一门田野科学就到了"起飞"的时刻。首先，要受到足够多人的喜爱，并且热门程度快速提升，能带来令人鼓舞的长势和体量。"大众的刺激"本身就能激发出更精良的远见和规划。而大量的追随者也会孕育出足够的、能干的工作人员，以达成最低限度的全国覆盖。第二个先决条件是要确立出通行的社会规范：也就是说，至少对于重要目标要达成广泛共识，同时，必须容忍团队合作中不可避免的种种限制。第三，主要的工作方法必须形成一定的标准化：准确、平价、便携的野外手册；通用的命名系统；以及——如果当面核查材料不可行的话——公认的田野特征辨识标准。第四点，也是最后一点，即至少要有一个组织——可以是一个全国性协会，也可以是一个杂志社——能作为记录的接收方、处理方和存储方，该组织必须能提供管理人员，确保一定程度的组织稳定性，仅此一点便可促成基本的延续性。一旦初始的传动装置到位，由此产生的研究机制便可永久运行下去。实施者在初次成功的鼓励之下，会开始设立日益成熟的目标；集体合作的经验会营造出一种长久的集体荣誉感；对惯常程序的适应能催生出更高的标准，进而孕育出大量能干的参与者。换句话说，此后，这门田野学科便可通过内部动态的方式自我构建起来。

但是，出于某些原因，维多利亚时代初期的"起飞"未能延续下去。至少在植物学层面，似乎万事俱备，只欠东风，最终的成就依然不可捉摸。伦敦植物学协会的倒掉一定对此产生了一些影响。诚然，关键的交换活动延承了下去；但协会的垮台损失掉了唯一一家密切认同沃森前沿工作的全国性机构，也损失掉了仅有的两家能提供必要的方向延续性的机构之一。而沃森与苏格兰圈子间的裂隙无疑又阻碍了爱丁堡植物学协会（Botanical Society of Edinburgh）来填补这一空缺。沃森的性格一定严重拖了后腿。他极其易怒，又过分挑剔，激烈的笔杆子四处挥舞，他显然不是一个能轻易驾驭志愿者团队的人。要和他一起工作，需要坚忍过人、清醒明理、完美无瑕，但我怀疑世上找不到这样的完人。

但说到底，当时的普遍心态可能就是争强好胜和个人主义的。对于绝大多数的博物学家而言，构建出更大更好的私人收藏依然占据着精力和兴趣的中心位置。组织化的交换活动之所以能成功，只是因为它碰巧带来了巨大的彼此便利，而非因为收藏者们试图聚合各自的努力，以期达成更有效的知识聚合。那个时期的田野工作者，在成功开展合作项目所需的机敏和圆融层面，依然储备不足。凡是认识到合作机制潜在益处的人总是认为，这些机制最终是为某些杰出的个人服务的；他们并不认为研究网络本身有何价值。

虽说植物学的"起飞"失败了，但此时，博物学的其他分支甚至还未出发。格里诺在地质学领域的精彩起步似乎已经渐止，或许是因为这门学科中关于大规模研究的主要倡议被过早交到了政府手中。在动物学领域，没有一个专门的全国性机构致力于英国鸟类或哺乳动物的研究，而的确存在的昆虫学协会则成了一位身着巨人服装的矮子，无法提供必要的全国覆盖。一个大跃进的机会就此流失掉了。很长一段时期内，整个博物学领域的主要推动力依然是私人藏家的一己私心。

第六章
探索边界

19 世纪 40 年代是"饥饿的 40 年代",是粮食歉收的阴郁年代,是物价高涨、节衣缩食的年代。与此同时,这也是一个充满骄傲与希望的年代。因为它见证了铁路时代的降临,旅行速度快速提升的一段漫长时期终于迎来了高潮。

变化首先始于公路。1784 年,用于人员及信件特快运输的邮车到来(代价高昂),至此,一个正规的组织化体系终于可以依靠养护良好的公路了。笨重的驿车(stage-coaches)不再高效,而且一直非常奢侈,如今不得不迎面新的挑战,大大提升了服务质量。以伦敦到曼彻斯特的路程为例,1754 年时一般要用掉四天半时间,到了 1788 年,行程已缩短至区区 28 个小时。即便如此,费用依然高昂。

到了 19 世纪 20 年代,在麦克亚当(Macadam)等人的新式铺路法

银鸥（Herring gull），出自《皇家博物学》，第四卷，1895 年。（伦敦林奈学会藏）

的推动下，交通迎来了又一次大发展。1821 年，古生物学家吉迪恩·曼特尔从他所在的萨塞克斯去趟伦敦还要花 11 个多小时，而仅仅几年后，相同路程的用时就减去了大半，而且每日有三四十班车。同样，从伦敦前往爱丁堡，1750 年时要花掉漫长的 10 天时间，到了 1830 年，行程已大大缩短至两天。

　　大路改善之后，注意力自然就转向了二级公路。由此带来的首要结果就是，乡村被纳入在了城镇的范围之内，从而触发了野外采摘者首次触目惊心的入侵——下乡采挖各种迷人花卉。早在铁路到来之前，甚至在一些相对偏远的地区，地方的植物学家们已经开始抱怨由此带来的践踏。

　　对博物学家而言，蒸汽机绝非惯常所说的那样，是决定性的救命稻草。因为很久以来，他们已经可以相当快速和便利地在这个国家内穿行。很多人其实非常推崇驿马车，尤其是长途旅行时，人们能在高处领略到无与伦比的风光。威廉·史密斯就是其中一位，他视其为一种对广阔乡村进行预备式景观调查的理想方式——他的许多地图也都是在大风吹拂的马车顶上诞生的——同时还伴随着萦绕耳际的鞭子声和响彻大地的喇叭声。如此旅行的昆虫学家们也认为这是一种有益的（或许是意料之外的）捕捉特殊昆虫的方式，至少有一人曾将一次单程旅途中捕捉到的物种清单登在了印刷品上。即便对于植物学家，这些马车也不无用途：有一两位人士曾想到一条妙计，将植物放在坐垫下压干，从而免费利用了人体这一通常被忽略的保暖资源。我们不禁要问，如果坐在一节狭窄拥挤的普通列车车厢里，他们还会不会这么莽撞呢？

　　事实上，乘坐火车旅行的英国人表现出了一种新的、冷漠的状态。诺福克郡的地质学家、牧师约翰·冈恩留下了一段机警的观察结论——

在马车上，乘客们总是随意交谈，而在列车上，乘客们更愿意安静坐着。或许人们一开始只是有些茫然，后来则习惯成自然；蒸汽机的嘶鸣声和铁轨的轰隆声可能让人们觉得仿佛坐在工厂里，而非只是一小群人穿行在大地之上，穿行在宁静的不受打扰的乡野之间。

让人们震惊的并不完全是速度：更是它释放出的力量感，一种能源利用的奇迹。铁路是工业进步最伟大的标志。所以才有了资本投机的狂潮，才有了铁路序曲（Railway Overtures）、对蒸汽的礼赞（Odes to Steam），以及《铁器时代》（Iron Times）的读者们；也才有了那些带着浓情蜜意轻拍火车头的人，仿佛它们都是有血有肉的生灵。

铁轨向四面八方延伸，出现在了几乎所有地方，并改变了几乎所有一切。短短几年之内，它就在不列颠的大部分地区，摧毁了所有世外桃源的旷野观念。与此同时，如果这样的发展不加遏制的话，它们将会坐实第一波的伤害。早在 1837 年，丹尼尔·库珀已经向伦敦植物学协会警告过巴特西田野（Battersea Fields）可能的命运，"当铁路延伸至此，面对大都会植物学家所钟爱的地方性，自然的一些得意之作将遭到颠覆和抹杀"。1844 年，湖区（Lake District）的一位博物学家曾为《植物学家》（Phytologist）杂志撰文，谴责铁路的到来（加上学术协会的传播）大大减少了珍稀物种的数量。这样的担忧当然过于夸张了，相比以后的伤害来说，铁路的建造或大量收藏者直接产生的危害几乎是微不足道的。虽说如此，但它们的症状已经形成。从此以后，只要看到铁路的蔓延，博物学家很难不产生不安的情绪。

与此同时，他们也并未错失铁路带来的多数大好机会。尤其明显的是，各协会都大大拓展了活动范围。1838 年，在创立后的第三个夏天，伦敦植物学协会决定开展第一次田野远行活动，他们选择了约

25 英里外的沃金（Woking）作为此次探索的落脚点，正是因为这个地点可经由伦敦至南安普顿的铁路轻松抵达。有了火车以后，此类机构要组织一般的远行活动就非常轻松了，这一点尤其帮助了那些地位不高的协会，它们很少有（或完全没有）成员能负担骑马或雇佣马车的费用。

透过火车车窗辨识植物也成了一项消遣行为——只是火车时速不能太快。比如在《博物学杂志》中，我们发现威廉·克里斯蒂（William Christy）以这种方式做了一些有趣的记录，时间是 1832 年 6 月，他搭乘火车从利物浦前往博尔顿，"在一种几乎杜绝了一切植物观察的时速下"，他如是钦佩地写道。此时，英国的首条客运线路刚运营两年。

不过，地质学注定是受影响最大的学科。如同多年前修建运河的时候，挖掘工事暴露了大量新鲜的地质材料，为田野调查带来了巨大的推动作用。数年后，正是在投入这一活动中时，英国博物学的冉冉新星休·埃德温·斯特里克兰被一辆意料之外的快车撞倒，重伤身亡——他并非英国最后一个因此丧命的地质学家。1841 年至 1844 年间，英国科学协会发放了超过 360 英镑的津贴，资助新的铁路区间的调研。反过来，勘测人员和建筑人员也严重仰仗于这些地质学研究，对于那些已经发表出地质报告的区域，他们已经适时修建了铁路线路，而此前大量未发表的数据，也因此开始从抽屉或书架中涌现出来，意外地进入了印厂。例如，早在 1815 年，帕特里克·加姆利（Patrick Gamly）就绘制出了开拓性的爱尔兰地图，理查德·格里菲思（Richard Griffiths）在担任皇家都柏林协会（Royal Dublin Society）的地质学教授时，曾在课堂上使用过这份地图，但直到 1838 年，这份地图才得到出版商的垂青，以 1 英寸比 10 英里的比例尺，发表在了铁路委员会（Railway

Commissioners）的一份报告中。

铁路建设的速度和规模都十分惊人。1841 年时只有 1600 英里的铁路线路，连接着伦敦与布里斯托尔和纽卡斯尔，再远就没有了。而短短十年内，里程数就翻了四番，构成了一个复杂的网络，从普利茅斯一直绵延至因弗内斯。旅行不仅变得更加快速和便捷，更重要的是，也变得更便宜了。大量的民众第一次有机会逃离雾霾封锁的城镇，为十二个月的常规生活按下暂停键，和家人一起展开一年一次的度假之旅——海边则是他们的优先选择。

海岸成为一种消遣资源始自 18 世纪 50 年代，当时，理查德·罗素医生（Dr Richard Russell）出版了两本拉丁文巨著，称海水大大有益于人的腺体。很快，海水浴就蔚为风潮，不论在英国还是欧洲大陆。而一如往常，无疑可追溯至远古时代，凡是在海边的人，或早或晚，最终都会沉浸在一种轻微的运动之中，即沙滩淘宝。1813 年，理查德·艾尔顿（Richard Ayrton）曾在文字中描述霍伊莱克的游客："每天捡拾贝壳和海藻成了他们在早餐和晚餐之间打发时间的方式"——毫不夸张。18 世纪 60 年代的两位游客曾记录道，在马盖特（Margate），游客们已经会在落潮时，前往海滩捡拾"卵石、贝壳、海藻等"。如同在更近的时期，新到乡下的人们总想要采一捧铃兰，为内心的惊奇所触发的盲目冲动找一个出口。

而远在此之前，少数博物学家已经对大海及海中的动植物投入了特别的兴趣。17 世纪晚期，康沃尔的一位牧师刘易斯·斯蒂芬斯（Rev. Lewis Stephens）就曾收集海藻，并将许多本地标本寄给了一些著名的橱柜－收藏家（Cabinet-collector），包括杜波依斯和威廉·谢拉德。1722 年，谢拉德本人在写给理查森的信中提道，"一位住在格林威治的富有绅士最近爱上了此项研究……他答应下周一寄来他的海藻：他有一艘不错的船，他会沿着海岸航行，搜寻能遇到的东西。"而这个人，不管是谁，很可能是第一位通过拖网捕捞收集标本的人。

三四十年后，随着海水浴的风靡，海洋博物学似乎也变得越来越热门。1751 年，约翰·埃利斯开始收集海藻，15 年后，就他所知，其海藻收藏在英国已经无可匹敌。他是通过时下流行的一种休闲方式进入这门研究的，即以海藻和珊瑚碎片在纸面上编排精巧的风景图画。为了更细致地领略这些材料之美，他开始在显微镜中检视它们。他发现，珊瑚并非如人们普遍认为的是一种植物，相反，珊瑚是一种动物。在他公布了这一发现后，若干位住在海边的博物学家开始定期寄给他一箱箱的标本。很快，其他收藏家也加入了进来。波特兰公爵夫人（Duchess of Portland）一如既往地走在了前沿，她甚至招募了一位勒科克夫人（Mrs Le Coq），专门为其在韦茅斯从事这一工作。

1800 年前后，又一波热潮浮现出来。而不寻常的是，由此诞生的三部渊博巨著的作者都曾一度担任国民军的上校，他们分别是乔治·蒙塔古（最著名的作品是关于鸟类的，但同时也是贝类专家）、托马斯·威利（Thomas Velley），以及 T.J. 伍德沃德（T. J. Woodward）。伍德沃德与塞缪尔·古迪纳夫博士（Dr Samuel Goodenough）合写了一本关于海藻的书籍，后者曾短暂担任卡莱尔大教堂主教（Bishop of Carlisle）。另一位爱好者是康沃尔的乡绅约翰·斯塔克豪斯（John Stackhouse）。据称，他在马拉宰恩（Marazion）附近为自己盖了一座城堡，专门存放其海岸收藏。

不久，圈子里的另一位成员、富有的诺福克郡银行家道森·特纳开始出版一套关于英国海藻的全面专著，书名非常朴素，就叫《海藻》

（*Fuci*，1807—1811），其最终卷严重拖延到了 1819 年才问世。其出版商显然误会了这部书的潜在市场，曾写信催促他抓紧时间，以赶在 4 月份前推出第一部分，"这样就能及时面向海边的女子们"。我们可能觉得好笑，但他的乐观情绪并未完全落空。因为此时正是第一个伟大的女士收藏家的时代，主要人物包括：住在科克的一心一意的艾伦·哈钦斯（Ellen Hutchins，诱人的高山植物类别薄果荠（*Hutchinsia*）正是以她的名字命名），她是一位全方位的隐花植物学家，有人称"她几乎什么都找得到"；以及最知名的一位，住在托基的 A.W. 格里菲思（A. W. Griffiths）女士，威廉·亨利·哈维（W. H. Harvey）曾在一句令人难忘的献词中向她致敬："她抵得上一万个藏家；她是王牌。"也正是这个时期孕育出了《市镇》（*The Borough*）中对海藻的描述，这是卓越的植物学家乔治·克拉布（George Crabbe）众多诗歌中的一首。

　　真正的海洋生物热潮似乎始于 19 世纪 20 年代。1823 年 1 月，北爱尔兰班戈的詹姆斯·克里兰德（James Clealand）向 G.B. 索尔比（G. B. Sowerby）一世报告时表示："我的帽贝已近乎绝迹，它们变得如此受欢迎，过去两个夏天常来班戈的游客，如海水浴者们，会雇佣小孩子们收集帽贝，如今已经一个也找不到了。"1825 年左右，查尔斯·达尔文在前往爱丁堡求学时，发现好几位同辈醉心于海洋动物学，他经常和罗伯特·格兰特（Robert Grant）一起在潮汐池中采集动物，随后拿去实验室解剖，有时还会跟随捕捞牡蛎的渔民们一同出海。1830 年，格雷维尔（Greville）出版了鸿篇巨制《不列颠藻类》（*Algae Britannicae*）；1833 年，玛丽·怀亚特（Mary Wyatt）出版了标本册《海生植物干燥标本册》（*Algae Danmonienses*），其中包含 50 张压平的海藻，由其女教师格里菲思女士监督制作；1838 年，L.J. 德拉蒙德博士（Dr L. J. Drummond）发表了关于如何干燥和保存这些尤物的经典论文；1840 年，伊莎贝拉·吉福德（Isabella Gifford）出版了一本风格喜人的便携书籍《海洋植物学家》（*The Marine Botanist*）；1841 年，威廉·亨利·哈维出版了他的标准教科书《不列颠藻类手册》（*Manual of the British Algae*）。

至此，海藻和贝壳成为了人们收集和研究的主要对象。人们普遍认为，这两者既"有品位"，又有装饰性。用一本杂志上的话说，贝壳学脱颖而出，成为了"尤其适合女性的学问；这里不存在残酷性，研究对象洁净亮丽，可为闺房增光添彩"。但对于新兴的勤恳一代来说，如此轻佻的态度是难以容忍的。因此，我们再次看到了种种迹象——勤奋聪颖的新来者们又进入了另一个此前三心二意、散漫无章的学术领域。在他们的积极参与下，海岸博物学很快就转型为了一门严肃认真的学问。

个中关键即复式显微镜的使用日益普及。大约在 1830 年以前，普通的科研工作者习惯于将此项设备视为类似于昂贵挂毯或雕塑杰作之类的物件，过于昂贵，又极易损坏，因此很少投入使用，除非在一些特殊场合。因此，很少有人真正理解显微镜的作用，学生们也没有得到有关显微镜使用的恰当指导。后来，罗伯特·布朗（Robert Brown）在 1831 年发现了细胞核；这一发现激发的巨大兴趣推动了显微镜设计的快速改善。随后的十年间，显微镜的价格下降了八成。从此以后，每位学生、业余人士或专业人士，手边都会有一部完好的显微镜，且功能远为强大，价格也更为适中。

许多发展由此涌现出来。有一些最终产生深远影响的发展，则还要等一些时日：比如，直到 1840 年，显微照相术才被发明出来，而到了 1852 年，该技术又在英国被重新发明出来，发明者是曼彻斯特的一位自小热衷博物学的科学器材商 J.B. 丹瑟（J. B. Dancer），他也是摄影幻灯片的发明者。再比如，虽然宝石商打造纤薄的装饰用宝石层板大概已有两百年的历史，一位名叫桑德森（Sanderson）的宝石商也早在 1818 年就使用该方法为大卫·布鲁斯特爵士打造出了矿石层板，但直到 1851 年，谢菲尔德一位独立的地质学家 H.C. 索比（H. C. Sorby）才由此吸引了广泛的科学注意力，通过碾磨薄片来研究矿物和岩石的细致结构，为岩石学研究带来了一场革命。

但在其他一些方向上，显微镜则产生了立竿见影的效果。最显著的是，人们对于低等有机生物的兴趣大幅提升，这也是此前不得不忽略的一个领域。1834 年，达沃斯顿就在什罗普郡发出了这样的声音，"过去，植物学的内行人士如此渊博，而不屑于注视一株显花植物。是的，他们只接受苔藓、地衣和菌类，其余一律视而不见。他们全是些隐花主义者"。一个巨大推动源于威廉·杰克逊·胡克为史密斯的《英格兰植物志》所做的隐花植物的补充，出版于 1833 年至 1835 年间（包括了伯克利撰写的一个关于菌类的精彩章节），以及罗伯特·凯·格雷维尔（R. K. Greville）精彩的《苏格兰隐花植物志》（Scottish Cryptogamic Flora，1823—1828）。在维多利亚女王的统治时期，英国已知的菌类物种数量翻了四番，而一份完全致力于隐花植物的季刊《银桦属》（Grevillea）在没有为金主造成金钱损失的情况下，成功发行了二十年。类似的，19 世纪 30 年代还出现了一种对于各类小生物具体结构的明确兴趣，包括一些对于某些令人退避三舍的生物种类的最早期的解剖，比如蜘蛛。

显微镜的普遍使用带来了一种广泛的效果，将意料之外的精微造型和多彩多姿展现在了人们的面前。如今，那些看似枯燥无味的物体显露出了华彩的一面，令观看者陶醉不已。菲利普·亨利·戈斯，一位可爱的画家，海葵和海星的记述者，少年时曾无可救药地陶醉于潮汐池中，晚年则陷入了对于天文学及多彩星空的同样深刻的痴迷。对于托马斯·莫尔（Thomas Moore）和数不清的其他人而言，蕨类植物仿佛魔法加身，褪下了其沉闷植物的外壳，成为了"精巧典雅的尤物"。在雪利·希伯德（Shirley Hibberd）的眼中，它们仿佛是"植物的珠宝"，"带着绒毛的翠绿色宠物，闪耀着生命力，点缀着温和的露水"。"我完全被一种惊奇感笼罩，进入了一种狂喜状态"，J.E. 鲍曼写道，"看着一些极其微小的物种的精巧构成……我们平时踩在脚下，不屑一顾的事物当中，有多少有趣而美丽的产物啊！"

我们不断遇到这样的敬畏之声；视之为矫揉造作就大错特错了。年复一年的细致观察，让他们的眼睛能领略到细微之美，领略到精巧的细节，和创世之不显山露水的华丽。透过显微镜，维多利亚时代的人们找到了一种进入自然最幽深处的手段，为最基本的材料揭示出了崭新的层面。而认为"显微镜式的浪漫主义"在很大程度上导致了对于细节的过度专注，从而重伤了维多利亚时代的艺术，这样的观点过分牵强。通过全神贯注于精微之物而获得视觉愉悦，便会造成对感官的损害和误导，这样的结论不是太冒失和轻巧了吗？

除显微镜外，还有一些工具也帮助揭开了大海的神秘面纱。1816年，一位军医、曾经的植物学家 J.V. 汤普森（J. V. Thompson）在马达加斯加的海上放下了一张棉布袋网，意外发现了一个浮游生物的拥挤世界。随后的十年，在他前往科克上任期间，他进一步将之完善为了一种挂在船尾的拖网，"偶尔拉上来，翻倒在装着海水的玻璃器皿中，查看捕捉到了什么"。

另一项简单设备是博物学家的拖网，这是一种固定在方形铁架上的粗网，垂放在海底拖行，它也揭开了一个此前不为人知的层面。此项工具其实是对渔民捕捞牡蛎设备的改良。18 世纪早期，两名意大利人多纳蒂（Donati）和马尔西利（Marsigli）最早使用了该设备来探索地中海。1786 年左右，伦敦的植物学家和昆虫学家威廉·柯蒂斯开始关注埃塞克斯的渔民捕捞牡蛎时的拖曳方法，并认真绘制和描述了他们的工具；但他自己是否使用了这些设备则不明确。丹麦人奥托·弗里德里希·穆勒（O. F. Muller）被视为该设备的现代引介人，时间是在 1799 年，到了 19 世纪 30 年代初，它的使用在英国、法国和挪威都已相当普遍，而且大体兴起于同一时间。英国方面的首要倡导者是爱德华·福布斯，他的名字此后也与这个他最喜爱的研究领域关联了起来。

马恩岛西北 3 至 7 英里外的一座巨大的扇贝堤岸可以说是现代海洋生物学真正的诞生地。大约在 1830 年，马恩岛上土生土长的、15 岁的早熟学童福布斯，正是在这里，第一次发现了拖网的妙处。他常常请当地的农民朋友划船带他出海，而且据称，他总是随身携带着显微镜。1834 年秋天，他写出了关于自己采集到的贝类的报告——他发现这座堤岸上"尤其布满了贝类宝藏"——并很快发表在了《博物学杂志》上。当时，他正在爱丁堡学医，由于家道殷实（他自以为），他对学业并不上心，仍将大部分白天醒着的时间投入在了博物学中。他持续进行定期的捕捞作业，到 1839 年，在设得兰群岛的海上展开了一系列宏大的捕捞行动后，他说服英国科学协会成立了一个永久性的拖网捕捞委员会，后者也拨出了 60 英镑的初始资金来支持此项工作。之后，该委员会收获了大量宝贵的研究成果，多数都源自远海地带。

与此同时，较浅的水域中也出现了日益增多的、实实在在的收获。

19 世纪中叶，若干部重要专著以及许多畅销的指南书籍纷纷面世。前一类中著名的有福布斯和西尔维纳斯·汉利（Sylvanus Hanley）的《不列颠软体动物志》（*History of British Mollusca*），插图格外精美，至今仍是贝壳收集者的参考书籍——正如稍晚面世的约翰·格温·杰弗里（J. Gwyn Jeffreys）的《不列颠贝类学》（*British Conchology*），其文本内容一直受到人们的查阅。类似地，皇家都柏林协会的植物学教授威廉·亨利·哈维也出版了四卷本巨著《不列颠藻类学》（*Phycologia Britannica*），他一生完成了一系列伟大的海洋植物志，这是其中之一。此外，他还出版了一部比较通俗易懂的指南书籍《海岸书》（*The Sea-side Book*），并迅速吸引到了大量读者。

《不列颠海藻通俗研究》（*A Popular History of British Seaweeds*）是该时期的另一项典型产物，此书完全名副其实，受到了广泛欢迎，日后再版了两次。作者是艾尔郡索尔特科茨的牧师大卫·兰兹伯勒（Rev. David Landsborough，其自取的中文名为"兰大卫"），他在阿伦岛和坎布雷斯群岛一带进行了大量拖网作业。书里偶然透露的一条信息是，在许多海岸地带，游客们越来越喜欢收集一些"海产绘画，回家后取悦内陆的朋友"。换句话说，如今，海藻成了度假产业的一部分。很多人甚至提供收集原材料的服务，以换取微薄的报酬。据兰大卫透露，他自己的孩子们投入此项交易已有数年时间。在他的指导下，他们努力制作并销售了成千上万套压平的标本，以此支持他的教堂及教堂学校。不久，大量经营此类业务的公司就涌现了出来。后期的一位作者写道，"我几乎不用提那些海藻篮子和图画，或那些关于有名有姓的标本的书籍和地图，集市上琳琅满目，为教堂的重建募得了大笔资金……"。我们不妨想象一下，或许哥特复兴运动的部分资金就源于人们对于海藻的热情。

一位约克郡人的妻子、勇敢的玛格丽特·加蒂（Margaret Gatty）是哈维教授最热心的读者之一（他也殷勤地以她的名字命名了水螅纲刺胞动物门中的一种（*Gattya*））。1848 年，在她的第七个孩子出生后不久，她的健康状况恶化，不得不搬往黑斯廷斯居住了数月时间。而正是在这里，一位当地的医生为了找些事情转移这位病人的注意力，而向她介绍了这门学科。此后，她将全部的热情倾注在该学科上。她在两年后的一篇日记中写道，"出发前往法利，阿尔弗雷德、我自己、七个孩子、两位护士以及厨师都平安到达，D.G. 去沙滩上找了些海藻。"后来，她去贝里克郡拜访了伟大的约翰斯顿博士，并参加了他的数次远行活动。同样做事殷勤的约翰斯顿也以她的名字命名了一种新的海洋虫类：*Gattia spectabilis*。1863 年，她顺理成章地出版了《不列颠海藻》（*British Seaweeds*）一书，其中有一个特别的章节，为和她一样的女性成员介绍了一些方便的着装贴士。她公开告诫，"任何真正想参与此类工作之人，都必须暂时将一切常规的女性着装抛在脑后"。鞋子的部分，她推荐男孩穿的打猎靴，涂上一层薄薄的牛脚油用于防水。衬裙永远不要过膝，尽量不要穿戴披风或披肩。她接着说，"最近流行起来的女性赛艇装，可能是一切能设计出的服装中，最适合海岸工作的。"最好不要戴有帽檐的帽子，而要戴阀帽，最好不要穿美利奴羊毛的长袜，而要穿棉的。当然，一双结实的手套必不可少。最后，所有花哨的配件都"要扔在一边，这是任何想从事海岸采集工作的人的理智选择"。通过这样的装扮，新手们可以体面地上手，但必须牢记——作者在结语中说——低水位线的远足最好在一位绅士的保护下进行。

19 世纪 50 年代初，在这一本已十分活跃的场景中，一项大受欢迎的发明——水族箱——横空出世。

多年以来，人们一直在尝试找出水箱长期养殖的秘诀，不论淡水还是咸水。有人认为，此类尝试之所以总以死亡告终，是因为箱子里的水不能流动，是一潭死水。1721 年，理查德·布拉德利提出了这一观点，并提议，或许可以在与海面齐平的、由潮汐补充水源的"小蓄水池"（little StorePonds）中饲养海洋鱼类，其中设置两只水轮，"由海水的流入和流出带动水轮转动"。他也提出了另一种方案：用堤坝拦截一段河流，并通过人工方法，使河水变咸，他称汉斯·斯隆爵士曾以此法养活过一头海龟。也有人认为，保持水质鲜活是基本的前提条件。这方面的传统做法是每天给水箱全部换一次水；实际上，这正是这个世纪初在鱼缸中饲养金鱼的常规做法。这当然过于麻烦。而且，对于人们尤其渴望的海洋鱼类而言，这种做法又不切实际。约翰·戴利埃尔爵士（Sir John Dalyell）设法养活了一只海葵，并养了 28 年之久，他也在较短的时间里饲养了大量其他的海洋生物，但这只是因为他足够富有，能安排每日清晨将新鲜的海水送至家中。

终于，有些人发现了关键的一点——如果碰巧加入一些植物，动物便可生存下去，水质也能保持洁净。但是，这些人或是未能把握到这一做法的全部意义，或是将之保守为了一项秘密。因此，没人能媲美水族箱发明者的真正荣誉，这一荣誉一定要留给一位不仅能领略到其全部的重要性，而且不辞辛苦地要用他的知识令世界受益之人。

爱丁堡的一位重要的博物学家帕特里克·尼尔（Patrick Neill）梳理出了一份典型的缩略版记述：他在 1831 年左右注意到，漂在水面上的水草让他的水中宠物精神多了，"而且能保持水质的新鲜"。但是他的兴趣显然并未更进一步。至少在 16 年后，安娜·锡恩（Anna Thynne）女士在一无所知的情况下又重复了这一发现。此后，她凭借良好的直觉，一直在金鱼缸内放置海藻，从而革命了她的金鱼饲养法——但她完全不明白产生该效果的原因何在。这个改变一定令她欣喜不已，要知道，她曾经使用过奇特而麻烦的流程来保存她的海洋藏品：

> 我想过给它补充空气，在打开的窗户前倒来倒去，每隔半小时或四十五分钟倾倒一次。这无疑是一项辛苦的活计；不过我有个小侍女，除了因为要服从我而有些焦虑以外，她觉得这么做很好玩。

几乎与所有相关说法相异的是，水族箱的真正发明者是怀特查珀尔的一位外科医生纳撒尼尔·巴格肖·沃德，他有一项甚至更重要（而且密切相关）的发现——密封玻璃容器的防腐作用。更确切地说，沃德本人是该原则的再发现者，他的名字也与这一发现不可分割地关联了起来。几年前，1825 年前后，在他毫不知情的情况下，格拉斯哥的园艺家 A.A. 麦科诺基（A. A. Maconochie）依循十分相似的推论线索，成功打造出了一只这样的玻璃器皿，并将之打造为了一座窗台花园。然而，麦科诺基并未费心去公布这一发现，他也未领会到它所具有的广泛的应用价值，由此来看，这一发现完全被归功于沃德也是合情合理的。

沃德自己在 1830 年年初发现了这一原则。他偶然注意到，在一只和鹰蛾的蛹意外放在一起的潮湿的小模具中，钻出了草苗和蕨类植物的孢子苗，这些蛹和模具是他在数月前封装在一只玻璃杯中的。他是爱追根究底的人，而且非常醉心于活的植物。他突然意识到，这是一种打造出他梦寐以求的美妙绿植的好方式——他住在伦敦港区深处，常年被有毒的空气环绕。他的植物封装在一个并非完全不透气的玻璃器皿中，似乎无需更多水分，便可无止境地生长起来，这得益于蒸腾作用产生的潮气，这些潮气可适时被植物重新吸收。这不仅大大节省了人力，也让植物能完全不受外界气温变化的影响，同时隔开了一切有毒的烟气，这些烟气已将画室和客厅内的所有绿植消灭一空。

依照他给出的规格，知名苗圃公司洛迪治（Loddiges）帮他打造出了许多小玻璃盒子——其实就是微缩的温室。很快，他的屋子里就布满了几乎装不下的大量盒子。1834 年 3 月，劳登专程为此前来拜访，事后则在其《园艺师杂志》（*Gardener's Magazine*）上兴奋地向他的大量读者报告：

> 这是我们见过的最不同凡响的城市花园……沃德的成功实验打开了广阔的前景，这种盒子可应用于在国家之间运输植物；可用于在房间里或城镇中保护植物；可用于构建微缩花园或暖房 ... 作为对糟糕景观、或毫无景观的替代。

在受到了大量叨扰后，沃德逐渐对这一发现确信不疑，于是，他开始——带着明显的不情愿——动笔将其简要的思路落实在纸面上，并发表在了四个不同的地方。他可能觉得写作非常沉闷；当然，他的本职工作已经占据了其大部分的精力，没有留下多少空余时间。不论原因为何，一直到 1842 年，即发现此原则的 12 年后，他终于腾出时间写出了一部完整的专著:《植物在封闭玻璃盒子中的生长状况》（*On the Growth of Plants in Closely-glazed Cases*）。

与此同时，在 1837 年英国科学协会的会议上，以及次年，迈克尔·法拉第（Michael Faraday）在皇家学会（Royal Institution）的一个讲座上，沃德的原则都受到了广泛讨论，并得到了大量的宣传和学习。乔治·威廉·弗朗西斯也在其《对不列颠蕨类植物的分析》（*An Analysis of the British Ferns and their Allies*，1837）中特别提到了这些盒子，此书是多年来第一部完全致力于蕨类植物的书籍，其大受欢迎的程度也令几乎所有人吃惊不已。如沃德等人发现的，蕨类植物在这些盒子里长势最好，因此很快，在绝大多数民众的眼中，种植蕨类植物和采纳沃德原则基本成了同一件事，尽管并非如此。爱德华·纽曼在其更受欢迎的《不列颠蕨类及相关植物志》（*A History of British Ferns and Allied Plants*，1840）一书中用了很大篇幅来梳理这一乱局，同时，他也毫不掩饰地将沃德吹嘘为了"一位为我们的庭院，甚至窗户，穿上一层永不褪去的夏衣之人"。

到了19世纪40年代初期，如果当年的记录属实的话，沃德盒子至少已经俘获了时尚领袖们的心，许多民众也对这一方式大加推崇，借此，他们不必负担高昂的暖房成本，便可种植自己的奇花异草。但是一两年后，所有情况都显示出，随着新奇性的消退，人们的兴奋感也消退了。这些盒子依然被人们使用，但已经显露出一种寻常感。蕨类植物的种植也跟着降级，成为了少数专业群体的追求，主要局限在田野植物学家的圈子里，他们争先恐后地栽培更多种类，在他们的蕨类植物园中，相应的收藏可能多达40种，或者，有人会栽培更多英国的耐寒物种。

同样，水族箱起初也未激起公众的兴致；但这一次，大概可以更直接地归咎于沃德的低调作风。早在1836年，沃德在其中一份最早发表的关于其初始发现的文章中，就曾提议，他的盒子可能也能用于从热带向英国携带低阶动物，因为可以合理预期，与植物的情况一样，盒子也会为动物带来同样免于外部气温影响的隔离效果。他在五年后适时确认了这一直觉思路，从而证实了他的原则——动植物之间至为重要的相互依存性——对于动物学也具备同样深远的意义。他把一些观赏鱼装入了蕨类植物室中的一个大水箱里（最初的小盒子催生出了一些尺寸颇大的箱子），这些鱼在里面都活得很精神，他并没有进行任何换水操作，这得益于其中栽培了几种热带植物。此外，一只偶然飞入蕨类植物室的知更鸟在里面欢快地度过了六个月时间，这进一步证明了该原则的有效性。他后来又引入了一只变色龙和一只泽西蟾蜍（Jersey toad），它们也都活得很健康，后者更是在里面度过了 10 到 11 年的时间，最后几乎成了家中的宠物。

由此产生了专门用来安置动物的箱子，日后被称为"生态缸"——19 世纪 50 年代，许多人曾以此类设备饲养蛇类和两栖动物——而安置水生动物的箱子则称"水族箱"（aqua-vivarium），很快又缩略为了更简单的"aquarium"一词（生态缸和水族箱两个词其实都存在了很长时间，但此前仅表示一般性意涵，即对植物或鱼类的收藏）。沃德的一位好友、显微镜学家 J.S. 鲍尔班克借鉴了沃德的理念，进而打造出了可能是第一台常规尺寸的水族箱（上方用一块玻璃封起），设计中反映了他对沃德的基本原则的切实领会。遗憾的是，制作日期未被披露。我们只知道，正是鲍尔班克的这个水箱吸引到了动物学协会秘书的注意，使后者产生了建造大型水族馆的想法，最终在 1853 年，这一大型水族馆在摄政公园的花园里开幕。

不过，在此之前，还有两个人也发现了这一原则，也都是各自独立的，而且都比不求闻达的沃德所能想象的更大力地宣传了这一发现——

但沃德至少登上了 1851 年世博会重要的官方手册，从而使他的原始实验广为人知。那两个人中，一位是化学家罗伯特·韦林顿（Robert Warington），他在 1849 年开启了全面而广泛的实验。另一位是菲利普·亨利·戈斯，以撰写博物学文章为生，今天，他最为人知的形象是那部传记杰作《父与子》（*Father and Son*）中所描绘的可怕的父亲。1850 年，戈斯注意到某些水生植物能为淡水轮虫纲生物带来惊人的益处；两年后，他由于神经性消化不良而搬往了德文郡居住，他在那里确认了这一点对于咸水生物也是成立的。借此，他设计出了一个小型的海洋生物水族箱。

此时，戈斯已经因其大获成功的《海洋》（*The Ocean*，1843）一书而广为人知。十年后，他又出版了同样成功的《一位博物学家在德文郡海岸的漫步》（*A Naturalist's Rambles on the Devonshire Coast*）一书，他在这本书里介绍了水族箱，并预言它很快就会开始量产，走进千家万户的客厅。

很快，各种书籍蜂拥而至，英国大批的中产阶级也开始向海滩进军。水族箱的旋风几乎一夜之间就刮遍了全国。有可靠记录显示，潮流女子们纷纷在客厅竖起堂皇的玻璃水箱；多数报纸的偏僻角落里也都登载着准水族人士们的笔记；大量店铺开张，目的只有一个，就是供应水族箱和其中的住户。

而仿佛这一切还不够似的，此时，在蕨类植物的收集层面，在使用沃德式的盒子在室内栽培蕨类植物方面，也爆发出了同样猛烈和普遍的热潮，而且相对来说，这一热潮更为持久。

为何会有如此突如其来的热潮呢？为何一直等到 19 世纪 50 年代，突然有这么多人对于两项已出现多年的发明——虽然沃德箱并未如水族箱一样，受到公开的夸耀——痴迷不已呢？

这里面明显有两个原因，第一个完全是经济性的。1845 年，施加在玻璃上的备受非议的消费重税被取消——部分得益于林德利、沃德等人的游说，他们强调这一税收项目严重阻碍了园艺的发展——从而引发了平板玻璃在使用和产出上的大扩张，价格也随之大幅下降。放在十年前，像这样一场基本完全仰赖玻璃的热潮，仅由于成本问题，也不可能发展到如此规模，而且也没有厂商拥有快速满足此类需求的产能。

第二个原因是社会性的。一群新的博物学受众横空出世，不仅规模上远胜过往，而且具有一种相当不同的特质。相比 19 世纪二三十年代的博物学爱好者来说，这波新人比较没有章法，学理性较低，更容易陷入歇斯底里。作者们更加居高临下、满不在乎地向他们讲道。造成这一点的原因不只是一种简单的世代变化，而是有一个全新的阶层——"中间"中产阶级——浮出了水面，等待收割。19 世纪 50 年代与 20 世纪 50 年代相仿：经历了漫长的萧条期后，新的荣景蹒跚而来，突然间，更多人的手中有了更多的钱，想要花在休闲活动上面。而正如早前在 19 世纪 30 年代初发生过的那样，大量新信徒的涌入会对当前的场景产生一定的扭曲效果。过去那种同人俱乐部式的狭窄氛围，开始被海量的狂热民众吞没。曾经略违常态的消遣活动膨胀为了关乎时尚与体面的追求。

然而，如同此类重大的社会变革发生时常见的情况，我们很难在当年的文字中找到对它的指涉。但也存在少数几个例外，著名的猎蛹者（pupa-hunter）约瑟夫·格林牧师（Rev. Joseph Greene）曾在 1865 年的文字中附带而过地评论了二十年来"教育的普及，以及……昆虫学家数量的剧增"，他也注意到了一种现象——野蛮粗鲁之人对携带捕捉网之人的嘲笑明显减少了。

这一"教育的普及"并非海市蜃楼。1850 年至 1859 年间，在凯－沙特尔沃思（Kay-Shuttleworth）改革的影响下，政府对学校的支出几乎翻了六倍。1832 年至 1861 年间，全国人口数量增加了 40%，而全日制学校的学生数量扩张了不下 68%。这直接带来了文盲率的显著下降，19 世纪 50 年代，能在结婚证书上签下自己姓名的人数骤然增多。同样的，在 1832 年后的三十年间，信件的数量增长了六倍，报纸的发行量几乎翻了三番。

19 世纪 40 年代的经济寒冬似乎扼杀了先前高水平的大众学理追求，同时也拉低了收入水平。在这个十年的中期，实用知识传播协会（Society for the Diffusion of Useful Knowledge）——出版了著名的《便士杂志》（Penny Magazine）的进取的出版商——出版的书籍和杂志的销量均大幅下滑，令其不得不关门歇业。而另一方面，部分弥补了这一点的是，铁路旅行的普及导致民众阅读量的大幅提升——虽然还比较肤浅。1848 年，第一家铁路书报亭在尤斯顿火车站（Euston Station）开业，出版商们迎面挑战，推出了众多特别的廉价本——相当于今天的平装本——明确锁定这个新市场。印刷和制图技术的进步也发挥了协同作用。

由此带来的一个结果就是，博物学出版领域兴起了一种截然不同的新类别，并收获了会让前代人惊叹不已的销售数字。大量所谓的"经典"都诞生于这一时期，这是其中一个十分关键、某种意义上又很怪诞的时期，一群此前从未触及的受众突然夺取了出版业的聚光灯。在这样的时期，不甚了了的书籍可能会大获成功，仅仅因为碰巧在市场成熟的阶段进入了一个特定领域。这些书的出版商们既迷惑又开心，他们对自己说，这些后辈一定具有某种很难说清楚的必要天赋；他们放心地追加更多续作，再加上这些书籍本身的无所不在和家喻户晓，从而成功为它们斩获了非凡的或许受之有愧的生命周期。

1851 年（并非经常引述的 1853 年），汉普郡的一位教师 C.A. 约翰斯牧师出版了《田野花卉》（*Flowers of the Field*）一书，价格仅为半个克朗，这可能是新一波的过誉之作中最早的一本。此书再版多次，插图也越来越精良，至今仍在书店占有一席之地。约翰斯之后又出版了同样大获成功的《不列颠栖息地里的鸟类》（*British Birds in Their Haunts*，1862），同样多次再版，据称其受欢迎的程度甚至超过了那部远为著名、但同样无关紧要的作品——莫里斯的《不列颠鸟类》（*British Birds*）。

另一项表征是一部今天几乎闻所未闻的长销书：伯顿特伦特的一位医生斯潘塞·汤姆森（Spencer Thomson）所写的《野花丛中的漫游》（*Wanderings among the Wild Flowers*，1854）。这本书轻松风趣，写得很聪明，是一部面向已皈依读者的典型的"二流"文学、通俗读物，问世的两年间再版两次，截至 1866 年，共出版了十个版本。

1858 年，也正是在这一反常的沃土之中，杰里米·本瑟姆（Jeremy Bentham）的侄子、一位卓越的全天候的业余分类学者乔治·本瑟姆有幸收获了其早餐前消遣的果实。即《不列颠植物手册》（*Handbook of the British Flora*）一书，本书有意以简洁明了的语言写就——如他后来坦承的，是"为了女士们"。1866 年，他又推出了此书的未上色插图版，此后，"为本瑟姆上色"就成为了这门学科吸纳受众的一种方式，其热度至今不减。

不过，所有这些书的销量都无法与另一位伟大的普及者媲美，即约翰·乔治·伍德牧师，他的书籍销量经常达到令人咋舌的地步。其《乡村风物》(*Common Objects of the Country*，1858）作为一系列为劳特利奇出版社（Routledge）撰写的一先令书籍之一，尽管书名平平，却在出版一周内就卖出了足足 10 万册。连作者本人也啧啧称奇。塞缪尔·斯迈尔斯（Samuel Smiles）的《自助》(*Self-Help*）和比顿夫人（Mrs Beeton）的《家庭管理之书》(*Book of Household Management*）也都在随后不久出版，一年时间里仅卖出了两万册左右，两相对照来看，伍德的十万销量就显得更惊人了。

当时突然涌现的大量购书者，都是一些狂热地搜寻海葵和蕨类植物的民众。他们不了解相应的规范，但却热衷于这些未曾品尝过的愉悦，因而成功施加了最广泛的破坏，而随着他们将这一痴迷传播给更多更不当回事的同道者们，在随后的岁月中，这样的破坏更是变本加厉。大片大片的海岸线上，诱人的原生生物都被剥除殆尽；许多地区的蕨类植物也都全数消失，职业贩子们从中看到了轻巧的掘金机会，纷纷从不列颠的荒野地带装满货箱，销往伦敦市场。

而时间一长，这样的热情也日渐萎靡了。水族箱十之八九被扔掉或废弃；商铺也大批量的关门大吉；用约翰·乔治·伍德牧师的话来说，"显然，水族箱的热潮已经寿终正寝，如同千千万万个其他热潮一样，此后再未重现"。同样，随着商业栽培者们开始在市场上倾销大量不成形的垃圾，人们对蕨类植物的兴趣也开始式微。

爱不释手的收藏册落满灰尘，转移到了阁楼存放；蕨类植物室疏于打理，而杂草丛生。即便如此，那些在热潮期间，在误导之下，被牺牲和毁坏的本土动植物，要完全恢复过来还需要相当长的时间。

第七章

更致命的武器

就算这两个收藏热潮（标本保存、采集）中没有出现标志性的鲁莽的经营行为，博物学兴趣的大膨胀也一定会催生出相当多的焦虑。因为此时，经典的博物学收藏工具已经十分高效，使用中除非非常谨慎，否则很容易造成巨大破坏。

在此之前，没有人有什么理由担心这样的事情。因为博物学家的数量十分稀少，而且相隔遥远；乡村地带依旧未受侵扰，其天然的丰富性让所有观察者都放心地感到标本取之不尽用之不竭，不论是学理面上还是实体面上。收藏规模和范围的扩充自然带来了对知识边界的稳步拓展。而面对着这些全方位进步的外在标志，任何负面质疑都会是异端之举。

毫无疑问，最严重的威胁来自枪械的发展。在英格兰，人们自 16

捕捉和展示蝴蝶及昆虫的工具。（玛丽·埃文斯图片图书馆藏）

世纪初起就开始用枪猎杀野禽，但多年以来，这一武器一直效率低下，十分笨重，而且使用起来也有风险。1807 年，情况一举改变，亚历山大·福赛思牧师（Rev. Alexander Forsyth）取得了触发或叩击法的专利，这被公认为火药发明以来枪械方面最重要的创新。福赛思是阿伯丁郡一位热心于猎鸭的牧师。由于在多数情况下，鸭子都会在看到枪火的瞬间钻入水中，令子弹虚发，这让福赛思大为恼火。于是，他开始在伦敦塔上开展实验（如今这里安置了一块牌匾，以纪念他的贡献），寻找一种可用于引爆的化学品，来替代传统的钢火花或火石。截至拿破仑战争结束时，铜质火帽已经出现，而到了 19 世纪 20 年代中期，猎人们已经广泛采用了该技术，我们也终于有了一种火药不会因雨水受潮的武器。1832 年，也正是这种新武器让爱德华·纽曼乐于对怀特岛（Isle of Wight）上的海鸟一试身手，并显然发挥了很好的效果。

1851 年又迎来另一项显著进步，即从法国引入了最早的功效卓越的后膛枪，并配有独立弹夹。此类枪支十分安全、经济，射击也很精准。即便如此，仍有很多人偏爱前膛枪；直到 1861 年，英国再次从法国引入了较轻盈的中发式（central-fire）弹夹后，现代后膛枪终于在打猎圈子里普及开来。不过，前膛枪在不太富有的民众之间仍然通行了一段时间。

有人说，后膛枪的到来"迎来了禁猎的黄金时代"。这句话的意思因人而异。到滑铁卢那一年，猎场看守人（gamekeeper）已经非常普遍，虽然是非官方的，而滥杀（*buttue*）——大规模屠杀——在 1837 年前已经兴起。有报告指出，早在 19 世纪中叶以前，猎袋的尺寸已非巨大可以形容。早在 1831 年至 1834 年间，萨瑟兰公爵夫人（Duchess of Sutherland）的苏格兰高地庄园就宣称猎杀了不下 224 只鹰、1155 只隼和鸢，这还不算 900 只乌鸦、200 只狐狸及 900 只野猫、臭鼬和黑褐貂。（但这些数据并不完全可靠，由于猎场看守主要仰仗奖金为生，因此可能会夸大数字。）如此，1831 年狩猎法（Game Act）通过，为猎场看守人赋予了正式的合法身份，也为当时英国剩余的多数大型猛禽坐实了死刑判决。与此同时，下乡开始受到重重限制——但这不完全是坏事，只要让保护变成保护区，许多原本可能在非狩猎同好的手中遭受严重摧残的小型生物，便可受到一定程度的保护。

组织化的狩猎只关注少数几个物种。几乎可以肯定，非组织化的狩猎者带来的危害要大得多，比如方头枪狩猎者。方头枪（punt-gun）是一种臭名昭著的"过量猎杀"式猎枪。据说，诺福克郡的一位方头枪用户仅在约 80 码的距离外放了两枪，就打下了 603 只红腹滨鹬，9 只红脚鹬和 5 只滨鹬。

而且，狩猎也不必伪装成运动了。早在 1790 年，理查德·汤利（Richard Townley）就在其马恩岛的"期刊"（Journal）上抱怨，"太多愚蠢的父亲让他们乳臭未干的傻儿子们，提着枪东游西逛；在这些顽童的手中，乌鸦和鸫都成了猎杀的对象"。他倒是没说将这些容易走火的明火枪放在训练不足、缺乏耐性的人手中，会对这些孩子本身带来什么危险。1835 年，查尔斯·沃特顿抱怨道，在约克郡的运河上，"没有一位船工驾船行驶，人人都手握猎枪，猎取翠鸟"。他接着说，"从这片区域的鸢、乌鸦和秃鹫的消失情况来看，用不了多久，这里也不再会有翠鸟的踪迹，虽然它们曾无所不在。"他发出的声音并不孤单；但是很少有人像他这样费心在印刷品上直抒胸臆。另一位这么做的是诺福克郡的鸟类学家理查德·皮戈特（Richard Pigott），1838 年，他写给内维尔·伍德（Neville Wood）的《博物学家》（Naturalist）的信被刊发出来，题为

《大肆猎鸟的失当行为》，这大概是最早在如此重要的媒介上发出的节制呼吁。

这一剧增的杀戮行为也的确带来了一项有益的副作用。私人收藏开始以前所未有的速度扩充，因此需要更好的储藏和展示藏品的方法，由此而来的大量尝试则催生出了一些宝贵的发现。事实上，有些发现就源于那些最残忍的藏家们。例如利物浦金匠威廉·布洛克（William Bullock），他发明了一种用来舒展鸟皮的特殊盒子，还在 1812 年开展了其最著名的一次探险，从一艘六桨船上射下了奥克尼群岛的最后一只大海雀。他建造了一座精良的"伦敦自然历史博物馆"，并在皮卡迪利大街的埃及厅里举办公开展览。此外，他也发现了一种了不起的剥制和填充鱼皮的方式，但显然从未公之于众。如果斯温森的说法属实的话，他的动物标本为所有博物馆确立了新的标准，而由于他的藏品完全对外开放，人们很快也熟悉了这一标准，相应地，这一定刺激了其他藏家们加快步伐，去探寻更好的方法。

由于海量的标本越积越多，而富裕藏家的数量并不多，因此，收藏家们无法再沿用过去一个盒子放一只鸟的铺张做法。1820 年左右，人们开始将标本组合起来展示，并加入天然环境作为背景。少数不那么重视陈列的藏家甚至更进一步：完全舍弃了盒子，只将鸟放在橱柜的抽屉里，下面铺上棉花，再放置一些樟脑驱虫。1818 年左右，当斯温森采纳了这一远为方便的做法后，"在我们的科学友人间引起了诸多惊诧与非议"；而到了 1836 年，这一做法几乎已得到普遍采纳。相应地，如斯温森强烈建议的，人们开始为标本加上数字标签（薄铅片），对应着收藏者笔记本中的数字，本子里则会记下颜色、性别等具体信息。如此，博物馆渐渐从单纯的私人储藏室或公开的西洋镜，变为了精心存放科学数据的宝库。

　　此项潮流的另一个体现的是，人们越来越喜欢在酒精中保存标本，而非诉诸各种完全为打造展品而采取的少有把握的低劣做法。自从罗伯特·博伊尔（Robert Boyle）在 1663 年最早发现了酒精的作用后，它就变成了几乎所有尺寸适当的标本的通用保存剂。但此前，收藏者们一直倾向于将酒精主要视为一种简单随意的田野保存方式，仅仅将标本进行适当的保存，以便架设时再另行处理。只有某些有机体，如菌类，由于极难对付，只好进行这样的永久性防腐保存。这样一种附加手段很可能花费高昂。纯酒精会破坏标本的颜色，改变其一致性，除非进行稀释，最好的材料是葡萄酒。蒸馏酒精通常被认为效果非常差，但在一些基本不产葡萄酒的乡村地带，藏家们不得不使用它们，而实际用起来，它们的保存效果也已经足够了。来自西印度群岛和南美洲收集来的标本，由于当地产出大量廉价的朗姆酒，因此抵达英国时的保存状况都很好，亚雷尔也发现，从苏格兰和爱尔兰寄给他的鱼类，也在威士忌中得到了同样好的保存。

　　但是，更让人却步的并非酒的费用，而是用来盛酒的玻璃器皿的费用。1812 年，由于英国在抵抗拿破仑的战争中债台高筑，玻璃税一下子翻了四番，而之后——战争税往往会出现这样的情况——面对持续紧张的国库，这项税负也被小心地保留了下来。因此，由于实验室和药房中严重依赖玻璃制品，科学和医学行业均遭遇重创。1845 年，此项税制废止，从而为这些领域带来了同样剧烈的补偿效果，并很快反映在了博物学收藏上面。两年之内，研究小型生物（如蜘蛛、虫类等）的专家们都开始使用各种木塞子的玻璃管，一个玻璃管内放一只生物，从而告别了过往将若干生物放入单个瓶子内的做法——这常常会导致严重的后果。在英国，此类做法已知最早的两位倡导者——贝里克郡的乔治·约翰斯顿和布拉德福德的 R.H. 米德（R. H. Meade）——都是医疗人士，这一点或许并非巧合，因为，无疑，这种刚刚可行的对于玻璃的挥霍使用主要就体现在医疗界。此时，这一类器具依然昂贵，不可能大批量分配给博物学这样的边缘学科，即便是为了博物馆的展示之用也非常有限，更不用说冒着破碎的风险用于野外研究了。

瓶子价格的大幅下跌对于昆虫学普遍转向一种新的杀生剂（killing-agent）或许发挥了一定作用。不过，更直接的刺激则是，人们需要一种更方便的野外杀生方法，同时，新的收藏世代更加心软，所以也需要一种更人道的杀生方法。

19 世纪 20 年代之前，处死较大昆虫的常用方法都是"挤压"——即用拇指和食指快速掐按昆虫的翅膀下方——或用针刺穿昆虫的胸腔。多数情况下，这些杀生法都能迅速奏效。但也有些不幸的例外，特别是蜻蜓。1794 年，爱德华·多诺万（Edward Donovan）不禁坦承：

> 蜻蜓的生命力极其顽强……我们见过一只大蜻蜓在针尖上活了两天，甚至头部被分离 24 小时后，依然显露生命迹象。处死这些小生物最快速的方法（他慈悲地表示）就是用一根火红的金属丝烫它们的身体和胸腔，如果用王水（浓缩硝酸）的话，它们会在痛苦中挣扎相当一段时间。

对于神经脆弱的人来说，这些做法都太残忍了；为了避免回家后面对一只不停挣扎的昆虫而不得不终结其生命，人们研发出了各种窒息的方法，虽然往往很麻烦又很原始，依然得到了广泛采纳。昆虫被放在点燃的硫黄火柴上（尽管如好几位作者指出的，这么做会严重损害色泽），或笼罩在烟草的烟气之中，或被火或火炉烘烤，或被蒸汽烫，或是更聪明地，被放入浓浓樟脑味的采集箱中，等等。19 世纪 20 年代，德国和英国人开始采纳一项改良方案——"死刑室"方法：将昆虫牢牢封入器皿内（通常称"窒息盒子"），然后浸入沸水中。

不过，虽然其中的一些做法——在一些保守人士、狠心肠者以及过时书籍的读者那里——一直沿用到了 19 世纪 50 年代甚至更晚，但时代需求的变化以及技术的进步渐渐催生出了各种新的杀生剂，这些杀生剂往往更加有效，虽然用起来可能也更危险，但更为重要的是，它们在伦理上更容易被人们所接受。到了 19 世纪 20 年代末，人们已经开始使用乙醚和氨，家中通用的嗅盐即是氨的一种。氯仿一开始并未引发多大的兴趣，直到 1847 年，它首次被应用于手术中并登上了头条：此后十年，氯仿开始被广泛采纳（一种专门的氯仿杀生瓶也被发明出来），它作为人类的一种"仁慈工具"的声望也随之鹊起。如一位牧师收藏者主张的，"过去使用红热的针头、沸水、蒸汽等等的做法十分残忍，随着氯仿的引入，过去的做法都必须废止"，不管怎么看，这似乎是他在向曾经倡导的糟糕的药物岁月的告别。

氯仿会让昆虫的身体变僵，增大调整姿态的难度。氨能避免这一点，但往往会改变昆虫的色泽；而且装氨水的瓶子在烈日下容易爆炸。月桂叶——挤压后可释放氢氰酸气体——则可避免所有这些困扰，1835 年，詹姆斯·弗朗西斯·斯蒂芬斯最早宣告了它的效果，大约十年后，月桂叶已得到普遍使用，甚至被用于清理暖房和温室中的害虫（如果 1838 年园艺协会 [Horticultural Society] 收到的一项提议被实施了的话）。其缺点则是奏效缓慢；又过了一段时期，到 1854 年，一种更快速、更致命的药剂被提出，并得到采纳，即氰化钾。乔治·鲍德勒·巴克顿（G. Bowdler Buckton）在那个夏天向英国科学协会指出，这一化学品"如今在博物学中广为使用"，它能在 40 秒至两分钟的时间里杀死昆虫。氰化钾不贵，而且可在有塞子的瓶子里永久保存。但它也会令标本变僵，而且对于年轻的新手来说，它也是一种很危险的材料。1859 年，当有人斗胆在《昆虫学周报》（*Entomologists' Weekly Intelligencer*）中推荐该材料，称其"已经出现在所有摄影爱好者的手中"时，编辑跳出来严厉谴责，称这一材料过于危险，不适宜普遍采纳。

这些不太残忍的杀生方法舒缓了良心的不安，也改善了标本的普遍状况，但对于扩充收藏的帮助则微乎其微。"糖吸法"的发明则弥补了这一缺陷，这是截至 20 世纪中期汞汽灯光捕虫器到来以前，天平向采集者一方最剧烈的一次倾斜。

如同水族箱原则和密封的玻璃盒子一样，若人们对某些偶然的观察背后的可能性更加警觉，并适时展开行动的话，"糖吸法"这样的重大发现早就该到来了。19 世纪 20 年代晚期和 30 年代早期，随着昆虫学家的大增，好多位收藏者都发现，一些糖类材料对飞蛾有显著的吸引力，尤其是对一些少见的夜间飞蛾。这样的"甜品"包括成熟的紫衫果和糖水瓶子（或用啤酒兑糖），过去，人们常把这种瓶子挂在花园的墙上，以转移胡蜂对果实的注意力。1832 年左右，两个年轻兄弟爱德华·道布尔迪（Edward Doubleday）和亨利·道布尔迪（Henry Doubleday）在他们父亲位于埃平（Epping）的杂货商店里工作，两人将一些黑褐色、味道很冲的盛装西印度糖（俗称"牙买加粗糖"（Jamaica Foots））的空木桶挪出了仓库，他们很快就注意到，这些木桶吸引到了数量惊人的飞蛾。他们顺势将几个这样的木桶挪到了附近的开阔场所，一片临近花园的野地里;结果令他们大为欣喜，两人通过此方法捉到了不下69种飞蛾，其中一些非常罕见。

遗憾的是，道布尔迪兄弟并未领会这一发现的全部意义，好几年的时间里，他们似乎只把这当成了一种乐趣，认为有必要到处滚动这些沉重的木桶，以获取相应的好处。虽然有一篇相关的文章发表在了纽曼的《昆虫学杂志》(Entomological Magazine)上，但似乎只有一位收藏者被激起了足够的兴趣，想真正尝试一下这个方法。这位收藏者即诺森伯兰的一位乡绅普里多·约翰·塞尔比(P. J. Selby)，他是当时最重要的鸟类学家之一，1835年，他对昆虫学产生了浓厚的兴趣——或许是在耗费了足足十年时间写成一部关于鸟类的里程碑作品后，他希望变个花样来犒劳自己。在他所在的地方，盛糖的木桶并不好找，因此，他选择了一个空的蜂巢，并在蜂巢外面涂抹了一层蜂蜜。1837年4月，他在写给弗朗西斯·奥彭·莫里斯牧师的信中——莫里斯认为这封信足以激发普遍的兴趣，因而刊发在了内维尔·伍德的《博物学家》杂志上——记录道：

> 蜂巢最好设在高度适中的枝杈上，以方便用夹子夹取昆虫。夏秋时节，我会在太阳刚落山时设好蜂巢，每半个小时查看一次，一直到十点或十一点……飞蛾基本都沉醉于蜂蜜中，悄悄贴近，便可轻易夹取它们。我会用到蜡烛或灯，但不会一直放在蜂巢旁边。

（如此，塞尔比成了收藏者常规观察的开创者，后来被戏称为"糖果巡逻"。）他后面说，在一个怡人的七月之夜里，他曾看到蜂巢外面密密麻麻地爬满了飞蛾，仅此一次，他就采集到了18至20种不同的物种。

透过值得称道的远见，他指出这可以是一种很好的研究方式，用来研究不同物种的季节持久性（seasonal duration）以及性别的浮动率，这一点有趣地呼应了达沃斯顿几乎同期的一个想法，即利用其特殊的饲养装置，更准确地探索不同鸟类的领地范围。

塞尔比在同一封信中还提出了另一个更尖锐的想法。他漫不经心地表示，"在树干上涂抹，无疑也会产生与蜂巢一样的效果，但这样会消耗更多的蜂蜜，因为在白天，胡蜂、蜜蜂和其他昆虫会把每一滴蜂蜜扫荡一空。"由此来看，这个备选方案的吸引力似乎不足以让他付诸实施；不过十年后，他也的确在庄园的树干上刷上了蜂蜜（或糖浆），但有可能是在流行风尚的影响下，才转向了这一做法。

直到 1843 年，这一创意的具体细节才在《动物学家》（Zoologist）的一篇文章里正式对外公布，以服务于广大的收藏者。但是在之后的一年多里，该方法的普及仍异常缓慢，很少波及到优越的伦敦收藏圈之外——这批人大概是从喜好交际的亨利·道布尔迪那里亲眼见证了第一手的演示。起初，乡间收藏者们似乎以为普通的食用白糖已经足够，结果不起作用，于是，他们便认定了该方法只是个骗局。一直到 1844 年，正确的做法才广泛传播至乡村，顷刻之间，普通收藏者橱柜中的物种范畴就发生了翻天覆地的变化。此前，一只罕见的夜间飞蛾能卖到 15 先令甚至更多，如今则能大批量地捕捉到，由此，交易商的生计也受到了毁灭性的打击。

每位捕蛾者都有自己钟爱的"糖浆"配方，他们会在一支非常爱惜的"糖浆平底锅"中打造自己的混合物，就像大厨们会用专门的平底锅来摊鸡蛋饼。以下是维多利亚时代晚期的一位收藏者的配方：取一份味道最冲的红糖，加入热水（啤酒更好），混合成均匀的糖浆；然后加入朗姆酒或工业酒精，再加入茴香或早熟种的黄梨香精调味；傍晚时分，飞蛾还没冒出来的时候，用油漆刷将之涂抹在树干或柱子上，或其他类似的地方。而为了在每次前往观察时解放出双手，这位收藏者还建议把灯笼挂在颈上或系在腰间，早从 19 世纪 20 年代起，一些伦敦收藏者就开始佩戴此类装置，柯比和斯彭斯的书中也都曾提及。

有报告称，法国人会在用"糖吸法"时涂抹肥皂水捕蛾，烂苹果也风行一时。甚至有一位收藏者尝试在配方中加入杜松子酒，但之后没有再重复这一做法，因为在涂抹尚未完成之时，就有昆虫从树上跌落，呆躺在前方的地面上。实际上，似乎各种各样的材料对夜间飞蛾都具有吸引力。重点其实在于，要找出一种既能发挥良好的诱饵效果，又能抵抗"糖"的两个天敌——会将混合物从树干上冲掉的大雨、会将树干上的糖分舔光的蠷螋——的理想方案。

在这些剧变岁月中，昆虫学的"全副武装"——昆虫学在博物学的所有分支里面，尤其不可避免地牵扯到各种设备——却并未受到什么影响。的确，长久以来，大多数采集昆虫的主要武器都没什么改变，我们很容易就会忘掉其中的大量装备已经多么古老。

事实上，很大一部分传统的英国昆虫学器具都出现在了本杰明·威尔克斯的《英国飞蛾与蝴蝶》（*The English Moths and Butterflies*，1748—1749）的前言中，也出现在了更早的对《英格兰蝴蝶的 12 种新图样》（*Twelve New Designs of English Butterflies*，1742，各种语言中最早的一部完全致力于昆虫学方法论的书籍）的增补页中。这显示出，收藏者们已经至少在使用两种捕虫网，以及击打棒、击打单、药盒（装昆虫）、软木衬里的便携采集箱、针垫（用来插针，当时，标本总是在野外"扎起来"）、软木标本板、卡片标本支架、标本针、虫箱，甚至特殊的铲子（借鉴自泥瓦匠），用来进行历史悠久的从树根处挖掘虫蛹的活动。威尔克斯还知道一种俗称"集合"的技术，他称之为"simbling"，最初由约翰·雷发现于 1693 年（中国人也很早就这么做了），即把一只雌蛾子藏在一个盒子或笼子里，等待雄蛾子从方圆半英里内成群结队地飞来。另一方面，"标本僵硬"的情况似乎令人不知所措，在制作标本以前，威尔克斯似乎非常不必要地将所有变干或变硬的都扔掉了。

即便在这个早期阶段，从英国昆虫学领域曾经出现过的工具来看，也存在一种严重的保守主义倾向。对于袋形网（或环形网）的不屑就是一个主要例子。袋形网是 17 世纪以来就在欧洲大陆上流行起来的捕虫装置。而据推测，英国的收藏者们未能掌握正确使用该装置的窍门。1822 年，斯温森似乎最早在印刷品上指出，使用捕网时需要"快速扭动，同时向前抽拉"；16 年后，詹姆斯·查尔斯·戴尔（J. C. Dale）表示，它仍是一个只有法国人明白的谜团。英国人的主要武器则是——显然未有例外——沉重笨拙的夹网（clap-net）或蝙蝠夹（batfolder），从捕鸟人的"军械库"借鉴而来，长久以来，捕鸟人一直使用此工具在夜里捕捉小鸟。与现代捕捉网（大体上就是袋形网）不同，它是从上方将昆虫罩住，然后同时收起两根杆子，将之"夹"在网内。我们从摩西·哈里斯那里了解到，1766 年时，此类捕捉网被广为使用，渔具店里也会存放一些，名曰"捕蝶网"。

一直到 1850 年后，夹网才逐渐让位给更方便的欧陆竞品。即便此时，它仍未一夕消失，守旧派们一直沿用到了该世纪末。但讽刺的是，今天竟无一个留存下来，连作为旧物收藏起来的也无处寻觅。

似乎需要维多利亚时代后期更都会式的习气来扫除这一岛国心态——即便不说沙文主义，才能引入这个以及其他一些非常合理的外国工具。几乎在同一时期，19 世纪 60 年代，带槽的昆虫标本板从海峡对岸强势而来，最早的盒式捕蛾器也从美国跨越大洋来到英国。此前，英国收藏者总是将标本压低，让翅膀贴在标本板上。他们称这一过时的做法能让标本更加悦目，因为昆虫看上去会（他们如此宣称）更栩栩如生。（他们之所以不愿改变，也是因为扁平设置是一种辨别英国标本的简单方法，而改换方式后，他们可能会无法确定标本的真实性。）为此，他们选择了较短的（"英格兰式"）大头针，他们使用的标本板上也没有中心沟槽。

这样做有一个严重的副作用：将标本压低，便没有任何空间留给记录捕捉时间与地点的必要的收藏票，即便最好的情况下，收藏票也会完全被掩盖在标本下方。于是，绝大多数英国昆虫学家又以此为借口，不可原谅地省去了这一完全必要的科学操作。因此，直到相对近期，大部分的昆虫收藏在记录方面均毫无价值：它们仅仅构成了对标本主人实力的展示，让他们在竞争中脱颖而出，或在五彩斑斓中获得感官的愉悦。充其量也只能说，它们帮助展现出了每个物种内部存在的丰富变种。

最早的真正的捕蛾装置似乎是由美国首位官方昆虫学家汤恩德·格洛弗（Townend Glover）发明的。这是一只灯光盒子，灯光透过对角线设置的玻璃板照射出来。蛾子在灯光的吸引下进入盒子，然后便无法逃出，或至少没有逃出。这是一个相当复杂的机械装置，因此也非常昂贵。《昆虫学家月刊》（*Entomologist's Monthly Magazine*）的一位编辑 H.G. 耐格斯（H. G. Knaggs）在伦敦会见了格洛弗后不久，便在 1866 年的一期杂志上将该装置介绍到了英国。他兴奋地宣称，"这一绝妙的捕蛾设备能整夜不停地捕捉飞蛾，而又不用麻烦到主人"，换句话说，采集头一次成了一件可以自动完成的事。随后，更简单更廉价的设备开始推向市场，最便宜只要 5 个先令。不过，这样的发明虽然大大提升了技术的成熟性，但这种对于光之引力的进一步利用，不管是在破坏性的程度上，还是在设备的新奇有效对于收藏界所产生的刺激上，都未能匹敌"糖吸法"的发现。我们在 19 世纪 60 年代涌现的这些新发展中所看到的只是一种迟来的进步，一种追赶，这完全不同于 19 世 30 年代明显展现出的社会挑战与响应（challenge-and-response）的效果。

科技保守倾向并未局限于昆虫学领域。它体现在了博物学的方方面面，部分原因就在于，博物学家的工具也构成了他们身份的标志和相互辨认的符号。为了发挥这一次要功能，他们需要建立一种固定印象，因此要在长时期内保持大体一致的形象。

这种特立独行的倾向也有一种有益的副作用。正因为博物学家的追求常常令外人觉得怪诞离奇，这反而促使他们想要化缺陷为力量，进一步强化自身的疏离感。而与此同时，他们也强化了自身作为博物学家的归属感。在这方面，他们的方法和工具中的仪式感都起到了帮助作用；实际上，少了这些内容，要想形成一种共享的神秘性就非常困难了。另一项次要元素无疑是少许寻常而怪诞的对于奇异性的喜好，这一点尤其鲜明地体现在了英格兰人的性格之中。

这些加起来，就形成了一条贯穿整个不列颠博物学史的温和的理论脉络：对于毫不掩饰的古怪和古旧的一种自知自觉的狂热。在高顶礼帽过时很久之后，昆虫学家依然在田野中佩戴一项这样的礼帽，并荒唐地认为，衬以软木的高顶礼帽是人类设计过的最便利的容器。当各种尺寸各种样式的捕蝶网已经廉价到几乎不值一文时，经典作品《生长和形态》（*On Growth and Form*）的作者达西·温特沃思·汤普森（D'Arcy Wentworth Thompson）仍坚称经常使用一顶破伞追逐鳞翅目昆虫——

何以至此呢，除非这是个很难懂的内部笑话。而据约翰·希尔（John Hill），18 世纪初期的一位飞蛾收藏者塞缪尔·布鲁尔（Samuel Brewer）"设计了一套专门用于植物采集的装束，并佩戴（特制的）面具和护膝，以便在灌木丛中爬行"——这又何尝不是个笑话呢？

反过来，博物学家也总是怀着一种窘迫感，害怕被人看到自己这副古怪尊荣，或害怕在从事某种在社会看来不靠谱或不体面的活动中时，被抓个现行。1826 年，柯比和斯彭斯曾合理地警告入门者，"当你全副武装时，首先会受到无礼者的注视和讥笑"。但他们接着说，"他们很快就会习惯你这副模样，不会认为你比钓鱼或打猎的人更怪。不寻常的事物往往会被视为荒唐可笑的"——这句话也可以用来形容每位博物学家的壁炉架。

在现代观鸟者的时代到来以前，在他们非凡地获得了全面尊敬以前，窘迫感一直与这门学科形影不离。诚然，文献中对此着墨不多，但仅从大量古老工具明显的鬼祟设计来看，便可确定窘迫感一直都在。为避免侮辱的话语或冒犯的眼光，博物学家们往往会将工具藏起来……锤子塞在夹克下方的腰带里，捕蝶网的铁环对折起来，放入衣服或背包中。（乔治·约翰斯顿曾向加蒂夫人坦承，"我们最初开始采集海藻时，我妻子会佩戴一只大套筒，这只套筒比市面上流行的尺寸都大，许多沉重的石头和装满东西的瓶子都是藏在套筒里运出来的。"）还有一种更狡猾的做法，即他们会将自己的工具装扮得更寻常一些。比如把网箱扎在背上，让捕蛾者看上去像个垂钓者或猎人。比如将捕虫网设计得像雨伞一样——可一旦下起雨来，背后的网卷会更加突兀，昆虫学家就显得更荒诞了。比如将采集箱伪装成书本，甚至被漂亮地绑起来，书脊处还会写上书名，这也解释了为何采集箱会采用如今这样的尺寸——由普通书架的高度所决定。

某些情况下，伪装的需要也抑制了理想的改良。1704 年的夏天，在植物学领域，斯蒂克利和学生们在剑桥周边游荡时会携带一种小型的锡皮蜡烛箱，这种箱子在整个 18 世纪都成为了标准的标本箱，各种大小的植物都要对折后才能塞进去，经常挤得残破不堪，很难用来制作标本。当然，它们之所以沿用了这么久，也是因为尺寸的优势，如此袖珍的器具能够安全地装入衣袋内，而不被他人发现。类似的，虽然多数人似乎都认同夹网的合理颜色应当是白色的，因为这样更容易辨别其中的昆虫，但通行的材料却是绿色的棉纱布。如爱德华·纽曼清楚表述的，其优势在于：

> 不引人注目，这在某些情况下十分有利，比如在一些乡村巷道中，路人们很少见到这样的精彩展览，而白色总会引来一些围观群众，为昆虫学家造成些许不便，并耽误一些时间，因为他总是得向围观者解释他要去干什么。

或许正因为这些不可或缺的行囊可能引发的窘迫感，昆虫学在其整个历史中才没有像地质学、植物学和鸟类学（在各自不同的时期）那样，吸收到大量的贵族成员。此外，一直到维多利亚时代开启后很久，准博物学家们仍然面对着另一项严重的社会壁垒。即传统上，绅士不会随身携带工具，或者负重，总之不能表现出从事体力劳动的样子。为此，尊贵之人——借鉴自猎人——往往会诉诸猎童（caddie）原则，雇佣男孩来执行外出的辛劳。19 世纪 20 年代，塞奇威克在探索湖区的地质时，便有一个矿工的孩子陪在他左右，随时准备展开沉重的敲打工作。斯温森 1822 年推出的《博物学家指南》（*Naturalist's Guide*）中指出，装着昆虫学工具的行囊"可由……一个小男孩背着"；在关于鸟的部分，他又说，"可由一个小男孩拿着装猎物的篮子或箱子。"维多利亚中产阶级的全盘到来终结了这一做法，尽管也有些非常富有之人，出于炫耀或纯粹因为便利，而拒绝改弦更张。

重要的古生物学家威尔弗雷德·赫德尔斯顿（Wilfred Huddleston）总是带着男仆一起踏上田野远征。后者的任务是背起装标本的行囊。"把这个放在包里，约翰"，他总是这么说，后来，这句话甚至成了其地质学同伴间的一句口头禅。甚至到了很近期的 20 世纪 30 年代，M.L. 韦奇伍德（M. L. Wedgwood）还经常坐着一辆由制服司机驾驶的大汽车周游全国，采集植物。据称，这位司机屡屡也要执行实际的采集工作。

19 世纪 30 年代，一种新秩序到来，而对此最好的体现就是，植物学家在日常采集中，开始普遍采用一种更大型的标本采集箱，此类箱子非常新颖，格雷维尔认为应该给它起一个专门的名称，并建议称之为"Magnum"（大标本箱）。新的世代不再使用两个标本箱，即一只拿在手上或放在衣袋里的小锡罐，和另一只在远行活动中使用的沉重的大箱子，如今，他们满足于了一个单独的中号箱子，乐于用一根肩带跨在肩膀上，露出一种胸有成竹的、近乎职业的淡定感。这些新的标本箱不同于之前的小箱子，它的空间足够大，可装入大尺寸的科研用标本，当然也可满足近来笼罩着藏家的日益膨胀的数量需求；它们终于匹配了时下正成为行业标准的巨型标本室。各个大学均指定在田野课程中使用此类标本箱，因而促成了它们大规模的量产，以及对老式箱子的快速淘汰。

随后，在 1845 年，专门的干燥纸开始出现在市面上。这方面也出现了更多更好的尝试，其中最著名的即托马斯·特文宁（Thomas

Twining）在 1850 年的《植物学学报》（*Botanical Gazette*）中发布的
"一种新的植物干燥装置"（A New Botanical Drying Apparatus）。他重新
发现了人工加热在这方面的作用，并特别推荐了一种家用亚麻布使用的
烘柜。他发现，这可以省去"不停更换布单的麻烦"。遗憾的是，植物
学界表现得异常拖拉，并未跟进这一有益提示。

　　工具的标准化是一项典型的工业化成就，也是维多利亚时代早期的
一项显著特征，同时，服装和物资方面也出现了一定程度的标准化。在
田野里，猎人们常穿的夹克取代了长礼服，这种夹克口袋很多，十分便
利。早在 1826 年，柯比和斯彭斯就曾提倡此类服装，纽曼也在几年后
强调，这种衣服"的胯部上方有大量的侧边口袋，胸前也有几个口袋，
特别是（至少）有两个小口袋，可竖直放入装酒精的玻璃瓶。"

　　这种衣服在今天即简单的带帽防寒短外套（anorak）。这大概是普
通博物学家的穿着中最接近制服的一种了。事实上，已知唯一的真实制
服案例，是地质勘探局（Geological Survey）成立的头六年间，其员工
在野外测绘时的那套穿着：蓝色短袍和长裤，铜扣，搭配一只高顶礼帽。

　　标准式盒饭——另一项被忽略的成就——早在以三明治为主食之前
很久，就已经出现了。19 世纪上半叶，野外的补给一般都是面包、起司
和煮鸡蛋，搭配一瓶稀释的白兰地。当时，保温瓶还远未发明出来，咖
啡则远比今天昂贵，茶也较爱德华时代贵出两倍之多（英国尚未受益于
印度的茶园）；即便如此，格雷厄姆的许多学生都喜欢以凉茶提神。18
世纪 60 年代，英国人发明了三明治，到了 1817 年，人们打猎时已经普
遍会携带三明治，以至于出现了"sandwichbox"（三明治盒子）一词；
但首个特别提及三明治的博物学家似乎是牧师 C.A. 约翰斯（Rev. C. A.
Johns），时间是在 1831 年，他当时随身携带着一包三明治，在康沃尔

郡展开了令人汗毛倒竖的探险，这场探险图文并茂地呈现在了他的《在利泽德的一周》（*A Week at the Lizard*，1839）中。此后，提到三明治的情况就更常见了。这件事表现出了一个非理论性的层面：似乎由于英国的植物学家经常使用标本箱来盛装和保存三明治——以至于在1838年，詹姆斯·查尔斯·戴尔竟毫不含糊地大胆提议，携带一只"标本箱（装三明治）"——而使其标准设计严重受到了三明治盒子的影响，进而导致了英国的标本箱至今仍明显有别于常见的欧陆版本。或许可以说，英国人的饮食方式打造出了一种别具地方技术特色的利落的箱子。

　　假如有更多人完全用标本箱来盛放三明治的话，情况可能会更好一些。因为如同精准的后膛枪，如同昆虫学家的诱饵和圈套，植物学家采集植物的辅助工具在这个世纪中期也变得手到擒来，而由于它们的传播如此之广，又如此容易滥用，从而令英国的乡村地带极有可能在一些最仰慕自然者的手中遭到无可挽回的伤害。一如既往，技术进步的步伐超出了与技术相宜的社会态度的进步步伐。形形色色的装扮和配件不断向博物学家涌来，令他们不禁以为，自己完全是因为穿着、践行和部署了它们，才成为了博物学家。这里催生出了一种机械式的谬见：一种半自觉的与工业主义狂奔的类比，后者在方方面面都取得了摧枯拉朽的胜利，这种类比是完全错误的。如此，博物学便开始受损于其自身潜伏的进步教义；收藏者们的触角持续向乡村延伸，常常携带着危害巨大的器具，以及同样盲目的勤勉精力——就像过分整洁之人总是惯于拿起掸子和扫帚一样。

第八章
田野俱乐部

　　维多利亚时代初期的另一项发明将产生更深远的影响，为更多的人带来更多益处，所有其他发明加起来也不能与之相比。这就是那一项杰出的社会机制——博物学田野俱乐部。

　　如前文所述，地方协会在维多利亚时代到来之前早已存在。有些协会是专科性质的，有些涵盖了全部的学科范畴——最明确的范例即皇家协会（Royal Society）。其中一家最早期的全科协会——斯波尔丁绅士协会（Spalding Gentlemen's Society）创立于 1710 年。其创始人宣称，"我们应对一切艺术和科学。我们的对话中除了政治，无所不包，因为政治会令我们陷入混乱的泥潭之中。"另一些绅士协会也随之而来，主要都位于一些小乡镇。而到了 18 世纪晚期，多数此类协会都湮灭在了历史之中，此时，一系列大体类似的新机构，以及一些文学和自然科学协

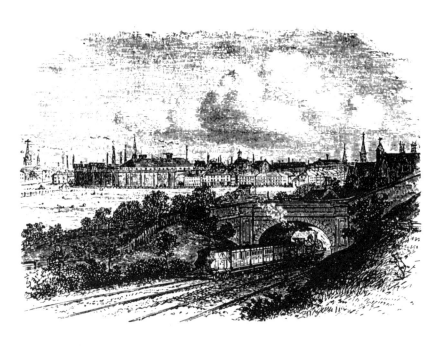

19 世纪 70 年代的莱斯特，出自 F.S. 威廉姆斯（F. S. Williams）的《英格兰中部地区的铁路》（*The Midland Railway*），1877 年。（科学博物馆图书馆藏（Science Museum Library））

会，逐渐在英格兰的新工业区内发展了起来：从 1781 年的曼彻斯特到 1793 年的纽卡斯尔，从 1800 年的伯明翰到 1819 年的利兹。随后，这些协会成为了又一波后辈的榜样，即首批专门致力于博物学（整体的博物学）的地方性协会，它们都在蓬勃的 19 世纪二三十年代，创立于英伦列岛的多数主要城镇之中。其中，兴旺至今且最古老的协会是牛津郡的一家可追溯至 1828 年的阿什莫尔博物学协会（Ashmolean N. H. S.）。

这些新机构有一些共同的基本特征。第一，这些协会的成员们都深信理性的力量，深信单纯的讨论也是一种探索手段。因此，这些协会均设有作为论坛的议事厅，让社区中的精英们在这里汇聚一堂，互相切磋。第二，为确保他们的集体智慧得到适当的永久记录，他们都需要一份厚重的学报。第三，他们继承了 18 世纪的信念，认为"珍奇物品橱柜"有重要的教育价值，因此，他们将打造博物馆当做了一项优先要务。第四，仿佛只是为了完善整体的学术氛围，他们都力求打造一间收藏珍稀书籍的书库。

这些东西都很贵。一间足够堂皇的议事厅需要不菲的租金。书库和藏品需要更多的房间。在理想状况下，还需要一位全职馆员负责维持秩序和打扫卫生，出版学报则要耗费高昂的印刷费用。如此一来，会费也跟着水涨船高，只有有钱人能付得起。而且，这些机构通常都很排外，不论是否有意为之（往往的确如此），对于许多出身较低的爱好者而言，这些机构从来就不在他们的考量之内。

同一时间，在污染最严重的一些制造业区域，特别是兰开夏郡、柴郡和约克郡的交界地区，涌现出了一类非常不同的协会，而且相对来说，几乎完全位于视野之外。这些机构主要或全部都聚焦于植物学领域，而不寻常的是，它们的成员毫无例外全是体力劳动者，多数皆是工厂的员工或受雇的园丁。这些机构在起步时没留下什么资料。曼彻斯特一带的此类协会至少可追溯至 18 世纪 70 年代，它们显然生发自一个热情的阶层，这一阶层也催生出了非常相似的前林奈式的植物学协会——史密斯所说的曾存在于诺里奇纺织工人间的协会。劳登曾在其《园艺百科全书》（*Encyclopaedia of Gardening*，1822）中做出过引人注目的观察，他发现在苏格兰和英格兰，"只要有丝绸、亚麻布或棉布工厂的地方……从业者们中总是存在一种对花卉文化的喜好，他们会为此投入一部分的业余时间"。或许随着新的纺织工业在北方兴起，大批熟练的工人从英格兰东部的萧条工厂转移到了北方，同时带去了这项根深蒂固的特殊传统，而继续追溯的话，这项传统可能源于从弗兰德斯（Flanders）迁徙来的纺织工人。诡秘的是，在斯皮塔佛德（Spitalfields）的丝绸纺织工人中间，也早就存在一种并驾齐驱的收集多彩昆虫的热情。不论原因何在，在这些显然并不怡人的环境中，以及往往最令人沮丧的个人状况下，竟会生出如此持久而强烈的对于植物学（甚至对于精确辨别植物）的热情，无疑是很不寻常的。例如，这些植物学家中的一位精力最充沛者詹姆斯·克劳瑟（James Crowther）就出生在曼彻斯特的一间地下室里，他是一位目不识丁的劳工的幼子另有一位植物学家约翰·霍斯菲尔德（John Horsefield）是一位手工织机的工匠。据称，大约在特拉法加海战时期，因为迫切想记住林奈系统的所有分类，他会把每个条目写在纸条上，贴在织机的柱子上，一边操纵织机，一边背诵这些条目。

在这样的地区，有共同兴趣的人会在特定的公共场所聚会，这已经成了一项悠久的习俗。这些植物学爱好者们也不例外。他们会在聚会上交换标本，回忆往事，或将大家微薄的收入集合起来购买新书。有时，这些常规聚会也会发展为正式的俱乐部，并通常以聚会场所的名称命名。由此产生了一些名称很古怪的机构，如"独立怪人手臂植物学协会"（Independent Oddfellows Arms Botanical Society）和黑牛植物学协会（Black Cow Botanical Society）等。他们每周日聚会，这也是成员们唯一的休息日。多数时间，这些协会都是独立运作，互不往来；但偶尔，方圆数英里内的协会也会联络一下，选择一个大家方便的地点，举办一场座谈会。总之，这些协会运作了起来，也兴旺了一阵子，接着经历了式微、衰亡和再兴，一直到世纪之交，随着人们对于收藏的厌恶情绪的蔓延，以及周末运动形式的崛起，它们最终走向了衰亡。

从这两个非常独立的方阵中——其一学术劲头十足，并有效推动了学问的进步，其二轻松愉快，没有野心，扎根于野外——一种天然杂交的对映体，带着混血儿的气势，在 1823 年自行浮现了出来。这就是爱丁堡普林尼学会（Plinian Society of Edinburgh），一个通识性的科学协会。幸运的是，它的诞生正值田野课程在两所苏格兰南部的大学中方兴未艾之际——这两所大学从 1825 年开始在课程中加入（至少）偶尔的周边乡村远足，从而（几乎不知不觉地）创造了历史。

协会成员中有三位爱丁堡大学的学生：贝尔德（Baird）兄弟俩，以及一位未来的外科医生乔治·约翰斯顿。当三人都在家乡贝里克郡各自工作后，他们仍会偶尔见面，维系友谊，开展他们在爱丁堡时喜欢上的普林尼式漫谈。在这些漫谈中，他们慢慢产生了成立一家遵照类似方针的地方协会的想法。1831 年 9 月 22 日（三年后，药剂师协会终结了悠久的"植物采集"传统），一场成立大会在科尔丁厄姆召开，共九人出席。如此便诞生了今天英国的绝大多数地方博物学协会的鼻祖：贝里克郡博物学家俱乐部（Berwickshire Naturalists' Club）。

这家贝里克郡的俱乐部有几项新特色，当年激起了大量讨论。首先，他们的会议持续一整天，而非仅在晚上举行；另外，他们总是在野外聚会，而非闷在不舒适的屋子里。聚会地点则不固定，轮流挑选区域内的不同地点，以方便远路的成员。这一游牧特色将俱乐部从传统的永久设施中解放了出来，从而抑制了自建书库或收藏的想法。如此，俱乐部的花销很小，年费则能压缩至区区六七个先令，从而将低收入者也纳入了进来。更具革命性的是，会员资格不限于男性，虽然还是有些扭捏——女性只能成为荣誉会员。

此前——虽然有点难以捉摸——人们似乎很难想象一家成功的社团机构可以没有切实的实体。依照当时的社会风气，身份建立在房产之上的，因此在人们眼中，没有房产的机构就像没有房子的人一样，一定是无足轻重和不济事的。这些"流动"（与"静态"相对）的地方学术协会是新兴中产阶级崛起的一个体现，也标志着此前通行的纯粹贵族式标准已开始没落。田野俱乐部证明了，它们也可以像有限责任公司一样，做到强而不大。而此类新机构之所以首先兴起于交界地区，可能并非意外；因为相比不列颠的大部分区域而言，这些地方的社会等级秩序早已处于一种含糊而松散的非典型状态。对于其他地区的人们，特别是英格兰人，有些事可能分外艰难，但对于贝里克郡的人们来说，无疑则简单得多。

这家俱乐部的远行模式也值得一提。成员们会在早晨八九点钟集合，在一家小旅馆内共用早餐。随后着手工作，成员们会划分为若干小组，分别去研究各自最感兴趣的学科。采集行动一直持续至下午四点左右，然后再次共用晚餐，觥筹交错间，一同享用专从贝里克运来的美味鲑鱼。随后，大家会讨论当天的发现，相应的专家也会给出一些陈述，成员们回去以后，还会就感兴趣的课题写出一些篇幅不长的论文。

这是一种很成功的聚会模式，得到了英国这一特定地区强烈的乡土意识的滋养，很快，经过成员们孜孜不倦的对外宣传，这一形式也逐渐传播到了其他地区。约翰斯顿本人也劝说拖网捕捞的同伴兰大卫牧师在艾尔郡创立了一家类似的俱乐部。1846 年，另一位成员拉尔夫·卡尔（Ralph Carr）也协助创建了泰恩赛德俱乐部（Tyneside Club）。同年，搬往南方格洛斯特郡居住的一位前成员托马斯·唐克列德爵士（Sir Thomas Tancred）帮助创立了科蒂斯沃尔德俱乐部（Cotteswold Club）。如此，英格兰中西部涌现了大量此类机构，每个机构由一到三位重要的地方博物学家主导，这些不同机构的主导人之间也多是朋友关系，甚至亲戚关系。比如，莫尔文田野俱乐部的创始人牧师威廉·塞缪尔·西蒙兹与巴斯田野俱乐部（Bath Field Club）的创始人牧师伦纳德·杰宁斯就是朋友；再举一个跨度更大的例子，北斯塔福德郡俱乐部（North Staffordshire Club）的中流砥柱罗伯特·加纳（Robert Garner）帮助说服了他的一位侄女婿——菲利普·克莫德（Philip Kermode）——创办了一家成功的俱乐部，将火炬传递到了后者的家乡马恩岛。

这一口耳相传的热情链条带来了宝贵的成果。其整体复制的接力意味着，大部分的地方博物学协会从一开始就获得了统一的结构形式和基本一致的行事方针。有时，整个机制甚至一模一样。反过来，这也意味着，当一位博物学家搬往另一个地区居住，他可以从一家俱乐部转往另一家俱乐部，并立刻感到宾至如归。

而且，对一位创始人的强烈认同（十分常见），能带来远为强大的精神和精力的投入，这是无名者创立的俱乐部所无法比拟的。而那些杰出的创始人们考虑到自身的名誉维系在这项事业之上，因此会付出更多的努力来确保俱乐部的成功。于是，许多理应失败的俱乐部一直存活着，有时甚至违背一切规律，出乎所有人意料，取得了无可争辩的成功。

在一些极端情况下，在此类驱动的影响下，一家协会可能呈现出令人不适的家长式做派。里士满和北赖丁俱乐部（Richmond and North Riding Club）方面就坦承，该俱乐部的成功很大程度上归功于其主席爱德华·伍德（Edward Wood）的巨额支持，他基本亲自组织了所有远行活动，并动用自身资金应付了一切需求。有一次，俱乐部组织会员前往弗兰伯勒角，这是一次超过 100 英里的特殊旅程，但由于安排失误，成员们错过了归程的火车，为此，主席先生完全自掏腰包，包了一趟专列，将会员们从斯卡伯勒拉往约克。赖盖特的霍姆斯代尔俱乐部（Holmesdale Club）是更近期的一个例子，该俱乐部也有一位同样富有且乐善好施的主席。

并非所有协会的创立都要仰仗于有一定地方知名度的博物学家的倡议。有时，比如在利兹和北安普顿，发起人完全是二十多岁的年轻人，他们只是请来了一些年龄大的长辈作为名誉领袖，来坐镇他们的会议。而意外孕育出的状况也并不少见——借由一种集体的热情和最为公共的形式：地方的报纸专栏。贝德福德郡协会（Bedfordshire Society）就是这样诞生的，它发源于一封有关郡县中白菖蒲（Sweet Flag）性质的热情信件——这有点像后来成为伦敦博物学协会（London Natural History Society）的那个机构，此时它是英国最大型的同类别机构，其创建可追溯至 1858 年，发源于一封写给那份聒噪杂志《昆虫学周报》的简短信件——一种最不恰当的、微不足道的形式。

许多此类协会也将考古学涵盖在内。在维多利亚时代的大部分时期里，有些人仍认为考古学只是另一种形式的田野采集。因此，将考古学与博物学整合在单一协会中，似乎合情合理，自然而然。用罗伯特·加纳的话说，这就像"一位年轻活泼的少女与一位冷静成熟的丈夫的联姻"。然而，这场婚姻并非没有磕碰，主要因为，这两门学科吸引到的人群往往类型迥异，喜好也差别巨大。地方上的古物收藏者往往是富有的艺术品藏家，对他们而言，这门学科更多体现了他们对品位的追求，而非一项科学研究；或者，他们可能是时髦的浪漫主义者，喜欢在石窟中徜徉，或想象可怕的德鲁伊教仪式来吓唬自己；再或者，他们有一种霸道的"世家"倾向，执著于血统传承，这会导致对教区文献的长篇累牍，从而会将博物学从协会的学报中排挤出去。而且，"Ants"（考古学家）永远是激烈的保守党人，而"Nats"（博物学家）——从他们激进的科学倾向来看——往往更倾向于自由派，这或许解释了莱切斯特人文与自然科学协会（Leicester Literary and Philosophical Society）发现的一项有趣规定，即主席必须由这两个主要政治派别的支持者轮流担当。

在 1860 年前后，田野俱乐部已蔚为风潮，并与前辈们的庞大规模实现了逆代杂交，打造出了又一种截然不同的协会形式，尤其适于较大的城镇。最有别于前辈们的一点就是，它们为如今已不可或缺的田野远行活动提供了一套程序。

在利物浦、曼彻斯特和布里斯托，几乎同时出现了一些非常不同的协会，它们的会员众多，机构规模铺张，因此会费也非常之高。利物浦博物学家田野俱乐部（Liverpool Naturalists' Field Club）成立的头几个月里，就有近 400 人加入，其中至少半数经常参与俱乐部的远行活动。部分得益于地方报纸上的大肆宣传，曾有不下 550 人参与了曼彻斯特田野博物学家协会（Manchester Field-Naturalists' Society）的一次远行活动（无疑是空前绝后的记录）。他们的解释是，这样的巨型派对刚好能租一辆专列，如此一来，协会的核心会员们便可前往一些很不容易去的遥远场所。但与此同时，这样的做法也很容易招致批评：这么大的规模不适于正当的科学研究和指导，而冬夜里举办的光辉璀璨的社交晚会也加深了人们的疑虑。人们认为这只是各种轻佻的游山玩水的一张遮羞布。

另一项引发疑虑的新情况是，这些聚会上总有大量女子在场——利物浦俱乐部（Liverpool Club）的女性数量更多达三分之一。这就让远行活动往往变得悠闲而简短——午餐后开始，5 点左右以一场丰盛的晚餐茶会结束。不管怎样，这些活动无疑是相当愉快的；利物浦俱乐部也在其首份年报中合理颂扬了他们开展的"愉快的野餐活动"，并将其成功大大归功于"女性的在场，会员们可以在女性的陪伴下开展愉快的研究，不论是在乡村漫游中，还是在科学研究中，他们得到的快乐都是从前的两倍"。

其他一些协会似乎也开始跟随这一潮流，包括莱切斯特人文与自然科学协会；该协会留下了一份特别有趣的记述（耐人寻味的是，不是在协会的出版物中，而是在一份地方报纸上），讲述了会员们 1861 年在布拉德盖特公园（Bradgate Park）举行的一次野餐活动。会员们的出发时间是下午三点左右，七八十名会员及他们邀请的客人在公园门口集合，头上扎着志愿者步枪额带（Volunteer Rifle Band），接受了市长先生的正式欢迎后，步入公园。然后，主席先生做简短致辞，带领大家参观废墟遗址，接着自由发放柠檬水、苹果酒和雪莉酒，乐队煽动起活跃的气氛，有些伙伴们会跳起舞来。接下来是一堂关于"莱切斯特郡地质学"的户外讲座，众人向讲师发出三声欢呼。然后，他们在一处临近的小酒馆"充满活力地享用了"美好的下午茶，接着是第二场讲座（又是三声欢呼）以及更多的舞蹈；最终，傍晚时分，大家无疑都已筋疲力尽，派对就地解散，各回各家。

此类协会之所以会成功，很大程度上得益于它们的成员都来自单一的社会阶层；但或早或晚，尤其是在小城镇中，它们都要面对由于纳入了更广泛阶层人士而产生的问题——人们除了在最正式的场合之外，从来不习惯和其他阶层打成一片。而主要得益于两个人的改革热情——一位药房的学徒和一位显赫的神职人员——这一问题很快得到了解决。尤以严格的派系对立和社会分野闻名（相比财富差异，教派对立更为严苛）的两座郡县首府则成为了自发的实验对象，即北安普顿和切斯特。其中，北安普顿的改革者为乔治·克拉里奇·德鲁斯，一位机敏圆融的协调家，充满青春活力；切斯特的改革者为查尔斯·金斯利，一位激进派和宪章派人士，也是"强身派基督教"的传教士。

19世纪70年代的北安普顿和当时的许多城镇一样，都是由彼此隔绝的社会群体和次群体组成的大杂烩。其中，每个群体之间剧烈的政治和宗教裂痕都是今天难以理解的。而宗教裂痕尤其构成了强大的分裂力量，因此，当人们希望打造一家地方性博物学协会时，他们认识到，除非能得到各地方教会的支持，否则协会不可能吸引到真正有代表性的会员群体。德鲁斯的解决方法是，专门征召了一位文法学校的教士教师、一位浸礼会教士、两位公理会牧师及一位罗马天主教会的牧师来担任协会的创始成员。在一场专门的预备会上，他们进一步决定协会的运作要严格建立在无党无派的基础之上（正式纳入协会规章）。尽管许多层面发出了质疑之声——认为社会性如此异质化的一个集体在正式场合都很难合作，更不要说非正式的田野场合了——但它从一开始就大获成功，从而对此前阻碍城镇中一切广泛社会活动的心胸狭隘的氛围发出了沉重一击。

相对来看，切斯特自然科学与文学艺术协会（Chester Society of Natural Science, Literature and Art）的成功较少得益于外交手腕，而更多得益于城中一位重要人物非凡的人格魅力。"我希望能和一家论辩的协会并肩前行"，金斯利早在1846年就这么说道：

> 我会看到年轻人加入到博物学学会中；在欢乐的夜晚一同追寻上帝世界的隐秘宝藏……然后（比如）每周聚会一次，争辩事实而非观点；相互展示发现，进行分类和说明，一同学习，一同思索。

而等到他有机会落实这一梦想时，已经过去了25年。

1870年，来到切斯特担任牧师后不久，金斯利为年轻人开设了一堂植物学课程；他是天生的教师，具有广泛的同情心和令人生羡的讲解能力，在16名执事和店员的协助下，其听众数量很快就达到了数百位之多，男女皆有，社会阶层各异。由此，这堂课轻易就被转变为了一家机构化的正规协会，开始独自运作，并组织会议、出版报告。金斯利也一直作为主席发挥着领导和指引作用。实际上，除了名称以外，它依然是金斯利的那个课堂：在远行活动中，也仍然是这位教士的热情维系着大家的兴趣，人人都侧耳倾听他的一言一语。他不仅领导着这家协会，也将协会塑造为了他心中的模样，"不分高低，不分贫富，并肩前行"，以至于在一些距离较远的远行中，在必须乘坐火车前往的情况下，他坚持不让大家分开乘坐优渥的头等席和简陋的三等席，而是采取一种机智的妥协，让所有人都乘坐二等席，以此将大家维系起来。透过此类高超的社会协调，他打破了许多从前的壁垒，成功实现了其更直接的目标——将城镇与大教堂团结了起来。

此类问题似乎仅限于英格兰，在英伦列岛的其他区域，不同阶层已经能轻松自在地自由会面和聚合。比如在 19 世纪 70 年代，苏格兰克拉克曼南郡的阿洛厄就有一家这样的协会，主席是一位伯爵；副主席包括一位医生、一位杂货商和一位酒商；顾问包括一位牧师、一位银行家、一位理发师、一位建筑师和一位五金商人；图书馆员是地方监狱的狱长。

而仿佛派系间的冲突还不够似的，此时又呈现出了两性间的严重冲突。女性前所未有地开始在协会运营中争夺话语权，开始要求出任一些过去将她们排除在外的职位。"排外"是形容多数 19 世纪学术协会态度的一个恰当的暧昧词语。女性被遗忘，被忽视，仅在节庆期间被纳入进来，因为她们很少对协会产生真正的兴趣；或者，她们被有意排除在外，因为科学是男人们的事，俱乐部是学理性的"雄鹿派对"。雄性在此伸展他们的鹿角：这个场所是为他保留的，如同他的研究一样，永远不能被女性干涉。女性都成了赞助人，负责告诉男人们，他们的博物学成就是多么了不起，甚至（如利物浦俱乐部那样）提供特殊的奖赏，让他们展开竞争；但私下里，所有人都认为她们的在场仅发挥花瓶的作用。而公认的一点是，她们会损害程序的严肃性。实际上，金斯利就曾受到这方面的干扰，有人建议他的博物学课堂应吸收少量的年轻女子，而他认为，她们在场会转移年轻男性的注意力，损害他们的工作。但他很难拒绝踊跃参与切斯特协会远行活动的妻子、女儿和女朋友们。他不情愿地忍受了她们的参与，他曾带着一贯的轻微口吃，绝望地说，"这些好女子们几乎坏了我一整天的事，但你能怎么办呢？当她们到了一定岁数后，你只能把她们当公爵夫人看待，或是不停嘘她们，让她们安静下来。"

但是，除了维多利亚时期的人们对于性别混杂的芥蒂，和对于女性学理水平的疑虑以外，女性本身也难辞其咎。首先，她们出席活动时的穿着令人大跌眼镜：不牢靠的鞋子、贵重的帽子、浩瀚的裙子。19世纪60年代，裙撑膨胀到了最大的程度，有一家俱乐部曾特别事先通知，下午远行途中会遇到的最窄栅栏只有一英尺宽——在那个年代，成年男子只需扫一眼女士的脚踝，便可兴奋地晕厥过去。而女性也默认了有关她们脆弱性的夸张观念。贝里克郡的博物学家们拒绝女子加入他们的远行活动，因他们深信这样的距离会让她们受不了；他们的后继者——科蒂斯沃尔德俱乐部每年夏天都会举办一场专门的"女性聚会"，相应的场所地形会经过谨慎挑选。在这样的预备措施下，尴尬之事仍时有发生，而最具冒险精神的俱乐部之一利物浦俱乐部似乎尤其容易出现此类情况。1890年，在一次前往英格尔伯勒的探访中，成员们要穿越若干山洞，"每人用木棍擎着一根蜡烛，排成一列，依次穿过幽深的山洞，场面十分诡异。总体来说，这是很新奇的体验，但对许多女性而言，就不那么愉快了"。

而当一些协会出于有意识的解放动机，着意消除两性壁垒，以吸引女性成员时，反响往往很差。19世纪60年代，格拉斯哥的博物学协会放开女性会员资格时，只有一名女性利用了这一举措。大约同一时期，伦敦地质学协会尝试了一两年，允许女性作为访客参加协会的聚会，但因为反响很差，很快就放弃了。不过，在1858年，不那么阳春白雪的地质学家协会（Geologists' Association）创立之时，明确表明接纳女性会员，并获得了更多响应。

19世纪70、80年代，社会氛围发生了显著变化。女权开始发声，女性杂志开始刊登学理文章，大量女性也开始积极投入在感兴趣的科学追求之中。重要的外省协会也一个一个打开了大门。莱切斯特协会终于在 1886 年同意向女性开放完整的会员资格，马上就有 13 名女性当选为了会员。协会年报中写道，"当前在运营上的变化似乎是英国人心智变化的一个自然结果，关系到女性的地位和受教育的问题"。到 1907 年，牛津郡和北安普顿郡的协会甚至选出了女性主席。

然而，伦敦那些历史悠久的全国性协会的态度就不同了，它们具有一种更学术性的传统和一种俱乐部区的排外性。动物学协会和植物学协会则早从创立之初就让女性享有了与男性同等的权利，因此长期以来一直是两个例外。在该世纪的大部分时期，通行的信条都是顽固地站在女权对立面的。1896 年，皇家协会终于宽容了一些，安排了一场专门的女性座谈会，而次年，一位女性却被挡在了英国科学协会一个委员会的门外，尽管已经获得了提名。林奈学会和地质学协会也在选取女性高级会员方面走过了艰难的道路，在林奈学会，坚定不移的奥格尔维·法夸尔森（Ogilvie Farquharson）女士凭借一己之力，最终几乎是轰开了协会的大门，在她多次请愿后，协会的理事会终于向她臣服，从而为这家协会 1904 年 11 月 17 日的正式妥协奠定了基础。

女性被纳入后，未成年人也紧随其后。19 世纪 90 年代，好几家协会都为学生们组织了专门的讲座，并为收藏者提供了奖品；纽卡斯尔的各协会，包括位于泰恩河北的协会（1897 年）和位于克罗伊登的协会（1900 年），均开始以低会费接纳青少年会员。此前，也一定有其他协会已经接收过未成年会员，只是没有大张旗鼓地宣传。

中学里的博物学协会也已经存在多年，其中有一些相当出色。贝尔法斯特文法学校（Belfast Academy）的一家协会可追溯至 1830 年前后，但总体来看，引领该风潮的则是一些贵格会寄宿学校：布桑学校（Bootham）的协会创立于 1834 年，至今仍欣欣向荣，可轻松判定为持续存在最久的一家中学博物学协会。主要的公立中学也多在 19 世纪 60 年代跟上了这一步伐。莫尔伯勒的第一家协会可追溯至 1864 年——据称，它的创立曾激起一阵抗议浪潮，因为担心它会影响到学校的运动会；雷普顿的可追溯至 1866 年，拉格比的可追溯至 1867 年。其中许多协会从一开始就设置了讲座和远行活动，并印发了令人印象深刻的报告（费用高昂，今天很难效仿）。

即便在一些没有正式协会或俱乐部的学校，很多学生也能从一些碰巧热爱博物学的老师那里——单独或集体地，在课上或课外——得到指导；而博物学课程纳入常规教学中的例子，可追溯至 1790 年的爱尔兰。尽管古典文化的地位无可挑战，但从非常早期开始，英国学校就间断性地教授了大量科学内容，甚至超出了普遍的接受程度，其中很大一部分就是植物学、动物学或地质学。因此，总体上看，萌芽期的博物学家们并未被忽略，他们之所以很晚才成为受认可的实体，出现在成人地方协会的书籍中，原因在于缺乏明确的组织性，而非受到了任何存心的冷落。

1873 年的一份调查显示，大不列颠和爱尔兰至少有 169 家地方科学协会，其中 104 家（不到三分之二）是明确的田野俱乐部。这些俱乐部多是在 1850 年后成立的。而据 19 世纪末的第二份调查评估，所有博物学协会的会员数加起来接近 5 万人。

从健康的社会生活的角度来看，这一点值得称赞；但从科学角度来看，这就显得令人疲累而困惑了。此时，有太多规模不大的博物学家群体都给自己冠上了体面的头衔，并在鲜为人知的、私人印制的学报、书卷上罗列出他们的各项发现。这些学报如此悄无声息，有时，甚至一些编写最翔实的地方动植物志的人也不知道它们的存在。

为改善这一点，一个缓慢的理性化进程应运而生，致力于推进更紧密的合作，进而在可行的情况下，透过广泛的地区伙伴关系，将人们的精力汇聚一堂。这方面最早的努力出现在 1864 年，约克郡工业区的六家小型协会合并为了西赖丁博物学家联合会（West Riding Consolidated Naturalist's Society，以"团结就是力量"为官方座右铭）。次年，他们发布了一份新期刊《博物学家》（The Naturalist），基本成为了合并以后的全部 300 位会员的机关报。虽然起初，这本期刊因为缺乏支持而夭折，但后来又在 1872 年复刊，并适时成为了 27 家协会的完美联结。5 年后，这些协会组成了第一家博物学联盟体——约克郡博物学家联合会（Yorkshire Naturalists' Union），大概也是各类联邦实验中最成功的一个。

约克郡的乡土精神是一回事，而要说服位于竞争郡县中的协会人员每年抽出两三次时间前往遥远的乡镇与对方人员会面合作，并让他们知道这样做可以带来好处，就是另一回事了。英格兰中部地区科学协会联盟（Midland Union of Scientific Societies）是头一个此类尝试。这家机构的运转不够灵活，各协会间的聚合只能依靠每年的一次年会。但即便如此也非一件易事——考虑到会议安排的庞大规模，比如在 1880 年，共有二十几家各色协会的代表在北安普顿开会，具体内容包括一场官方招待会、一场位于市政厅的大会和一场位于普劳酒店（Plough Hotel）的正式茶会。这就是麻烦所在：在这样的场合，常常除了吃吃喝喝和繁文缛节的仪式以外，就没什么别的活动了。这些不同协会大多相距甚远，再加上会面如此不规律，交融起来十分困难。

在 1896 年东南联盟（South-Eastern Union）的主席就任大会上，乔治·阿博特博士（Dr George Abbott）提出了一项将全国协会组织起来的方案，尽管异想天开，但也让我们了解到了当时人们特定的思维路径。他提出把全国划分为 15 到 20 个区域，每个区域设自己的联盟，所有地方协会均附属于这些联盟。每个联盟都要举办年度大会，每年在区域内的不同城镇举办，由不同的主席主持。每个联盟自给自足，依靠附属协会的微薄贡献维持运转。每家协会负责联盟内的一个地区，并在每个村庄任命一名成员，作为地方的联络人或登记员。英国科学协会将位于这个庞大的金字塔顶端，负责指导、收集和处理从全国每个角落收集来的海量数据。《自然科学》（Natural Science）的编辑写道，凭借一些这样的手段，

> 可掌控人们的经验和学问，避免无知者和初学者发表错误的内容，或发表一些已经广为人知的内容，同时避免真正重要的文章埋没在鲜为人知的出版物中。

要知道仅仅 4 年之后，门德尔（Mendel）的作品就在这样一个地方出土了，因此，我们必须为这一打破交流障碍的考量拍手叫好。然而，博物学世界却认定这些想法毫无意义；因此，这些提案被留在了纸面上，被世人遗忘。随着大众通信的普及，全国性活动出现在了视野之中，博物学家们也开始为纯粹的地方机构的价值打下问号。当时，一种草根意见方兴未艾，认为可以借鉴考古学协会联合会（Congress of Archaeological Societies，后来发展成了英国考古学委员会（Council for British Archaeology）），打造出一个博物学领域的对应机构，但随着风气的普遍转向，这种意见也随之没落；而那个庞大周翔的机构也成了烂尾

楼，被遗弃了超过半个世纪，一直到 1958 年，自然委员会（Council for Nature）才成立。当时，人们的精力已经大大转向，最终，这一倡议不得不从中心提出，而非外围。最终，地方协会不得不调整出一种更宽泛的模式：它们不是该模式的创造者，虽然有过这样的机会。

不难看出地方田野俱乐部为何会兴旺起来。虽然有些博物学家是独行者，但多数也都是社会动物。他们分享着一套特别的传统，这一传统在外面的世界不易见到，因此他们乐于寻求彼此的陪伴。而这门学科的本质也呼唤着少量的社会交往，以增进效率，比如聆听专家的说法，搜集最新的消息，口耳相传，互相学习。对多数人而言，在讲述喜欢的话题时，都更愿意面对一批有共鸣的受众，而非一群无知者。

不过，这样的冲动本身虽然能带来友好的聚会，却不足以打造出顺畅、沉着、有建设性的实体——这些才是大量田野俱乐部的成功所在。这里必须引入另外两个因素。首先，造就一流博物学家的品质——对于秩序、体系和细致记录的本能热爱，耐心，不懈的关怀——也正是理顺协会事务的必要品质。其次，这些往往轻巧脆弱的地方性努力很快受到了某种英国性情的鼓舞，即将一切社会活动笼罩在厚重的礼仪之下。他们因——用沃特·巴杰特（Walter Bagehot）的话来说——"一块习俗的蛋糕"而被拯救。

英国人喜欢条分缕析地享受他们的快乐，这并不悲哀（如外国人认为的那样）。他们的社会生活是庄重与轻快的有趣融合，是正式与非正式的混搭。1787 年，谢菲尔德的威廉·杨（William Younge）在从巴黎寄给朋友詹姆斯·爱德华·史密斯（James Edward Smith）的信中写道：

在法国社会，会员们似乎毫不在乎秩序，主席所能做的也只是用一种小乐器，发出一种更大的噪音，来换取片刻安静。但我们英格兰协会的杰出之处正在于，私人和公共事务之间划下并呈现出了明确的分界线。

史密斯本人的林奈学会很早就展现了这一本土风采。如 1829 年，威廉·亨利·哈维还是个劲头十足的青年时，在一份会议记录中说：

主席戴着一顶阔三角帽，坐在一只猩红色的扶手椅中，神采奕奕。我见证了几位新的高级会员的授衔仪式。他们一个一个走向主席，主席起身，和他们握手，批准他们的高级会员资格。整个过程花费 25 英镑。

同年，林奈学会开始为与会者提供一杯茶和一块蛋糕，以缓解会议的郑重感。借此，以及借由个体会员不时展现出的热情款待——如 1872 年科蒂斯沃尔德俱乐部（Cotteswold Club）的远行途中，"说好的一杯雪莉酒和一块饼干变成了豪华的茶点、香槟和各式各样的美味佳肴"——地方协会逐渐吸收了晚餐和宴会，舞会和招待会，以及愉快的展览。其间，如一份年报中所说，"愉快的交谈中间穿插着美好的歌声和乐音"。以下是一份典型的流程表——1864 年奥斯沃斯特里与威尔士浦博物学家田野俱乐部和考古学协会（Oswestry and Welshpool Naturalists' Field Club & Archaeological Society）在奥斯沃斯特里的公共礼堂（Public Hall）举办的一场座谈会的流程：

时间	程序

6:00　开门

6:15　音乐（器乐）：三重奏——长笛、小提琴、钢琴；惠特里奇·戴维斯（Whitridge Davies）先生、A. 戴维斯（A. Davis）先生和奥斯瓦尔德·戴维斯（Oswald Davies）先生。

6:45　论文，主席先生——《论鸟类学》（*On Ornithology*），图文。

7:00　音乐（器乐）：小提琴独奏，查尔斯·艾利（Charles Eyeley）先生。

7:30　论文，副主席——《我如何学会观察》（*How I learnt to see*）。

7:45　音乐（器乐）：钢琴独奏，牛津大学音乐学士斯洛曼（Sloman）先生。

8:15　论文，牧师 D.P. 刘易斯（Rev. D. P. Lewis）——《奎伊池塘出土的青铜》（*On Bronzes found near Pool Quay*），图文。

8:30　音乐（声乐）：合唱曲——奈特爵士，奈特爵士——合唱与牧歌协会（Glee and Madrigal Society）。

9:00　论文，D. C. Davies 先生——《老奥斯沃斯特里碎石采掘场的二十分钟》（*A quarter of an hour in Old Oswestry Gravel Pit*）。

9:15　音乐（器乐）：短号独奏——J. 埃文斯（J. Evans）先生。

9:45　论文，A.W. 达姆威利（A. W. Dumville）先生——《新的金属镁》（*The New Metal Magnesium*），配合实验。

10:00　音乐（声乐）：合唱——啊，谁会如此自由地驰骋"（O, who will o'er the downs so free）——合唱与牧歌协会。

上帝保佑女王

没有比维多利亚时期学术协会的刻板画面更具误导性的了——一脸胡须的绅士们，面色严峻，聚精会神地凝视着馆员乌黑的幻灯片。

总而言之，通过同一批人的定期会面，地方协会以一种全国性协会无从开展的方式获取了力量。田野俱乐部之所以能得到蓬勃发展，原因非常简单，就因为它们是俱乐部。人们加入俱乐部时都知道，长期下来，在种种场合中，出席的人员大抵都会相熟起来，哪怕互不讲话。一年的活动就像四季的流转，是生命周期的组成部分。终生会员并不少见。在这方面，莫尔文林克的植物学家和杂货商 R.F. 汤德罗（R. F. Towndrow）可能是一位纪录保持者，他在 14 岁时以学生身份参与了当地田野俱乐部的首次聚会，此后一生都是这家俱乐部最忠实的支持者，一直到 92 岁去世为止。

通过这种会员的长久性，通过这样一项要求不高的事业对于不求闻达者的吸引力，以及通过那些追求一种社会生活但缺乏表面社交能力的人，地方协会获得了非凡的黏性。田野俱乐部天生具有顽强的生命力。它们的资产很少，或完全没有资产，费用从会员手里征收，很少会陷入财务困境，即便财务吃紧，只需推迟一些事项即可缓解。随之而来的研究类型不会招致喜好上的对立，甚至不会造成几乎无法避免的技术上的对立。敏感之处依然存在；不过，一般没有什么会触及它们，它们的存在也不会造成分裂。这是一个温和的世界，一个充满愚忠的世界，这样的世界可能变得迟钝和无趣，但往往能保障一种实用性，而且不论何时，几乎永远是繁忙的。

第九章

分道扬镳

就在博物学备受社会尊敬之际，舞台背后上演了一些意义深远的事件。1858年，达尔文终于发表了有机物演化的理论，将整个学术世界拖入了一个长久以来所担心的漩涡之中。毫无疑问，这是19世纪最重要的科学事件。但就英国博物学而言，其直接影响则相对较小。

如此强烈的一场学问爆炸发生在了这个领域，自然也让博物学家们感到了一种骄傲。博物学家们一定曾对自己说，达尔文是"我们中的一员"。从某种意义上讲，他们是对的：只有一位真正的博物学家才会将大学时期捕捉到的许多甲壳虫的准确形状、颜色和捕捉场所等信息一直保留到生命的结束。然而，达尔文的天才的根基在于，他一人整合了两种通常非常隔绝的对立类型：他在作为收藏者和观察者的同时，也是实

一台四人显微镜，出自狄奥尼修斯·拉德纳（Dionysius Lardner）的《显微镜》（*The Microscope*），1856 年。（伦敦林奈学会藏）

验者和理论家。因此，就博物学家的普遍性而言，他可以说是一反常态的。

事实上，英国博物学历史上有一项从未收获到应得的广泛追随者的传统，达尔文正是此项传统最杰出的代表人物。他属于一个精英群体，这些人几乎都有丰厚家财，没有将时间和精力花在常规的物种登记和描述上面，而是依照此后科学实践的正统，将之花在了对假说的构建和验证之上。其中许多人隐晦地发表了自己的发现，有些人则从未将之公之于众。因此，多数人都未在有生之年得到恰当的认可。有些人甚至完全未把握到自己埋头其中或发表出来的内容的意义，比如高尔顿（Galton）曾在一封写给达尔文的信中提到过后来的孟德尔式比例；或者是，他们缺乏科学技巧或基本的知识，来验证自己的直觉。

在所有这些方面，达尔文都是个例外。他了解其研究对象，他精通科学技巧，他连篇累牍而引人注目地发表文章，并赢得了理应的荣誉。如此，他成为了一代代的实验生物学家和田野博物学家的英雄。而至少一开始，在认同达尔文、将其视为同类的人们中间，田野博物学家占了相当一部分。

与此同时，也正是因为自己所在的学科掀起了一场如此疯狂的争论，那些难以将自身的宗教信仰与进化论之宣告调和起来的博物学家们，经历了痛苦的内心冲突。不同于外人，他们无法摸着良心否认那些证据，也无法不认识到其背后摧枯拉朽的力量。他们唯一的出路就是在公认的诠释（教义层面或科学层面）中寻找一些破绽，然后提出一种令人安心的替代理论（如可怜的戈斯在其愚蠢的《肚脐》（Omphalos）一书中的草率做法）；或者暂时不做任何判断，期望该理论有朝一日会被推翻，或期望某位杰出的神学家提出某种可以接受的妥协方案。

对于进化论的事实，并非所有博物学家都感到了精神上的沮丧，而的确如此的人做出的反应也各不相同。在博物学圈子里，关于此事并无明确的"方针"。如果说有什么不同的话，那就是，由于博物学家非常接近于这场争议的原始材料，因此在他们之间，各种态度的光谱甚至比普通民众更宽。多数纠缠这些议题的人都专注在形而上或神学层面：几乎只有博物学家同时无法避免科学层面上漫长而激烈的争辩。

顽固派们绝没有完全站在宗教教条的一边。永远持不同意见的理查德·欧文满怀怒气地为物种固定论辩护。他并非护教者，他对于达尔文的理论有一种纯哲学式的反感，并认为自己主要对手托马斯·亨利·赫胥黎与这一理论走得太近。塞奇威克写道，《物种起源》中有一部分"错得离谱"，他说自己阅读此书时，有些地方"让我捧腹大笑"。地质学的另一位领导人物麦奇生、林奈学会当时的主席托马斯·贝尔，以及著名的昆虫学家约翰·奥巴代亚·韦斯特伍德（J. O. Westwook），至死都是严厉的反达尔文主义者。此类人物虽然博学多识，但天性死板，其中许多都冒着粉身碎骨的危险，站在了绝对反对的危险地带，站在了当时或许更胜一筹的理念的对立面。另一些人同样博学多识，但不受此类立场的束缚，比如艾尔弗雷德·牛顿和小胡克，他们轻而易举地拥护了达尔文的理念。而完全的激进派们，如休伊特·科特雷尔·沃森，自然从一开始就拍手叫好。

但对于另一些人来说，这个问题则更为复杂。一些碰巧笃信宗教的著名的科学人士们刚好骑在了墙头上（如亨斯洛），或者不愿直面事实（如亨斯洛在剑桥的后继者巴宾顿）。还有一些，如鸟类学家特里斯特拉姆教士，最初热忱地拥护了达尔文，日后却收回前言——或许只是害怕表现得过于异端。也有一些人，如莱尔，认为达尔文的论述不够有力，因此完全出于学术立场，采纳了更审慎的态度。这类人大概是最明智的。最后，自然也有一些博物学家甚至位于光谱的最外围：最知名的一位是弗朗西斯·奥彭·莫里斯牧师，他是彻头彻尾的原教旨主义者，多年时间里，他一直通过激烈的语言和数不清的小册子，攻击达尔文的理论。

对于多数博物学家而言，大体上，进化论——就它所激发出的尖锐的哲学或宗教问题来看——依然是一件私人层面上的事。没有什么迹象显示，存在抱持着对立意识形态的明确分立的派别。但某些大致的效忠模式是存在的。

例如，早期，达尔文在年轻的世代中收获了最强大的支持。而在博物学的各分支中，鸟类学家往往更倾向于该理论。这里彰显出了艾尔弗雷德·牛顿的影响。植物学家的情况更加多元，其中也有一些热心的支持者。相对来看，地质学家比较疏离，一直等到硫黄石最终冷却下来，A.C.拉姆塞（A. C. Ramsay）才说服了一些主要的怀疑者。而最直截了当的反对主要发生在昆虫学领域。达尔文曾在1863年3月向莱尔抱怨，"昆虫学家足以将该学科拖后五十年"。的确，他们的对抗情绪一直顽固地维持到了19世纪80年代，之后，拉斐尔·梅尔多拉（Raphael Meldola）教授几乎凭一己之力改变了伦敦昆虫学协会。这种情形也很好地证明了，当时博物学的主要组成学科基本是各自独立的。

尽管充分分担了普遍的质疑情绪，但相比大部分人而言，博物学家至少更加幸运，他们从进化论的确立中——最初只是隐隐感到——获得了一项无法估量的恩赐：它为他们的学科赋予了一种统一的原则，该原则第一次既是学理上可敬的，也是情感上可信的。在伟大的生物链（Great Chain of Being）中，在五元理论（Quinarian Theory）中，特别是在自然神学的教义中，他们总是不断地摸索那个中心秘密，摸索那把能打开一切组织和行为之锁的高深莫测的钥匙，他们一向感到这把钥匙必定存在。而在进化论中，这一终极统一性被揭示了出来——正因为此，他们同时收获了一种整合的解脱感。难怪艾尔弗雷德·牛顿后来回忆道，那个看法"仿佛是一种更高力量的直接启示"。一团浓雾消散了。而充满悖论的是，博物学家的内心深处终于放松了下来。

如今，随着这一心中困扰的化解，朝向某个新方向的活力之旅终于可以启程了。而达尔文揭示出的证据之间的缝隙，自然就成为了下一个世代科学努力的重点。转眼之间，又到了一个令新人们大为兴奋的时代。如果达尔文的一系列依据能被转化为确凿的事实，无疑会有更多的注意力转向系统发生学——在历史长河中追踪物种的分化，通过对相应器官和机理的比较研究，确认出物种间的亲疏远近。在这方面，大量形形色色的工作已经展现了出来。此外，还有一些不太直接明了的领域，未来将会带来更多的边际问题。例如，那些往往非常复杂的无数特征是如何从父母那里向后代遗传的？环境到底发挥着什么作用等等。19世纪的上半叶全力揭示出了自然的多样性；下半叶则要尽力揭示出，自然是如何以及为何形成了这样的多样性。

这些新任务需要新的研究方式。现在必须潜入到自然深处去探索流程与机制了：离开田野，离开这些学术枝节——博物学过于贴近这些层面是错误的。如今需要的不再是分类学模式的直觉，而是纯熟的操控技能和强烈的分解事物的冲动。

而人们公认的此类新式科学家——杰出的生物学家——的样板人物即托马斯·亨利·赫胥黎。赫胥黎本人最清楚其自身倾向的杰出性所在："我体内没有多少真正的博物学基因"，他写道，"我从不收集任何东西，标本工作总让我感到疲累；我关心的是其中结构和工程的部分。"实际上，他少年时期的梦想就是成为一名工程师。他是新兴的实验室工匠精神的最佳体现，他也是一种新信条所能斩获的最胜任的标兵和传道士。由于他成为了"达尔文的牛头犬"，成为了其首要的公共代言人，成为了进化论的斗士，我们往往会忘掉赫胥黎的另一重身份——正是他在同一时期脱颖而出，为更广义的科学大声疾呼，从而构成了英国生物教学背后一股主要的推动力量。

1854 年，赫胥黎接替爱德华·福布斯，担任了杰明街（Jermyn Street）公立矿物学校（德·拉·贝什的创想）的博物学讲师。当时，在这个全球最富有的国家里，几家屈指可数且备受忽视的此类教学机构已经孵化出了一场广大的科技革命，而赫胥黎在担任博物学讲师的时候，也马上切身接触到了这场革命。很快，用一个吝啬的国家门面来弥补其疏忽的惊人后果，就成为了赫胥黎毕生努力的方向。年复一年，他透过一张嘴和一杆笔不停地游说，确保了科学从英国教育资源中分得了相当的比重，同时，也在最低限度上，确保了一些至少很基本的科学课程被纳入学校的标准课程之中。不过，他还是遭遇了大量冷漠的面孔，还是需要撼动大量根深蒂固的立场。科学和科学家不受信任——恰恰是进化无用的理念催生出了公众对于科学的普遍厌恶。但慢慢地，天平开始向科学倾斜。1851 年，剑桥设立了自然科学（Natural Science）学位。15年后，（还是）剑桥增设了新的动物学和比较解剖学主任的位子。1874年，伟大的卡文迪什实验室（Cavendish Laboratory）创立。

1870 年，教育法案（Education Act）的通过最终带来了关键的突破。法案规定，所有公立学校都要尽量教授基础科学。这一点意义重大，且胸襟开阔：唯一的问题在于，必要的教师资源尚不存在。

在政府的敦促下，赫胥黎立即着手设计了一套专门满足这一培训目的的植物学和动物学"速成"课程。1872 年，矿物学校的博物学系搬往了南肯辛顿，终于有了实验室和开展应用实验的空间，在四位实验示范员（迈克尔·福斯特（Michael Foster），威廉·西塞尔顿－戴尔，雷·兰克斯特（Ray Lankester）和 W. 拉瑟福德（W. Rutherford））的协助下，赫胥黎引入了符合普遍生物原则的标准教学法，并很快成为了大不列颠和美利坚所有此类教学的样板。

赫胥黎课程的新颖之处在于强调动手实践，强调显微镜和实验室的使用，以一概而论的"类型"取代常常令人迷惑的各种具体案例，借此绕过了当时多数的系统分类学，同时，他也特别偏向于解剖学和形态学——"其中的结构和工程层面"。在英国，这些层面首次进入了科学教育的中心视野。它们也是当时正在欧陆兴起的新的显学，尤其是在德国；它们自然也构成了赫胥黎及其一众年轻弟子们的兴趣焦点。

1873 年，赫胥黎的健康恶化，其位置由西塞尔顿－戴尔取代。悉尼·霍华德·瓦因斯（S. H. Vines）于次年加入，成为又一名实验示范员，此后，一直到 1880 年，该课堂上出现了一个又一个日后在英国科学界声名鹊起的名字。南肯辛顿成为了全国各地的青年才俊们的聚集地和出发点。教师也是直接的参与者。雷·兰克斯特离开后，为牛津的教学带去了一场革命，迈克尔·福斯特则在剑桥上任了一个新的生理学岗位，并在那里全力引介了实践性的课程。很快，瓦因斯也加入了他的行列。

除了这些学科和教学法的新颖之处外，在一种历史意外的作用下，他们也将另一种非常新的影响带入了英国的学术生活中。新生物学的摇篮位于德国，而他们也正是在德国的大学求学期间，在经历如今已蔚为风潮的研究生魔咒之时，摄取到了异国的专业主义。而这一点之所以在德国得到了高度发展，特别要归功于德国的学术传统，其中刚好有某些元素非常适合于这一新科学类型的发展。德国的员工等级制度即是其中一项表现，在这种制度下，底层员工完全要听命于作为系主任的教授——一种受到军事启发的模式。对比来看，英国大学里的教授则往往孤军作战，独立教学、独立研究，基本上是一个人负责一门学科，一个人负责一个机构。而此时，完整的团队出现了，它们不仅能分担教学重担，也能联合起来开展研究工作。

另外，德国的学术方式尤其注重通过发表来为自己的发现背书。由此便催生出了一项传统——教授们会创设自己的专业期刊，来安置自身以及相关人员和学生的文章。我们在詹姆森于爱丁堡的活动中已经看到了这方面的响应，这主要得自于他在萨克森时从维尔纳那里学到的经验。此时，新一波的盎格鲁－日耳曼毕业生也采纳了相同的做法，纷纷创立半专属性的期刊杂志，如《生理学学报》（*Journal of Physiology*，1878）和《植物学年鉴》（*Annals of Botany*，1887），这些期刊一方面吸纳着他们的工作中不断流淌出的论文泉涌，另一方面也封存和宣示了他们的特定研究方法的新意与活力。

得益于人数的增加，这些新科学家们已经能负担起一份自给自足的期刊，而不会像前辈那样因昂贵的费用而却步。第一次，终于有了一个大规模的学者世界浮现出来，他们不必再去跟门外汉们交流。久而久之，他们的语言去除了一切修饰，成为了一种荒凉刻板的工具，不再发挥任何其他作用。

此前习惯于阅读原始科学文本以获得直接启迪的非专业精英们，如今越来越难以跟上他们的步伐。专业术语层出不穷，而太多的专业知识都被他们视为不言而喻，而不加解释。人们头一次感到面对母语时，仿佛在面对着乌尔都语或斯瓦希里语。这让许多人私底下愤愤不已。在他们看来，这种可悲的伪英文似乎仅仅源于一种懒惰和轻率。或者，更不堪地，这是科学人士有意设计出的新密语，目的就是将他们排除在外：它是一道高墙，一套将他们的工作隔离开来的官话。

对于科学文本的冰冷无情，以及新的生物学家们对于自身研究之美学意义的漠不关心，人们还有更多的不解，甚至困惑和愤怒。就这一话题，整个世界也堵不上（如）约翰·罗斯金（John Ruskin）的嘴。罗斯金曾在一篇掷地有声的檄文中指控科学正成为艺术的敌人。由于罗斯金的话在其无数仰慕者中分量很重，刚刚当选牛津植物学主任（Chair of Botany）的瓦因斯感到有责任发表一份相应的公开回应——尽管相比那位纯艺术主任（Chair of Fine Arts）的责骂洪流来说，这只是柔弱无力的一声回击。

罗斯金表明了当时博物学家们的一种普遍担忧（他本人也算是矿物学家和植物学家，因此并非一位完全不合格的发言人）。他们感到，新科学将知识的钻头深入到了人们一无所知之地，有朝一日，所有美学地标必将被清除一空。如此，新方法颠覆了人们在情感面上从自然中受益的能力。过去，科学仅被视为一种镜头，它能放大人们观看世界时的视野，从而提升人们的愉悦。而现在，科学成为了一个侵犯者。令生物学家们始料未及的是，他们发现自己的好奇心被斥为了一种邪欲：一种搅动自然暗面的任性的欲求。从此以后，这样的观点每隔一段时间就会浮现一次，并表现为不同的形式。

外行与内行渐行渐远不仅仅表现在这些方面。新科学家们也有许多抱怨的理由。这些年轻人盛气凌人、迫不及待，希望学术高墙在他们的第一波战鼓中就轰然倒下。但却未能如愿，于是，他们开始反抗长期僵化的学术权力结构，并感到一种的深深愤怒和沮丧。他们深信，自己所在的新领域理应成为科学研究的重中之重，并且刻不容缓。

在剑桥，这些研究领域中公认的中枢、最令人垂涎的职位——植物学主任（Chair of Botany）——不幸地由一位无动于衷的死硬派巴宾顿霸占。巴宾顿后来已相当虚弱，甚至无法再从事英国花卉植物的分类学工作（他曾在这方面启发了大批业余人士），却仍然固执地将系里的所有剩余资金都花在为植物标本室采购珍稀书籍方面，而坚决不拨出一分一毫来打造一间合格的实验室。F.O. 鲍尔（F. O. Bower）曾写道，"我记得在 1876 年左右，我是多么翘首以盼地等待一辆客运列车，将剑桥标本室（Cambridge Herbarium）转移至邱园，从而为新植物学腾出所需的房间。"当时，新人们不得不将就着使用糟糕的房间和二流的设备；他们满溢的活力与热情——逐渐扭曲为了怨恨。马歇尔·沃德（Marshall Ward）是个中典型，他带着传教士般的热情谈论"这一使命"，甚至有一次，不知是因为纯粹的学理兴奋还是不间断的工作，他直接晕倒在了长椅上。几十年后，他们才将这一怨恨完全放下。多年以来，这个裂隙上附着了大量世间无谓的恶意斗争。分类学、博物学，甚至整体的田野工作都被不可挽回地与咕哝、衰弱的老家伙们关联了起来。而当最后的堡垒崩塌之时，生物学家们终于等来了翻身之日，其中一些人因此毫不犹豫地沉浸在了某种复仇心中。其中比较典型的一件事发生在 1906 年，弗朗西斯·沃尔·奥利弗（F. W. Oliver）在英国科学协会的会议上对大英博物馆和邱园发起了公开的猛烈攻击——奥利弗本人就是一位著名的分类学家的儿子，这一点很耐人寻味。他痛斥这些古老的机构背离了"普通的植物学大众"，并嘲笑他们的庞大收藏为无用之物。

如此，许多新世代的科学家们不仅成为了一心一意的专业主义者，也成为了激进的反业余主义者；他们在对自然的研究中选择了一种禅房式的生存方式，坚守在他们的显微镜上，窝在他们的实验室中。如此一来，他们在许多年中霸占了田野研究所急需的学理活性，久而久之，随着博物学的发展，这一做法开始伴随着某种慢性的机理伤害，这一伤害十分严重，但又基本不知不觉。

在所有这些情况的发酵之下，巴宾顿和牛顿——安逸地待在各自的剑桥主任的位子上，这两位老朋友都是坚定的保守主义者，都是自小热爱博物学，也碰巧都成为了大学教师——始终不动声色，并拒绝闷闷不乐，他们对博物学界整体采取了一种高高挂起的态度。在某种意义上，他们的做法是对的：新的科学几乎尚未给枯燥的田野工作者们带来任何东西。而今天，透过后见之明，一些人甚至会说，19世纪最后几十年大量的实验室工作，多数都是死路一条，一直到1900年，遗传学的到来才将生物学从这一状况中解救了出来。果真如此的话，当时的博物学学生感到自己像是住在死巷中的乡巴佬，这一点也就更加讽刺了。

相对于巴宾顿，牛顿的思想更开放一些，他也更加通达。他曾在1888年写道：

> 我满怀兴趣地见证了形态学的崛起和发展，这种兴趣就像一位瘸子在观看滑冰派对或板球比赛一样，哪怕他无法亲身参与到那愉悦中去；我太老了，没法再上学，即便在我最优秀的学生的指导下也不行了，而新的生物学教育必须从头开始。

这些文字发表数月后，巴宾顿也给自己的情感找了一个出口——剑桥雷俱乐部（Cambridge Ray Club）的一场会议——他显得更为哀怨，更像一位受伤的父母：

> 在现今的大学生或学士中，很难找到一个人，知道或想要知道不同植物之间的差别，或怎么科学地去辨别昆虫。和很多人一样，我也对这样的状况感到十分悲哀。我知道，在我们中间，依然有大量被称为植物学的内容在传授着，这是极好的；但这些内容并非通常在大学之外被称为博物学的内容，它并不会带来哪怕关于最常见植物的实用知识。它其实是植物生理学，也理应这么称呼。这是很重要的学科，但并不传授关于植物的知识。

实际上，巴宾顿的士气更加消沉；因为除了被大批植物学学生（转向了瓦因斯教授的新方法）抛弃以外，医学生要接受植物学考试的规定也被废除了。如此，其课堂的出席人数大幅下滑。

不过，对于多数博物学家而言，这些事情并未让他们特别忧虑。他们与新的生物学专业世界没有多少（或完全没有）联系，他们对于所有侵蚀和刺耳的声音也基本上不知不觉。达尔文的伟大工作远没有吓到他们，也未能激励他们迈开新的步伐，仅仅是强化了他们对于传统要务的依附。在他们看来，自己所在土地上的动植物依然提供着充足的兴奋源，在未来相当长的一段时期内，还有大量简单直接的记录工作等待他们埋头其中。

不过，他们也开始以自身的方式向更深处迈进。英伦列岛的偏远地带、一些无人涉足的区域或先前被忽略的区域——过去的世代更聚焦于触手可及的地方——终于受到了应得的关注。

这些十分必要的工作中，有很大一部分落到了职业采集者头上。有些采集者为自己工作，通过销售采集到的标本为生；另一些直接受雇于富人或学问机构，如爱丁堡植物学协会。有些情况下，有人甚至同时为几方雇主工作，还有一些私人藏家会将手中的资源汇拢起来，以订购的方式，共同派遣人员进入野外采集，等他们返回后，将手中的猎物按比例分成几份，交给订购的人士。（这一巧妙安排——共同采集——和交换俱乐部的想法一样，显然直接借鉴自日常的商业活动。路易德应该是最早实施该做法的人，时间约在 1700 年。至今，该方法仍广泛应用于园艺和考古学领域。）总体来看，职业采集行业是一门诚信的行业，可追溯至 17 世纪，当时，一位内战老兵托马斯·维尔赛尔（Thomas Willisel）曾为克里斯托弗·梅雷工作，之后又为皇家协会工作。但是，即便在最佳时期，它也一定是不太安全的，只适合独行者，或身强体壮者。

这些远途探险的主要成果是，人们发现了许多新的地方形态和不同的地理学物种（geographical races）。这就导致得到命名的亚种和变种的数量激增，最终，动物学家转而采纳了三词命名法（有些物种的地方版本差别够大，应当给予命名，但显然又不够重要，不足以动用传统的双名法命名）。至少在鸟类学家中间，这方面起初争议巨大。有人不赞成大量创造新的名称；有人只是觉得整个效果非常荒唐。据称，埃布尔·查普曼（Abel Chapman）在了解到哈特尔特（Hartert）为英国喜鹊（British Magpie）打造了一系列作为正确名字的称号后大为光火："皮卡皮卡皮卡（pica pica pica）！简直像在叫家里的女佣！"最终，也正是因为此事，他辞去了他在英国鸟类学家联盟（British Ornithologists'

Union）中的职务。

这一时期的另一项巨大突破——对熟悉区域的二次探索——带来了更多新名字。如今是时候对这些区域展开一次远为关键的跟进调查了，而这些工作尤其适合于当时大量涌现的一类博物学家。他们都是些搁浅之人——志愿或非志愿的隐士们、乡村地区的圣公会牧师和医生们。他们都受过大学教育，但出于神职或工作职责，大部分的人生都扎根在了一个小地方。这些人，如果碰巧又是博物学家，就会尽可能地汇集一份关于所在教区、区域或郡县的植物或鸟类的详尽完整的资料，这会成为他们的一项挑战，甚至是自然而然的条件反射。相应地，19 世纪下半叶作为一段杰出的时期，涌现出了大量的地方植物志和鸟类志（出于某种原因，这一风潮很少触及昆虫学领域），当时所达成的全面性与广泛性是今天难以匹敌的，而且，那还是一个印刷费用十分高昂的时代。当然，类似的书卷之前早已存在；但在 1865 年左右，它们突然迎来了一个巨大跨越，不仅表现在记录的数量上，也表现在了相关评述与介绍的水准和范畴之上。它们逐渐从单纯的清单列表转变为了篇幅巨大的学术专著，往往构成了作者毕生经验与思考的最佳浓缩。

密得塞斯当选了这方面的试验场，并同时覆盖了植物学和鸟类学：这是一座大小适中的郡县，而且从伦敦前往最为方便。詹姆斯·埃德蒙·哈廷（J. E. Harting）的《米德尔塞克斯的鸟类》（Birds of Middlesex，1866）只比那部更厚重的《米德尔塞克斯植物志》（Flora of Middlesex）早出版了三年，后者的作者是两位二十多岁的年轻人，亨利·特里曼（Henry Trimen）和 W.T. 戴尔（W. T. Dyer，日后成为了威廉·西塞尔顿－戴尔爵士，并当选了邱园的总监），但很大程度上，它显然也归功于 W.W. 纽博尔德牧师（Rev. W. W. Newbould）的辛勤工作，后者是一位优秀的学者，但异常谦逊，不求闻达。与哈廷的书大致同期面世的还有 H. 史蒂文森（H. Stevenson）和 T. 索思韦尔（T. Southwell）的《诺福克的鸟类》（*Birds of Norfolk*），以及紧随其后的亚历山大·克拉克·肯尼迪（Alexander Clark Kennedy）的《伯克郡和白金汉郡的鸟类》（*Birds of Berkshire and Buckinghamshire*），值得一提的是，这也是第一本配照片的鸟类书籍（只有四副填充标本的照片，算不上开天辟地），另外，作者的年纪也非常醒目——年仅 16 岁，还是伊顿公学的学生。

此类汇编的出版发挥了很多有益的作用。通过告诫人们什么是常见的，什么是珍稀的，让有趣的发现不再凭空流逝，让无趣的内容不再浪费印刷版面，同时，种种新事物也不会在未经检验的情况下就被宣传或接受。它能将人们的注意力导向没有得到足够研究的物种和区域，使后来者的辛劳具有建设性，避免重复前人的工作。它为一门学科或一个地区的新来者指明了工作方向。它往往能让临近的爱好者们建立起联系——但一般只有信件往来，因为在那些交通状况糟糕或没有交通可言的时代，植物志和动物志往往是由一些基本与世隔绝的工作者们汇编起来的，他们会从便利的火车站向外围徒步行走数英里的距离，或搭乘以小时出租的小马车周游四野。现代的团队式合作（配备委员会和记录档案的小组）在今天发挥着重大的教育作用，但在当年尚不存在。

即便如此，对许多人来说，仅记下地点不足以匹配他们的能力和精力。他们想做一些更复杂的事。于是，他们开始对一些相近的条目进行精细区分——其中许多（以植物为例）都是反常繁殖机制的结果，制造出了大量十分独特的、自我持续的种系——或者针对区别更明显的物种，寻找更细微的变种（但很少进行培育实验，呜呼）。这两种做法均有一定的科学价值，哪怕只是为之后更细致的专业研究提供指示，或是为厘清更小区域的地理相近性（geographical affinities）提供宝贵的原始数据（关于这些小区域，一些较早确立出的分布模式更加宽泛，对我们没有太多帮助）。

此类工作虽然能满足无止境的辛劳，但也有其危险之处。要掌握这些特别复杂的群组，需要投入非凡的时间与耐心，这会让他们完全陷在研究之中。这样一来，许多最优秀的田野人才就长久被导向了大体私人性质的要务之中，而这样的要务有多少科学价值则不好说。而且，非专业人士由于缺乏必要的内行眼光，难以察觉出专家所仰仗的微妙分别，因此，他们往往很快就不再认可自己坚持记述的大量条目的价值。新的创造所呈现出的多样性——在一些类属中，如悬钩子和山柳菊，有数以百计——似乎构成了一个积极的挑衅：这是对此前自然中呈现出的讨喜的整洁模式的恼人的背离（这一情绪也导致了对于棘手的杂交物种的过度偏见）。（尤其是）植物学分裂为了两个长期交战的阵营，合并派（lumpers）和拆分派（splitter）——这场争论虽然主要建立在错误的前提和挥之不去的刻板之上，但却一直延续至今。

也有一些收藏家出于科学以外的原因推崇"拆分派"和变种。他们对于原始材料的爱好同集邮人士的爱好没什么两样。集邮人士非常看重错版。同样，这些藏家——多数都是昆虫学家——也尤其珍视畸形的变种。他们在购买、出售和交换标本时，毫不在意它们的自然语境，也不会费心假装是亲自从旷野中采集来的。

如集邮爱好者一样，一些人甚至会摘掉蝴蝶的翅膀，夹在集邮册中（在身体部分绘画），或是以有趣的方式排列它们，然后挂在墙上。就像"羊齿植物肖像画"、雕刻鸟蛋及绘图贝壳一样，它们不知不觉成了维多利亚客厅中的装饰性小摆设，加入了玻璃穹顶下方的填充鸟类和蜡制水果的行列，成为力比多的木乃伊，用于修饰那种扭曲的、以蕾丝贴边的体面。

这方面的巨大需求渐渐催生出了商业化的泛滥，并伴随着一层明显不道德的光环。此时，在标本剥制师和一小群专门提供博物学设备的供应商外，又出现了一类新的人群：博物商人，他们是狡黠的中间人，他们的店铺成为了一类新顾客的胜地，即死昆虫的收藏者、购买成套植物蜡叶标本的有钱人（如亨利·菲尔丁（Henry Fielding）和查尔斯·贝利（Charles Bailey），贪得无厌的收藏欲迫使他们不得不多买一处房产，只为存放庞大的收藏），以及所有对于他人的研究与田野专长的成果进行汇编和再汇编之人。1877 年，一位作者曾在《昆虫学家》（Entomologist）上发出谴责，"这些收藏对我们毫无益处：它们被打散、出售，再被他人以同样的目的进行分配和使用，他们乐于把握机会'倍增他们的收藏系列'"。他或许还可以补充一句，更糟的是，那些易手的标本往往没有标记捕捉地点——即便标记了，可信度也不高——因此，就算它们本来有什么科学价值，如此一来，也就完全抵消了。

欺诈兴旺于蒙昧之中。在伦敦博物学家集中的区域——大罗素街（Great Russell Street）周边的拍卖屋中，"珍稀"飞蛾或鸟皮的价格可以达到离奇的数英镑之高，而仅凭卖家一面之词，一些据称出自英国的自制标本总能享受到很高的溢价。即便卖家完全诚实以对，但由于标本往往几经易手，这些说法很少是绝对可靠的。有些卖家则相当滑头，他们甚至会从法国或德国进口大量廉价昆虫，宣称是在英国捕获的。轻信的藏家们会爽快买下，随后则会对成百上千的其他藏品投下长久的疑虑。有时，藏家们也会谎话连篇，宣称在此前没有发现的区域找到或捉到了变种，借此赢取一些廉价的声望，同时提升手中标本的商业价值。1880 年就有一个这样的人在一场学术会议上展示了一只柳紫闪蛱蝶（*Apatura ilia*，紫色帝王蝶的一种少见的近亲），他宣称是上年七月在米德尔塞克斯郡亲自捕获的。实际上，仔细检视后便可发现，该标本已经有一定的年份，且已经钉过两次。最后，最为不耻的是，如 H.G. 耐格斯在其《鳞翅目昆虫学家指南》（*Lepidopterist's Guide*）中所述，甚至有：

> 一些巧妙的欺骗，或可称之为死后变种，一些嫉妒他人的无耻卑鄙之徒常常沉湎于此……这些山寨变种，甚至山寨珍稀物种的做法——通过画刷和荒废的才华，大量制造双性蛾，用藏红花等染色剂进行拙劣的人工染色，将绿色变为橙色，或通过强光或硫、氯的烟雾进行漂白。

这些年，研究的精微度持续提升，从而促成了更高程度的专业化。由此而来的一项成果是，又有一批全国性专业协会被孵化出来。鸟类学是个中典型，它开始自觉其不只是动物学的一个分支。每周日下午，牛顿都在其位于马格达伦学院的住房中举办一场备受推崇的聚会，而在 1858 年 11 月，这一聚会终于孕育出了成立英国鸟类学家联盟的方案——其主旨之一就是出版一份完全致力于鸟类的期刊。于是，《鹮》（*Ibis*）（出刊至今）应运而生，而且短短数月便羽翼丰满。

英国鸟类学家联盟刚创立不到一个月，地质学家协会（Geologists' Association）也在伦敦宣告成立。"旨在将地质学放在那个庞大阶层手中，他们没有足够的时间或金钱全面掌握这门学科，无法成为伦敦地质学协会（Geoiogical Society of London）的高级会员"，这是第一家正式在全国范围运营的田野协会，虽然有一些伦敦的协会也组织过田野远行，但一直是散乱无章的。这种对于野外的重视，及其对于非正式和低成本的强烈暗示，都反映出了一个事实——最初在大奥尔蒙德街（Great Ormond Street）的工人学院（Working Men's College）相聚的创始人们，迥异于英国鸟类学家联盟的创始人们，后者们多出身于地主阶级。

鸟类学在博物学的主要分支中十分独特，长期以来一直被视为狩猎运动的一种延伸，这也让鸟类学收获了狩猎所享有的氛围以及很高的社会地位。这一点在某些层面上看虽是优势，但也并非没有危险——社会层面的排外会导致科学层面的排外，从而会将鸟类学学生与博物学整体隔绝开来。相应地，在英国鸟类学家联盟的创始核心中，除一人外，其余全是与其他分支无明确联系的鸟类学家——这是很不好的预兆。

此时，过去的一些社会统一性的破裂已不可避免，因为知识的累积迫使人们进行专业上的分工，而不管他们的真正意愿如何。从此以后，全才之所以越来越引人注目，正是因为他们的数量迅速减少。

不幸的是，这一碎片化正好发生在一个没有任何分支能脱颖而出、引领整门学科向前推进的时代。鸟类学尚未开始受到非同寻常的欢迎；在吸引力上，植物学和昆虫学依然与鸟类学不相上下，且都止步不前；过去的领导者地质学已失去动能，甚至显出败退的迹象。

关于人们对地质学的兴趣消退，可以给出各种各样的理由。进化论的亮相颠覆了它过去意气风发的先锋色彩；往昔之感则被崛起中的更人性化的考古学篡夺；史前巨兽耗尽了其最初的恐怖吓人的效果。更突出的是，系统的分布研究的主要任务——其他领域的大量业余人士仍欢快地忙碌了许多年——也被政府长期雇佣的专业人士抢走，并开始展现出无与伦比的全面性。而且，这门学科的学问进步尤其巨大，普通收藏者们日益感到力不从心。到1886年，据估算，单是英国已知的化石物种就不下19000种。地质学家协会的主席曾抱怨，"除了专家以外，谁还敢为一种菊石和腕足动物起一个现代的专有名称呢？它们的名称太多了，同义词也在与日俱增。"

和其他领域一样，这方面的业余人士也开始陷入消沉。对许多人而言，甚至传统活动也开始令人生厌。一切迹象都表明，分类学已风光不再。乡村地区似乎已得到了全面而彻底的探索。一切都已完成：眼下似乎已无事可做，只能干坐着唉声叹气，或是和专业人士一起离开田野，走进实验室。

这种普遍的元气丧失也回响在另一些更令人讶异的领域。19世纪80年代，大名鼎鼎的开尔文勋爵（Lord Kelvin）曾发出著名的哀叹——物理学上已无新事物等待发掘，所剩无几的任务就是通过某些测量手段来调校最后一位的小数点。这样的观点只会源于一种错误的眼界，源于对维多利亚时代在拓展可见世界边界所取得的卓越成功的过度聚焦，以及源于某种文化上的自命不凡。

即便如此，仍有些情况不太对劲。博物学似乎淹没在了价值可疑的海量数据之下。而典型的地方工作者们已经陷入了——用格兰特·艾伦（Grant Allen）写于1901年的失望之语来说——"细分重要物种的狂欢之中，比如，当他们发现某种蝴蝶翅膀上一个新的小点，或某种常规繁缕或蠼螋的微不足道的变体，就视之为至高荣耀，并以自己的名字为之命名。"关于爱尔兰，他也写道："如今，每一个偏僻的角落都经过了动物学和植物学层面的探索，而一切珍稀动植物物种的产地也都得到了准确记录。"这当然言过其实了，但在当时的状况下或许情有可原。大概只有刺耳的挑衅，才能让多数博物学家从他们令人生气的麻木中摆脱出来。

不过，虽然格兰特·艾伦的意愿很好，但面对这一僵局，他在多年中所追求和传播的却是一种不成熟的化解方案。作为当时一位重要的教授，指出"如果不能认可形态学、生理学、胚胎学、古生物学的方法和结果的话，便不可能存在稳定而进步的博物学"是很容易的。困难的则是如何实现这一点——那些接受新教程教育的专业人士基本都拒绝同业余人士接触，而业余人士即便洗耳恭听，往往也理解不了。直到非常晚期的 1914 年，当这两方人士相遇时，普遍的情形依然是完全互不理解——如果当年昆虫学协会的一场会议记录（出自一位笔名为"巴贝利翁（Barbellion）"的会员和文人之手）有参考价值的话：

> 这完全是科学成就不凡的波尔顿（Poulton）教授的个人演出，他在会上发出一种尖利的咆哮，一定吓坏了某些在乡村采集蝴蝶和飞蛾的胆怯、谦逊之士。他就像只凶猛的牧羊犬，起身咆哮着"孟德尔性状"、"种质"，顺从的"羊群们"则聚拢着，发出凄楚的喝彩。我猜他们在这些聚会上一定听多了杰出人士吐出的此类词汇，他们已经习惯了视之为一种礼仪符号，认为自己应当毫无保留地接受它们，这样才是虔诚的表现。

最终，对于新的生物学和旧的博物学的强力焊接，被证明是徒劳无益和不着边际的。真正的桥梁研究需要更多的时间，以从这两边自发地吸收信徒。博物学这样的学科总是依照自身的庄重步伐向前迈进。

有些感知力非凡之人，甚至在这些早期年份中，就把握到了这个基本真相。他们察觉到，那个方针与他们的研究并不十分相符，他们还感到，所有人都在敦促他们踏上的那个征程——全面转向新生物学的目标和方法——是危险而轻率的，而且长期来看，无法带来令人满意的答案。其中一位，微真菌专家威廉·拜沃特·格罗夫（W. B. Grove），曾在《英格兰中部地区的博物学家》（*Midland Naturalist*）中写道：

田野博物学家的光环已经褪去。生物学家或生理学家成为了时下的英雄，他们带着无限的轻蔑之情，居高临下地张望那些依然满足于搜寻标本的不幸生命。这不过是钟摆的摇摆带来的一时风尚而已，而和许多其他的风尚一样，也是"德国制造"。很快，不可避免的回荡就会到来；但是，至少可以说，生物学家将怒火朝向可怜的往昔搜寻者，绝对是忘恩负义的，这些搜寻者就算一无是处，至少为理论家们的空中楼阁奠定了根基。因为，没有了原始材料，就像没有了蛛丝的蜘蛛一样，橱柜博物学家们无法推进手中的类属。这样的奖赏属于那些脚踏实地的，一小时又一小时地耐心翻检枯枝败叶的人们，或那些用毕生的白昼穿越森林与田野，并在夜里返回书房研究猎物的人们。当然，实验室里的观察也有其正确与正当性，但一个在实验室里构建出的世界，与田野博物学家不断在眼前揭示出的光辉世界之间，并无多少相似之处。请解放我的灵魂。[①]

真希望格罗夫能知道，他们曾经艰难探索的前进道路已经打通。

---

① 原文是拉丁文，*liberavi animam meam*。

图 1　此图为 18 世纪 60 年代的昆虫采集活动。摩西·哈里斯《鳞翅目昆虫学家》
（*The Aurelian*，1765）里的手绘卷首插图。

图2 威廉·巴克兰打扮得像个冰河学者，出自阿奇博尔德·盖基爵士（Sir Archibald Geikie）的《罗德里克·麦奇生爵士的一生》（*Life of Sir R. I. Murchison*，1875）。

图3 时尚的贪婪，出自《笨拙》（*Punch*），1892年5月号。

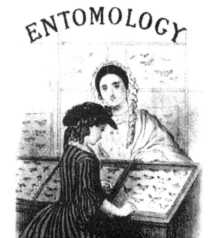

图 4　儿童游戏纸牌，约 1843 年。

图 5 "海岸上的女妖"。

图 6 "采集羊齿植物"，出自《伦敦新闻画报》（*Illustrated London News*），1871 年 7 月号。

图 7　利物浦博物学家田野俱乐部（Liverpool Naturalists' Field Club）的一次远行活动，1860 年。

图 8　伦敦林奈学会首次接纳女性高级会员，1905 年。由皇家艺术研究院的詹姆斯·桑特（James Sant）绘制。

图 9　不列颠蕨类植物学协会（British Pteridological Society）的年度远行活动的
会员们，1900 年。

图 10　照相枪，出自《大自然》(*Le Nature*)，1882 年。

图 11　在环境困难状况下的鸟类摄影，出自 R. 基尔顿（R. Kearton）的《家中的野生动物》（*Wild Life at Home*），1899 年。

图 12　乔治·克拉里奇·德鲁斯（图中站立者）与阿什莫尔博物学协会的成员们，1904 年。

图 13　自然课，1923 年。

第十章

分散的努力

19 世纪 80 年代初期的夏天，穿行在伦敦至布里斯托尔的马路上的旅行者可能会看到一个男孩，骑着一辆大小轮的自行车，一直紧盯着路旁的树篱。

如果这位旅行者是位博物学家，他可能足够敏锐，能从这个引人注目的孩子身上看出不寻常的多重征兆。因为不仅这个男孩的车辆，还包括其出行的目的——搜寻鸟类（再或者比如说，蝴蝶，或化石），而且，他更喜欢观察它们，而非射杀它们——大概都会让那位旅行者窥见一种伴随着 19 世纪的终结、即将发生在这门学科身上的巨大变化。如果他还能知道这个少年的身份，并能想象他的未来，那么，他可能也会捕捉到一个关键线索，指向一个即将浮现的模式。因为这名少年即阿尔弗雷德·哈姆斯沃思（Alfred Harmsworth），日后的诺思克利夫勋爵（Lord

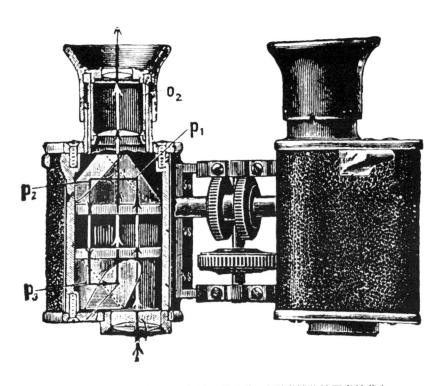

田野望远镜，出自 1917 年的一份广告。（科学博物馆图书馆藏）

Northcliffe），他将通过自己对于新的"黄色"媒体的主导，成为未来世代重要的品味仲裁人。

虽然少有人察觉，但此时是一个动荡时期的前奏。维多利亚时代博物学的漫长盛夏可能导致了决心的萎靡，但这种倦怠的外表是欺骗性的。水面之下隐藏着被压抑的激烈能量，很快就要喷薄而出。

这样的情况不只限于这一门学科中。这是整个社会都感到沮丧的一段时期。经济萧条熄灭了生机勃勃的乐观主义；19世纪60年代晚期的激进憧憬也已基本破灭；连海外的冒险活动也一反常态地缺少火花，一场高度预期的战争也未能如期开打。所有即将在19世纪末和下世纪初喷涌而出的纷繁的新涡流——歇斯底里的民族主义、咄咄逼人的妇女选举权、激化的政治分歧和社会意识——（可以说）都陷入了旷日持久的堵塞。民众已迫不及待要（几乎是）为了行动而行动；在这样的情况下，当时机到来时，他们便会表现得异常狂热，而且往往漫无目的，这一点并不奇怪。

所有这些都反映在了博物学中。这些年里，人们对于博物学的发展方向缺乏基本的共识，虽然大家普遍相信，一种根本性的转变是必要和迫切的。在这种情况下，人们只能跟随自己的直觉行事。于是便开启了形形色色的独立革命，每支队伍都带来了一道医治当前病症的药房。这种竞争态势仅仅加剧了各方对于自身解决方案的固执，同时也为一些主导人物的活动注入了一种额外的刺激。

在所有这些革命军中，影响最深远的一支直接颠覆了先前的收藏传统。此即保护主义（Protection）背后的驱动力量，日后成长为了群众基础远为广泛的保护主义运动（Conservation）。此事的原委过于复杂冗长，我们只能简单讲一下它的整体风貌。

　　首先，它的历史已经相当久远。19 世纪初，人道主义热潮兴起，奴隶贸易被废除，牛斗狗和斗鸡活动均非法化，并催生出了一家防止虐待动物协会（Society for the Prevention of Cruelty to Animals）。虽然这项特定风潮丝毫没有触及博物学领域，但它显然对于大量博物学家的良知产生了一定的影响。后来，随着贵格会信徒和主要的福音派信徒对这门学科的关注，这一情况又得到了大大强化。1813 年，从南美旅程中返回后，查尔斯·沃特顿"承受了苦难，学到了慈悲"，开始将其位于约克郡的庄园转变为一座野生鸟类的保护区①。很快，一两位同样热爱博物学的乡绅也效仿了他的做法，禁止狩猎，并搭设起人工的鸟巢。相对简陋的案例可追溯至很久以前。海鸥群落因为非常醒目，而成为了特别的受益方。早在 19 世纪 20 年代，地方博物学家就曾公开抗议弗兰伯勒角（Flamborough Head）的三趾鸥例行捕杀，而在霍利黑德附近的南斯塔克，在 1808 年后的灯塔建造期间，至少颁布过暂时的对猎杀和侵害的禁令，后来，海鸥们也开始回巢繁衍，"仿佛知道自己受到了保护似的"。

　　而进步的一大障碍在于，有大量博物学家同时也是狩猎爱好者。长期以来，像亚雷尔——虽然曾是当时最优秀的猎手之一，却在 1826 年皈依博物学后，彻底放弃了枪支——这样的人只是例外。另一个问题是，人们普遍认为，要明确鉴别一只鸟，就得把它打下来，但如前文所述，那些使用"掩体"和双筒望远镜的先驱们已经证实了这不过是一种谬见。但很久以来，源于专业化的掠夺行为，博物学家一直是一些最严重的伤害行为的始作俑者。在很晚期的 1870 年，当有人报告在塔姆沃思捕到了鱼鹰时，一位地方博物学协会的会员曾明确表达遗憾，"应该

---

① 这里的英文是"sanctuary"一词，原意为"圣所"，引申为保护区，后文有进一步提到这一用词的演变。

放了它的"。

　　转折点在 19 世纪 60 年代中期到来。直接起因在于，最新的女帽时尚带来的破坏程度终于让人们忍无可忍——当时，女性喜欢在帽子上编进许多野生鸟类的翎羽，特别是海鸥一类。讽刺的是，就女性在对抗它的过程中发挥的重要作用来看，这一风潮似乎是对于处在爆发边缘的女权运动的汹涌沮丧情绪的一种隐晦呼应。在不知疲倦的手册作家弗朗西斯·奥彭·莫里斯牧师领导的猛烈炮火下，在牛顿教授的支持下，国会终于在仓促之间，通过了首个关于野生动植物的立法。（约克郡海鸟保护协会（Yorkshire Association for the Protection of Sea Birds）专门为此而成立，这也是英国——或许也是全世界——第一家野生动物保护机构。）

　　然而，和后期的司法举措一样，这次的立法到头来也是竹篮打水一场空。几乎无人对其有丝毫的留意，也几乎无法对相关行为定罪。而需要司法援助的绝不只是海鸟。所有其他物种也都受到了人类不间断的恶性滋扰，有些已完全灭绝。这些滋扰不仅指那些用枪猎杀它们的人，也包括活捉它们的人，不管是为了满足口腹之欲还是送去花鸟市场，此外，也包括那些收集或食用鸟蛋的人。理论上，1880 年的野生鸟类保护法案（Wild Birds Protection Act）延伸了法律边界，覆盖了多数此类行为，但真正执行起来同样非常困难。

　　在之后的十年，此项事业终于迎来了一家有一定实力的机构。直接的触发源依然是羽毛，美国人当时已经戏称之为"羽毛战"（Feather Fight）。敌人一目了然，即羽毛商和女帽商；一件黑白分明的事则帮助燃起了人们的情绪。同时，在这段时期，越来越多的民众开始热衷于抗议一些事情。他们的努力到底为广泛的保护运动提供了多少帮助，这一点并不明确，但是，大量支持者的涌入对于激发大规模的公共意见十分必要，这是鸟类学的小世界所无法比拟的。新的废除主义者们（abolitionists）表现得就像是英国博物学的救世军，他们喜欢大肆鼓吹，常常不着边际，从而将影响力渗透到了一些通过保守做法永远无法触及的群体之中。

或许更重要的是，他们也成功巩固了保护主义的阵线。1885年，几乎与美国的奥杜邦学会（Audubon Society）同期，英国成立了羽毛社（Plumage League）和塞尔彭社（Selborne League），很快这两股力量便联合了起来。1889年，一个位于克罗伊登的小型女性团体开始组织例行茶会，自称皮·翅·羽之家（Fur, Fin and Feather Folk），她们誓言要"避免佩戴任何因非食肉目的杀掉的鸟类羽毛，鸵鸟除外"。她们乐观地期望，会有足够多的女性附和这一承诺，让装饰羽毛的生意变得无利可图。从这个看似不可能的小机构中，孕育出了鸟类保护协会（Society for Protection of Birds，1904年后又加上了"皇家"二字）。那项誓言的火炬也传递了下去，两便士的低廉会费让会员数量猛增，协会成立的第一年就吸纳了逾5000位会员。其中无一例外全是女性。与其姐妹机构一样，皇家鸟类保护协会也从一开始就有意将男性排除在外，仅仅屈尊式地收他们为"荣誉合作者"，这也是对多年来许多大型学术协会对于女性的屈辱排斥的甜蜜复仇。

而那些协会长期将女性排除在外（鸟类学家联盟是这方面最重要的一家协会，截至1909年，一直固执地拒收女性会员）也的确发挥了一项重大的影响。由于多数现存的协会都处于保护主义活动的主流之外，因此，保护主义活动并未接收到前者所能注入的科学资源，这一点反而让那些反羽毛机构成为了更好的情绪温床。由于太过沉迷于宣传，皇家鸟类保护协会一直拖到1902年，才成立了一个观鸟者委员会

（Watchers' Committee），开始认真购买和监管保护区。此时，在大西洋彼岸，同样的机构奥杜邦学会已经取得了更多进展，并展现出了更火暴的美式作风——已有三名看守死在了恼怒的猎羽者的枪下。

与皇家鸟类保护协会自身一样，购买土地并将之变为自然保护区的理念也是 19 世纪 80 年代的产物。尽管沃特顿多年前就提出了一项广为宣传的倡议，但直到 1888 年，布雷顿野生鸟类保护协会（Breydon Wild Birds Protection Society）才将这一重要创新付诸实践——购买了诺福克湖区（Norfolk Broads）一块最精良的土地，这里拥有广阔的视野，便于对鸟类的守护。这种从私人庄园主的个人行为向非营利性的集体行动的飞跃，已经比初看上去远为巨大了。实际上，它的主要启发并不源于博物学世界，而是源于与之结盟又彼此独立的宜居运动（amenity movement）。和保护运动一样，宜居运动也可追溯至 19 世纪 60 年代中期的那段激进时期、公地、开放空间及步道保护协会（Commons, Open Spaces and Footpaths Preservation Society）也于同期成立。这个机构大获成功，可以算是当年的英格兰乡村保护协会（Society for the Protection of Rural England）：它透过无与伦比的游说能力和司法专长，成为了其他各色志愿行动天然的协调者。在对埃平森林（Epping Forest）、汉普特斯西斯公园（Hampstead Heath）等若干处主要伦敦公地的拯救方面，它都居功至伟，为此，所有后世者都应对其感念于心。

宜居运动之所以能获得这样的势能，就在于它是从一众独立的推动力量中涌现出来的，这些力量合在一起发挥出了巨大的能量。第一股力量即那个直截了当的休闲观念：自然是必要的治疗与抚慰的药剂，像音乐一样"充满魅力"。当时，人们对于英国城市的肮脏和污秽产生了根深蒂固的厌恶，从而增强了这一紧迫性。其次，保护已经刻不容缓。

1845 年，臭名昭著的圈地法案（General Inclosure Act）通过后，侵占情况不断加剧，侵占步伐也愈演愈烈。由此催生出了两股力量，一方面保护珍稀物种，避免它们的灭绝；一方面守护历史场所和历史建筑。第三场动机是悠久的圣所（sanctuary）[1]诱惑：圣所即小片特别隔开的区域，不容破坏。"Sanctuary"（圣所）与 sanctity（神圣）同源，是一个很有感染力的词，具有一种神圣和私密的意象。"保护区"（Reserve）一词则更为中性，有一种理智的经济学的感觉，直到相对后期才取代了圣所一词。第四点与上一点关联密切，即一种半神秘性的"野性"概念。这基本上是一种美式定位——可以理解，因为那座大洲充满真正的野性，而非现代主义者的错觉。它依托在一种信念之上，即在田园般的、未被污染的内陆地区，存在某种不可思议的内在美德：这是一个先验式的观念，很可能源于柯勒律治，并经由爱默生传承了下来。保护区的概念最早可追溯至 1833 年，当时，乔治·卡特林（George Catlin）在纽约报纸上倡议辟出一些未开发的荒野地带，作为国家公园，并由州政府加以保护。

　　除了这些基本动机以外——相对来说只是唯物主义者的后见之明——还有一些关于保护不可替代的自然资源的经济学和科学层面的推手，目的是灌输更好的土地使用方法，并打造出露天的实验室。这些观点被表达在了一部重要作品——乔治·珀金斯·马尔斯（G. P. Marsh）的《人与自然》（*Man and Nature*）中，而或许由于这本书直到 1864 年才在英国出版，并且没有产生什么影响，因此很遗憾，其中对于各种态度（日后被我们视为"保护主义"）的更清醒的表达，对于英式思维只发挥

---

[1] 这里的圣所即保护区，见前文 260 页注释。

了姗姗来迟的影响，于是，在这一雏形时期，那些思想并未纳入在我们意识形态的熔炉之中。

另外，还有一种新的哲学教义也成长并兴旺了起来，该一教义与上面那些理念并存，但又独立于它们，这就是活力论（Vitalism）。这一教义主要成长于进化论大获全胜后留下的正统信仰的废墟之中，但是本质上，其源头是前达尔文时代的。活力论者拒绝那种无望的悲观主义观念，拒绝只看到进化论严酷的"北国"一面——不可避免的、可怕的生存竞争，"张牙舞爪"的无情自然——他们选择在其和煦的"南国"构建出积极乐观的信条。和伯格森一起，他们相信存在至高无上的创造性的生命之流（Vital Spirit），他们相信在一切生命粒子中，都内在着一种"跃动"（insurgence）品质，只要对这一品质加以利用，一个有机物便可超越一切限制和一切压制。这就引向了一个信念，即一切生命都应得到同样的尊重。达尔文主义已经带来一项根本洞察，即人类只是其中一个生物物种：在自然中、并属于自然，而非在自然之上或自然之外。因此，现在来看，在任何情况下，以任何形式，肆意伤害生命，在伦理上都是错误的——这一信念将产生深远的影响。

而且，如查尔斯·金斯利特别主张的，相比群众中流行的乏味而机械的诠释而言，它为那些愿意去观看自然活动（workings of nature）的人们带来了一种更有希望的诠释。自然中的一切事物，如金斯利说的那些，都要仰仗于别的事物：合作（而非竞争）是主导法则。这也正是罗斯金常说的基本的帮助法则（Law of Help），对此，他的最佳表述出现在其《现代画家》（*Modern Painters*，1860）的第五卷中："令植物的不同部分相互帮助的力量，我们称之为生命……于是，生命的强度也就是帮助的强度——这是一种每个部分都相互依赖的完整性。"这一理念也得到了威廉·莫里斯（William Morris）等多人的重申，它构成了生态学（1866 年，德国动物学家恩斯特·海克尔［Ernst Haeckel］最早使用了这个词语）以及动物和昆虫的社会行为学背后的兴趣基础。

在 19 世纪晚期和 20 世纪早期，许多社会和教育改革运动的背后都有活力论哲学的踪影。它启发了一些影响很大的思想家和教育者，包括帕特里克·格迪斯（Patrick Geddes）和约翰·阿瑟·汤姆森（J. Arthur Thomson），两人合著了一本名字很简单的书——《生命》(Life)。它甚至也有其自身的极端分子，这或许是不可避免的。

其中最重要的一位是亨利·索尔特（Henry Salt）。他曾是伊顿公学的老师，后来变成了一位想法颇多的全职活动家——他自称为"一位涉足所有主义的主义者"。索尔特每次都会采取一种极端立场，把事情搞得一塌糊涂，到头来，他仅仅成功营造出了一种荒诞形象。比如，一般的活动家都满足于呼吁终止对野生动物的肆意破坏，索尔特的方案则是素食主义和禁止一切皮毛制品。《与野蛮人生活七十年》(Seventy Years among Savages)——对英国食肉者掷地有声的谴责——便是其典型的不知节制的产物。相对来看，《动物权利》(Animals' Rights)凭借启示性的时髦标题，或许为他吸收到了更多追随者。

就算索尔特及其同类只是活力论的可疑同盟，这门哲学对于保护事业的总体贡献依然巨大，甚至至关重要。回顾来看，活力论可被视为这场运动在 19 世纪 80 年代突然涌出的新鲜活力的源泉——尽管在一拥而上的人们中间，很少有人明确意识到自己的启发是源自于它的。

与此同时，它对于整体博物学的影响也同样巨大。这一点特别归功于它为当前的基础教育体系带来的巨大改变。

在活力论所浇灌的所有国家生活领域中，没有哪个比基础教育更迫不及待地需要它来注入活力了。反过来，维多利亚时代中期的典型学校——教学死板、课程枯燥、僵化——也构成了提倡此类信念的人们的一个自然而然的聚焦点。

由于生命是他们的中心考量，生命科学——即新生词汇"生物学"——自然会在他们的教学方案中占据很高的地位。他们感到，所有的孩子在尚未被概念窒息的、海绵般的初始岁月中，都应张大眼睛，注视自然的奇迹。而就算已经存在一些这方面的教学，重点往往也都放在了死东西上面：构建收藏和打造博物馆。当时的博物学实践并不符合它们的原则。

因此，令人大松一口气的是，它们开始从赫胥黎等人数年来倡导的自然流程的知识中看到了可能性，1870 年的教育法案颁布后，赫胥黎们曾向即将前往新式小学上任的千百位教师们大肆传授这些知识。而为了配合青少年的学习能力，这门学科经过了适当稀释后，演变为了一门全新学科，并被有意冠上了一个新名称："自然课"。

根据当代教育家对这一名称的解读和定义，它纯粹只是"与自然的智慧往来"，是"最初的不加区分的全科学阶段"。它专门针对较低年龄段，是正规科学的概括性前奏，其重点是一些可称为解剖学和生理学的课题：幼苗的生长、树液的上升、青蛙的发育等。学生在课堂上观看这些内容，或在专程的漫步活动中，由老师现场指导。不同于传统博物学，这门课程无关于对区域内动植物的持续而系统的探索，无关于对列表清单的记录，甚至无关于各种动植物的概念，因为有如此多不同的物种（教师们会诉诸赫胥黎的"类别"设计）。

起初，这门课的出现靠的只是孤立的倡议。没有标准课程，没有教科书：教师们只能借鉴过去的教材及个人的观察和学问——或复制他人的。

约翰·卢伯克爵士（日后的埃夫伯里勋爵）是他们最爱模仿的一个人，他的大量写作正好呼应了他们最关心的那类课题。卢伯克是一位银行家、国会议员、著作等身的作家、著名的业余研究者以及慈善家（给我们带来了公共假日），他正是发展这样一门课程的理想人选。而如此一来，自然课也就成为了达尔文的孙辈，因为卢伯克童年住在道恩（Downe）时，曾经（如假包换地）就坐在那位伟大科学家的脚边。据载，他曾在 16 岁时为一批赏识他的村民举办过铁线虫的讲座；而且一生都保持着对周围环境、日常情况的特殊兴趣——这也是达尔文的兴趣所在，后者无疑也是他在这方面的部分启蒙源泉。19 世纪 70 年代，在初次开启其激发孩子对自然兴趣的毕生努力时，他所使用的材料异常新颖。他没有像几乎所有前辈那样，告诉孩子们去哪里采集什么，而是为他们展示了显微镜的新奇世界、蚂蚁的群居生活，以及昆虫和花卉的依存关系。到了 1882 年，达尔文去世的那一年，他已经成为英国重要的科普人士。此后，他更加大放异彩，成为了某种"客厅圣人"，向新兴的识字群体推介精彩的书籍，并提供各方面的建议。

1897 年，第一本自然课的教师手册在美国出版（相应的发展也已准备就绪）。两年后，在帕特里克·格迪斯和约翰·阿瑟·汤姆森的努力下，自然课正式进入了苏格兰所有公立学校，次年，它也进入了英格兰的所有公立学校。1902 年夏天，伦敦举办了为期两周的展览和会议，宣告了这一时代的到来，出席者包括学术界的代表人物和几位国会议员。几个月后，伴随热情的提升，中小学自然课联合会（School Nature Study Union）挂牌成立。

从流传下来的大量文献来看，当时存在许多错误认识。有许多变味的理想主义倾注在了这门课程之中；很多人对其大加吹捧，仿佛它是新千年的领路人。这一点是存疑的，如斯坦利·库尔特（Stanley Coulter）就美国的情况所写，"有哪个现代教育运动曾如此这般，因定义而大受阻碍，因材料而大受抑制，因感情用事而大大偏离了轨道。"

其中，感情用事是最糟糕的。但凡在一个别的历史时期，引入这样一门课程基本都会无伤大雅。但此时是 19 世纪末，世俗生活崛起，社会热度奇高，且四处渗透，不可抵挡。孩子们和他们的世界已经淹没在无病呻吟之中，在这样一个大众阅读的新时代，出版商也在竭尽全力迎合他们心中的常规喜好。对于迫切想从人类视角观看动物世界的人们而言，生活史研究尤其成了手到擒来的猎物，很快，拟人论就泛滥开来。巴贝利翁（Barbellion）在 1908 年提出的"减肥狂热"（diatomaniac），他那些"漂漂亮亮的"幻灯片，他在禁酒会（Bands of Hope）举办的"蝴蝶的生命"（The Butterfly's Life）讲座，以及他对生物学家道德腐坏的愤怒指责，都反映了那个时代的典型风气。而《昆虫的生活自述》（*Insect Lives as Told by Themselves*，圣教书会（Religious Tract Society）出版于 1898 年）之类的书籍也显示出，当自然课被推崇为某种辅助《圣经》时，接下来会发生什么。

长期来看，这样的影响是灾难性的。对于自然研究（以及对于博物学家）的扭曲看法流行了起来，其持久伤害不亚于"华兹华斯主义"[①]对诗人和诗歌意象造成的伤害。而让自然课成为学校的必修课程，这一伤害又更进一步。因为这样一来，它就与学校课程致命地关联了起来，更可怕的是，它也与一些面向婴儿的课程，以及一些出于莫名其妙的原因

---

① 华兹华斯，英国浪漫主义诗人，其诗歌理论动摇了英国古典主义诗学。

而不可矫正的可笑课题（如蝌蚪和栗树树枝）关联了起来。

久而久之，这些伤害对博物学产生了巨大影响，一个最明显的体现就是，甚至今天的观鸟风潮仍未完全免于它对青少年的严重"污染"。经过自然课任意而为后，在普通人的心中，"博物学家"的形象已经不再是用锤子敲打岩石，或用透镜观察植物的热忱绅士了，而成为了拿着果酱瓶的邋遢少年。

而或许更糟糕的是，对于自然课是唯一正确的研究方式的宣传，分散和阻碍了将博物学纳入更进步轨道的努力。他们在这种意愿良好但不具批判性的思想中，看到了解决自身困境的方法：那一备受渴求的新动力将为萎靡不振的旧式研究带来一场革命，将其架在一个完全不同的基础之上。当然，他们也以某种混乱的方式，预示了生态学的诞生。他们的错误之处在于，他们寻求暴力应对当前的状况，以为自己可以不顾一切地强力构建出一种学理上的融合。

雪上加霜的是，同时有大量的新式报纸和杂志浮现出来，力争尽可能忠实地呼应那些从中小学毕业的一拨拨孩子们的喜好。自然课也自然受到了人们的广泛关注，它的生命力在这个过程中远远超出了课堂的边界。具有悠久传统的博物学被挤出了视野之外，久而久之，许多民众也开始认为博物学代表着过时的研究方法。

新媒体巨头的模范人物诺思克利夫勋爵则依然保持着少年时期对博物学的热爱，他积极推动这门学科的发展，付出了少有人能比拟的巨大努力。正是在他的私人倡议下，一批集大成的自然科普作家，如亨利·威廉森（Henry Williamson）和威廉·比奇·托马斯（William Beach Thomas），都为哈姆斯沃思出版社展开了常规写作，从而留住了百万量级的读者群。但他的影响也不完全是良性的。他在这些方面的努力未能压过他作为一名记者的本能，而他在《Tit-Bits》杂志的背景更是有害无益。他打造了一个《自然笔记》（Nature Note）的栏目，从而稀里糊涂地将这门学科长久"囚禁"在了一个微缩版面之中，有了这个固定栏目，编辑们就不再为博物学安排其他（更完整的）空间了。在这样的优越地位下，它在多年时间内几乎完全被弗利特街（Fleet Street）[①]驱逐，并全面投诚于一种片面的、日益陈腐的自然研究方法。

在自然课及日益简化的新新闻体风格的双重影响下，关于该学科的科普写作也明显变得更散乱了。呼应着当时的艺术潮流，这些写作呈现出一种从对事实的平铺直叙向委婉的印象主义的转变。相比 19 世纪 50 年代《苏格兰人报》（Scotsman）的地质学家编辑查尔斯·麦克拉伦展现在专栏读者面前的准确甚至技术性的描述，如今，诺思克利夫及其效仿者们开出了一份不那么专业化的配方，这一配方更需要优秀的职业记者，而非优秀的博物学家。如此，科普作品也背离了悠久的田野传统。

毫不奇怪，那些紧密依循被嫌弃的旧方法的地方协会也开始落伍。在这种情况下——配合当时全国典型的膨胀情绪——庞大的博物学家联盟蔚为风潮，仿佛人们在厌倦了收藏标本之后，仅仅将精力转移到了大规模地收藏他们自己上面。

杰克田野俱乐部联合会（Union Jack Field Club）大概是第一家浮出水面的此类联盟。截至 1882 年，该联盟号称有 3000 位会员，以男孩和年轻男子为主（意义重大），分散在多达两百个独立的分支机构中，以一份自家的杂志《杰克博物学家联合会》（Union Jack Naturalist）作为纽带。随后到来的是不列颠田野俱乐部（British Field Club），该俱乐部

---

① 伦敦中心的一条街，曾是一些全国性大报的所在地。

出版了一份《自然研究》（*Nature Study*）杂志，并自称"大不列颠海内外博物学生的联合体"；以及大英帝国博物学家联合会（British Empire Naturalists' Association，至今仍欣欣向荣，但策略性地去掉了"帝国"一词）。后者也在 1905 年创立了一本更新颖的周刊《乡村》（*Country-Side*），由职业记者爱德华·凯·鲁滨逊（E. Kay Robinson）担任总编，他曾在印度为吉卜林（Kipling）效力的同一家报纸工作。《乡村》依照哈姆斯沃思的优良传统，每期只卖一便士，并搭配了丰富的照片。这些新的全国性机构预示了 20 世纪大众意识的到来，同样，它们的书刊也预示了视觉时代的到来。

第十一章
海岸的复原

同一时期，协同工作层面也不知不觉迈出了一些大有希望的步伐。巧的是，博物学的两个分支分享了同一个天然栖息地；不巧的是，这两个分支之间没有任何共通之处，因此也没有什么相互影响的机会。

乍看上去似乎有点意外——其中一方竟是海洋生物学。但该领域之所以会催生出这样的发展是有特殊原因的。其中最重要的一点是，它在这一时期碰巧处在了一个创新阶段。随着陆地上的各类自然似乎都被里里外外调查遍了，人们的目光自然而然就转向了海洋。当时许多最优秀的科学家都认为，海洋构成了一个魅力十足的工作环境，令他们感到了一种学理上的兴奋。

虽然水族箱热潮戛然而止，海洋却一直维持着很高的热度。而呼应着科学家的轻重缓急，从海岸线向深海的过渡也日益彰显，并在 19 世

博物学家在怀特诺斯展开拖网作业，出自菲利普·亨利·戈斯的《水族箱》(*The Aquarium*)，1854 年。(伦敦林奈学会藏)

纪 60 年代晚期体现在了普遍的拖网热情之中。

短短五年内，根据伯明翰博物学和显微镜协会（Birmingham Natural History and Microscopical Society）主席的说法，人们对海洋动物学研究的兴趣在"博物学所有分支中已无可匹敌"。转眼之间，"报纸中关于海洋生物的存在与习性的话题数量，已经不亚于社会政治事件"；而在若干主要城镇，公众对于水族箱的热情达到了白热化，以至于"章鱼到货引起的关注，几乎可媲美一位外国皇帝的到访，而一只海豚的死亡引发的哀痛则近乎于一场国丧"。

与海岸上的工作不同，深海拖网捕捞绝非一件能随随便便单打独斗的事；这是一项集体事业，无法轻易涉足，它需要细致的规划、大量的团队合作以及可观的金钱投入。因为需要出海的船只，人们首次遭遇到了伴随"大科学"（后来的称呼）的各种问题。

的确，这些需求往往会受到不加批判的接受和夸大。人们常常轻巧地忽略掉一个事实——即个人也可开展更高效的拖网行动，这一点要特别感谢那位"坎布雷的博物学家"大卫·罗伯逊（David Robertson）。他在 1868 年发明了专用的投掷拖网（throw-dredge）新设备。相比当时博物学家普遍使用的拖网工具，这个新设备远为小巧轻便，它是捕捉小型生物的理想装置，而小型生物一向是研究中最需要的。它的拖包较小，以帆布或干酪包布制作，一人便可轻松拉起，而标准拖包两个人拉也很费劲。

尽管如此，多数收藏者都经验不足，或定力不足，无法舍弃更大的、更吸引人的物种；而且，他们无疑更偏爱一种群聚氛围，以及同他人分享丰收喜悦的机会。因此，大体上，拖网被视为了一种复杂的团体作业，是拥有私人游艇的富豪的特权，或是学术协会每年一度的盛宴，它超出了普通收藏者的承受能力，除非将一众爱好者的资源集合起来。

正是这种对于组织化的需求——不亚于将新鲜材料运至内陆的成本和困难——催生出了海洋生物学基站。

据称，海边建起的小型实验室最早可追溯至 1843 年，地点位于奥斯坦德。但直到 19 世纪 70 年代，当各国政府开始认识到渔场的价值，并最终寻求资金展开相应的科学研究时，此类机构才可谓真正诞生了。早期的实验室基本都很小、很破旧，只是一些棚屋或改造的破船，每年只有部分月份可用，（直到政府或大学介入之前）资金也都捉襟见肘。而反差强烈的是，无数城镇中的大型水族馆——基本算是公共景观（海洋宠物）——则创造了丰厚的商业价值。如此，人们开始尝试安排一场联姻。比较简单的方法是在商业水族馆之上附加一个学术研究项目，但结果令人大失所望：这两项事业完全背道而驰，掌控资金的推动者们很快就对那些不断侵蚀利润的活动（哪怕再有价值）失去了耐心。而且，许多此类水族馆只能算是余兴表演，风险层层叠加，"在吸引力上无法跟黑人游方艺人、祖鲁人或中国杂耍者抗衡，但仍能吸引到某些社会阶层"（当年《泰晤士报》上的一段话）。在这种情况下，它们随时会被砍掉。如果反其道而行之——主要用作学术场所，附带吸引一些公众的资金支持——劣势就更加突出，因为初始开支庞大，而且可能需要长期的资金补贴。

年轻的德国动物学家安东·多恩（Anton Dohrn）为这一困境带来了解决方案。1867 年至 1868 年间，作为一位新达尔文主义生物学的狂热信徒，多恩带着他对于一类少为人知的甲壳类动物的研究，从德国耶拿来到英国访问。而在英国，一位碰巧在这方面做出了杰出贡献的人士是大卫·罗伯逊。他曾是一名牧童，之后在格拉斯哥开商店为生，后来因为妻子的健康原因，搬到了位于克莱德湾大坎布雷岛上的米尔波特隐居，并将所有时间都花在了对当地海洋动物的研究上面。多恩几乎顺理成章地被引介给了大卫。显然正是在米尔波特，多恩才第一次认识到，手边有源源不断的必备的鲜活材料（并在需要的情况下，进行现场观察），对于开展此类工作多么重要。

如此，在不知不觉的情况下，英国为一项日后野心勃勃的国际方案贡献了契机。正是在此次访问后不久，多恩就宣布了那项空前庞大的海洋研究中心的设想。它由一批全类别的实验室组成，以一座大型水族馆为依托，这些"动物学基站"将成为全面的学术机构，完全不同于（除了设在海边以外）常规的水族馆。该机构将聘请一些全职的科学家，同时搭配所有必要的其他岗位，包括协助拖网行动、获取新鲜样本的渔夫。根据多恩的设想，该机构将从数个渠道获取资金，包括民众为其高质量的水族馆支付的入场费，以及使用"研究台"（research tables）的访问学者支付的年租金。这里的研究台是个简称，指的是在整体的运营费用中，每一个标准单位所要分担的额度，即每增加一位实验室工作台的使用者，预估将产生的费用。因为规模庞大，它能满足整个科研队伍或整个班级同时使用，从而能营造出有益于学院式观点碰撞的氛围，多恩认为，这样的场所有很大机会做到自给自足。

后来的一切田野基站，不论海洋式的还是非海洋式的，基本都建立在这一模式之上。当然，只有少数完全满足了多恩最初设想的标准。没有多少研究机构有幸能占据到与科学匹配的优美场所，以施展足够的吸引力，借由入场费来填补巨大的经费空缺。同样，在实践过程中，要想对整个自给自足的科研机构的理念做出适当的检验，几乎总要对研究人员的花费给予一定的补贴——来自政府、大学或其他学术机构。但总体来说，这一模式的创想是好的，也产生了持久的影响。

有鉴于其国际规模，多恩不得不几乎在同一时间向若干国家"推销"整套方案。1870 年，多恩来到了英国，并在本地最知名的全国性论坛——英国科学协会——上做了一场报告。英国科学协会以最坚定的方式做出了回应——任命了一个委员会，"致力于在世界各地推动动物学基站的设立"。据称，动物学协会那位精力十足的秘书菲利普·勒特利·斯克莱特博士（Dr P. L. Sclater）在这方面发挥了主导作用。

由此引出了一个顺理成章的建议——即在英伦列岛上建设一座此类基站，为此，委员会明智地提出了一项可能的资金来源，即此前用于支持国王天文台（Kew Observatory）、现已（出于合理原因）停发的政府补助。委员会表示，他们所设想的机构类型正是某种动物学领域的天文台；由此来看，这一资金转移是极为恰当的。然而，此项诉求最终一无所获，那笔日后到位的资金远远不够，而十多年里，英国在这方面的努力也都成了泡影。

讽刺的是，造成这一点的原因之一正是多恩本人的巨大成功——他将他的非分之想变成了现实。1870 年，正是他在英国科学协会作报告的那一年，多恩开始了购买纳普勒斯水岸一片优秀地块的谈判；两年后，通过多恩的父亲、他本人及几位朋友（其中两位，赫胥黎和弗兰克·鲍尔弗（Frank Balfour），提供了一点来自英国的象征性贡献）投入了相当于今天两万英镑的全部资金，多恩开始建立起了世界闻名的动物学基站（Stazione Zoologica）。

这一理念的国际基础构成了它成功的关键。该机构应要求向欧洲各地分发样本，这成为了其一项重要的收入来源。"研究台"的会员征募涵盖了不止一国，从而确保了有足够数量的机构支撑其整体花销，如此便可从一开始就设定相对高昂的收费标准（可能会令独立的研究人员却步）。在这种情况下，很快就订出了逾 50 张"研究台"，其中三张由英国机构租用，即牛津大学、剑桥大学及英国科学协会。如此，这家纳普勒斯基站既成为了"生物学界的麦加"，也成为了真正意义上的多国协作的一座鲜活的丰碑：这一协作不仅体现在科学层面（不必说），而远为重要的是，也体现在财务层面上，就此来看，它也为日后的跨政府机构——如欧洲核子研究中心（CERN）和欧洲航天研究组织（ESRO）——提供了先例。

然而，对于英国工作者而言，纳普勒斯仍然太远了。而且，它也无助于我们急需的对自身海域的研究。因此，对于在英国建设一个类似机构的呼声不断增强。

1883 年，国际渔业博览会（International Fisheries Exhibition）在伦敦举办，而由此激起的公众热情构成了最终的触发力量。次年春，皇家协会召开了一场会议，由精力十足的赫胥黎主持，会议决定成立英国海洋生物学联合会（Marine Biological Association of United Kingdom），并宣誓了它的直接目标：在英伦列岛上设立一座大型基站。赫胥黎当选为了首任主席，雷·兰克斯特——已经是该事业的一位主要提倡者——则同意出任秘书一职。筹款活动也由此展开。

如今，有了纳普勒斯的坚实先例后，这项任务已经不再那么困难：渔业公会（Fishmongers' Company）响应号召，提供了一大笔 2000 英镑的经费，在此基础上，通过小额年费的形式，350 个机构和个人也累积了一笔庞大资金。更惊人的是，当募款号召放出了约 18 个月后，女王陛下财政部（Her Majesty's Treasury）突然慷慨解囊了一笔逾 5000 英镑的巨款，并明确表示用于在普利茅斯建造一座大型的海洋实验室。与此同时——显然，最终说服了国家渔场研究的公共资金为此提供支持——政府答应等其科研项目正式开启后，每年（连续五年）提供 500 英镑，来贴补其运营。在这样的慷慨支持下，项目的未来有了保障，很快便进入了落实阶段。两年多以后的 1888 年夏天，普利茅斯海洋研究所（Plymouth Marine Laboratory）正式开幕。

与此同时，若干小型实验室也在不列颠各地涌现了出来。其中最早的两个都在苏格兰。1884 年，在圣安德鲁斯大学（St Andrews University）的博物学教授最早公开提出该做法的九年后，这所大学得到了一笔不多的政府津贴，用于在海边一座过去的发热医院里装备和维护一座基站。几乎同一时间，在爱丁堡附近的格兰顿，经由默里博士（Dr Murray，后来的约翰爵士（Sir John））的倡议，一片被淹没的采石场中的旧驳船被改造成了一座水上实验室，（最为人所知的）资金支持来自苏格兰气象学会（Scottish Meteorological Society），后者动用了其在两年前得到的爱丁堡渔业博览会（Edinburgh Fisheries Exhibition）的大笔盈余款。

而英国大学中最具海洋意识的一个——一如既往，即利物浦大学——很快也做出了响应。1885 年春，一批热爱拖网捕捞的地方博物学家聚集起来，成立了利物浦海洋生物学委员会(Liverpool Marine Biology Committee)——基本源于威廉·阿博特·赫德曼（W. A. Herdman）的提议，赫德曼具有非凡的魅力和鞭策力，他是一位天生的组织者，最重要的，他与地方船主建立了有益的交往。透过赫德曼的影响力，委员会可以在数天内随意使用一些船只，而无需支付任何费用，他们也在那个夏天对利物浦湾适时展开了一些成果丰硕的巡航。此后，在当地建设一座海洋基站的方案也就自然而然提上了日程。

截至此时，利物浦的情况和其他地方没什么两样：未探索的海洋、诱人的收获、一位有远见的学者……但随后，它突然意外地打破了这一模式。1887 年，在这家委员会成立的第三个季度，它获得了一座位于（安格尔西郡外海）帕芬岛上的废弃信号站的使用权。他们对信号基站进行了装修和装备，并安排了一位全职的管理员。因为来自利物浦的轮船常会在中途停靠这里，很快就有一些稀稀落落的工人会在此停留一两周左右。东北部所有学院的学生也都可以前来使用这里的实验设备，每周收费 10 先令，包括所有食宿服务在内——当时，现实生活中有许多规矩令人窒息，像这样的清净生活（不必说探险旅程了）一定令很多人心驰神往。

遗憾的是，这项实验并未持续下去。因为赫德曼及其合作者们意外打造出的模式并非海洋生物学基站（在这方面，它很快显出了不适合的一面），而是某种观鸟哨所——此类机构最终在 1930 年被建立了起来。也就是说，它展现出了，这样的偏远哨所可以配备永久人员，如此便可作为旅馆运营，依靠足够多的客人维持下去。只是当时的拖网群体中并无鸟类学家，所以后者们并不了解这一先例的存在。但就算他们知道了，也未必能对该设施善加利用，因为当时英国的候鸟研究尚未成形。

除了这个孤例以外，海洋基站很难被视为日后意义上的"田野基站"。它们其实只是些偏远的实验室，所谓的临近自然，也只是因为它们坐落在大海的边上。这些基站都设在方便抵达的范围内，很难说它们的员工在过一种苦行生活。即便从财务层面看，它们的创立也很少称得上是一项壮举——大学甚至中小学都吵着要这样的场所，以便送学生们前往体验，政府对于这些研究的经济价值基本也是双手欢迎。诚然，不同于欧陆机构，英国机构很少从政府的教育经费中获得稳定的补助，但多数机构也的确得到了政府对于实用科研方面的支持。

简言之，海洋生物学家备受宠爱。他们只付出了最少的努力便如愿以偿。不同于其他博物学家，他们在追求高效运作的框架和选址优良的设施方面，几乎占尽了一切优势。

相比之下，鸟类学获得经济支持的希望则微乎其微。这是一门毫无用处的学科，是业余爱好者的广阔天地，甚至连非功利性的学者们也基本忽略了它。没有人怀着赚钱的目的进入这一行，而且可以肯定，也没有人从这一行赚到了任何钱。尽管存在这一根本性缺陷，但正是在鸟类学领域，博物学的组织化实现了其最伟大的功绩，协同合作的机制也发展到了近乎完美的地步。

秘密就在于数量。鸟类具有广泛的吸引力，这是其他博物学分支无法比拟的。在英国，大家所能遇到的鸟类的种类不多，因而不难把握，同时也不少，提供了一些令人兴致勃勃的珍稀物种。多数情况下，拉丁文名称已经足够。而当猎枪不再时兴后，那些在收藏研究者耳边挥之不去的保护主义喧嚣也随之消逝了。

但只有数量是不够的。这里的秘密还在于要对所有观鸟者的热情加以利用，将之引导至建设性的方向上。在这个过程中，该学科自身的特点也发挥了难以估量的帮助。鸟类（不同于，比如说，植物）移动起来非常迅速，有时还是大批鸟类一起移动。相应地，要系统性地研究鸟类，带来适当的科学客观性，不仅需要广大的空间覆盖——沃森直截了当的分布记录已经在花卉植物方面大获成功——而且在许多情况下，还需要在相隔遥远的不同区域内，尽可能同时记录下鸟类的出现情况。由于没有哪个观鸟者能分身两地，因此要解决这个问题，只能让不同的人在不同地点观察同一现象，然后进行核对——人数越多越好，这不仅能提供更全面的画面，也能尽量避免个体差异导致的数据缺陷。没有庞大的观鸟者网络，有些鸟类研究就完全无法展开，而随着社会上出现越来越多的潜在观鸟者，人们便可对学科中的某些领域展开高密度的研究——这在以前是不可能的。

那一天尚未到来。不过，至少有少数先驱人物已经开始为此打基础了。他们是否了解自己的工作对于未来的意义所在，这一点并不完全明了。但尤其意味深长的是，他们感兴趣的两条探索路线都属于最能发挥出群众潜力的方向，即汇编出详细的全国分布图，以及研究候鸟迁徙。

而第三条本来也能出于同样的原因吸引民众参与的路线（即普查工作）则几乎完全被忽略了。原因很简单：勾勒出任何一种鸟类、昆虫或植物的种群数量，尽管是一项基础工作，但对于一般的博物学家来说（在无人催促的情况下），却是最后才想做的事情之一。他们都沉迷于名称的清单，而对名称的汇编也更符合他们的天性，通常来说，他们更愿意去数的就是其当前物种账簿中的数量。尽管有些鸟类在非常容易计数的群落中辛勤地建巢，但人们却一直未能掌握真正的栖息数字，由此可知，在很长一段时期内，普查工作都是完全缺席的。诚然，少数早期的博物学家，如吉尔伯特·怀特和彭南特，的确曾在这方面小试牛刀；但他们的努力都是非系统性的和没有章法的。总体来看，这仍是博物学中的一个不寻常的盲点。

而讽刺的是，少数的确认为有普查需要之人，往往只在全国层面设想这一点。无疑，周期性的全国人口普查是多数人对普查的唯一认识，这禁锢了他们的思维。无需赘言，相比区域普查或地方普查，全国普查自然要投入更多的时间和精力，而开展一项新工作时，马上选择一条最困难的路径，无疑是荒唐可笑的。

鸟类学界的首席导师艾尔弗雷德·牛顿认识到，一旦涉及全国范围，任何最简单的探索也要付出巨大的辛劳。他在 19 世纪 50 年代亲身感受到了这一点，当时，他通过信件往来的方式，记录了全国范围内所有已知的苍鹭巢穴。他的好朋友约翰·沃利（John Wolley）——日后沉迷在了全面普查不列颠所有鸟类的想法中——一定曾在他的专业脸孔之上激起大量挪揄的嘲笑。他曾在 1861 年告诫《鹮》（Ibis）的读者，"要对我们的鸟类展开普查，只有将全国几乎所有鸟类学家联合起来，才能成功"。而他的慎重看法是，英国的鸟类学家尚未准备好。他认为，这样的艰巨任务有可能在这代人离开之前达成；但眼下，他则提倡开展一些规模较小的普查项目。他强调，地方清单尽管数量丰富，但准确性依然很低，而关于种群数量的动态，几乎仍是一片空白。有一个可能会带来丰硕成果的研究方法是，查看地主们的狩猎记录，对其中的单个或多个物种进行分析，或者，如布雷克兰著名的埃尔夫登（Elveden）庄园主之子在其文章结尾恰当指出的，应先从"记录山鹬的数量"开始。

这些明智的看法完全被忽略了。计数需要放下枪支，而当时，几乎所有的鸟类学学生都抵制不了将翎羽作为战利品的诱惑。一直到 1875 年，人们才首次开展了对一种常见的群落陆地鸟类的全面普查——牛顿之前的学生约翰·亚历山大·哈维－布朗（J. A. Harvie-Brown）请凯斯内斯郡的所有地主报告了庄园内的白嘴鸦巢穴的数量——这项研究本身构成了协作研究史上一座重要的里程碑。

对比来看，描绘出每个物种在全国的大体分布状况，则是一项更简明的任务，而且——如植物学家们已经展示出的——可以个人单干，需要做的就是彻底全面地检阅各类文献，同时召集一批有意愿的通信对象提供记录。这不过是把各郡县的动物志再向前推进一层而已。而适时接下这一重担的是一位有强迫症性格的编纂者，他在这方面已经具有丰富的经验，他曾与沃森就其《不列颠植物志》（Cybele Britannica）展开合作（作为众多普通合作者之一），后来又亲自出版了一部爱尔兰的姐妹篇《爱尔兰植物志》（Cybele Hibernica）。他对于分类的苦差事胃口大开，毫不挑剔，可以说是一位后期的劳登。他并未满足于将沃森体系从植物学转换到鸟类学中，此外，他还尝试了一项不大的实验，1858 年发表于《动物学家》（Zoologist）的论文中，将该体系应用在了蝴蝶层面。而在那篇论文的文末，他还将眼光投向了一些尚未渗透的其他领域：

> 　　我们想冒昧对英国博物学其他分支的人士们提议，请大家考量一下沃森先生的系统；我们已经确信该系统适用于陆地软体动物和一些静态动物，并且带来了一些非常有趣的结果；而遵循一项现行方案的好处自不必赘述。

后来，陆地（及淡水）软体动物方面的确采纳了该系统，但采纳者另有其人，而且要等到 1881 年。

这就是了不起的亚历山大·古德曼·莫尔（Alexander Goodman More）。他的大部分人生都在爱尔兰度过，如果今天还有人记得他的话，基本也都视其为一位爱尔兰博物学家。他的家道殷实，由于身患慢性疾病，无法从事全职工作，而他耗费心力的编纂工作也常常因为需要卧床，而被迫中断许久。好在这是一项可轻易拾起、轻易丢开，而又不会打乱步调的工作——仿佛学术性的织毛衣——非常适合一种久病不愈的人生。

　　大约在 1860 年前不久，他最早创想出了被他明确地称之为其"鸟类志"（Bird Cybele）的项目。为了此项新事业，莫尔曾向沃森咨询最佳的操作方法，他甚至采纳了后者为自己的先驱工作设计和使用的基础地图。不过，直接刺激可能源于别处，当时，在科学层面，协作性的数据采集正"兵临城下"（无疑归因于沃森于 1859 年推出的结论性书籍）：例如 1860 年，两位重要的人类学家首次开启了对不列颠人种构成的系统性调查，他们将一份精良的调查问卷发给了超过三百个人，其中多数都是乡村医生。1861 年，在英国科学协会的会议上，卡思伯特·科林伍德博士（Dr Cuthbert Collingwood）曾提议招募商船队加入拖网捕捞的事业。大约两年后，大卫·罗伯逊更胜一筹，根据他在米尔波特的经验，指出了一项同样巨大的科学潜能，即组织无数的海岸渔民参与采集活动，同时，他还倡导"成立一个由重要博物学家组成的委员会，为物种命名"，并划分为各个郡县的分支，以求方便。

　　面对此类理念的传播，鸟类学家如果还不为所动就太奇怪了。尽管如此，我们仍要为莫尔记下一笔功劳，因为他看出了这项工作的价值不止于明显的科学范畴。

　　1861 年 4 月，他在给牛顿的信中写道，"这是一个多好的机会，能为那些认为无事值得记录的田野博物学家们提供一个新鲜的兴趣，给他们找一些有益的事情做。"而最后也绝没有人能指责他在这方面疏于职守，因为他共召集了逾 97 位通信对象，获取了多达 118 个郡县的物种清单。最后此项工作浓缩为了一份长篇论文，名为"大不列颠产卵季的鸟类分布状况"（On the Distribution of Birds in Great Britain During the Nesting-season），分期刊载于 1865 年的《鹮》上，据称产生了极大的影响。

在投入这项任务中时，莫尔已经开始设想对鸟类迁徙的难题展开一次类似的群众突袭。他比多数人更明确地感到有一股庞大的记录能量等待释放，他也有充分的证据认为，由此得来的结果并不会如怀疑人士认为得那般错误百出、不堪使用。他尤感痛惜、并想要积极对抗的是博物学的无目的性。作为沃森的得意门生，他能够领会到系统的重要之处——特别是它能为那些未必能看出事物全貌的人提供一个方向感。后来，在 1861 年，当牛顿表示他打算积极投入在迁徙研究中时，莫尔的第一反应就是建议他"制定一些系统性的观察方案；此前的观察似乎都过于随意，而没有带来任何成果"。

最终，直到他关于鸟类分布的论文尘埃落定并刊印出来后，他才得以为下一项任务投入更多精力；而当他最终于 1866 年启动该工作时，其操作方法依旧是沃森式的——仅仅依照季节频率从全国各地的通信对象那里收集关于不同物种的信息。他就此坚持了 20 年；但最终一无所获。因为在同一时间，出现了另一种更具前景、更具想象力的方案，莫尔本人也自然而然地被其"俘获"。

要恰当地检视这项新的发展，我们必须向前追溯几十年的时间。早在 1834 年，J.D.萨尔蒙就深具远见地呼吁，建立一条海岸线上的观鸟者链条，来追踪海鸟的移动轨迹。已经有人注意到了这项呼吁，虽然英国没有就此作出响应，欧陆则的确开启了这方面的工作。1839 年，布鲁塞尔的皇家科学院（Royal Academy of Sciences）资助了一个关于"周期现象"的数据采集项目——候鸟为主要研究对象。所有申请参与者都领到了详细的调查问卷；而随着调查问卷的回收，大量关于鸟类过境、离境和入境的准确信息第一次出现在了印刷版面之中。很快，其他国家，特别是俄罗斯和瑞典，也跟随了比利时人的脚步，并效仿了他们的流程。

而随着经验的累积，这些尝试渐渐也变得越来越野心勃勃，并以其微小的体量加入到了欧洲兴起虚荣的民族主义竞赛之中。到 1875 年，轮到德国展示科学实力了。他们首先制订了一项计划，将德国所有的鸟类学学生涵盖在内，而在短短数月内，凭借着一股普鲁士式的效率，每一位学生都行动了起来。面对这样的状况，英国做出适当的回应似乎只是时间问题。

而当时机到来时，英国鸟类学界也的确做出了一些适当的回应。一段时期内，随着灯塔和灯塔船网络的日渐成型，若干人（似乎各自独立地）迎面把握住了由此带来的黄金机会，纷纷前往沿海各地去研究鸟类的移动轨迹。人们发现，灯塔的强烈光线经常会吸引到成百上千的候鸟，而令人震惊的是，大量候鸟都在头晕眼花和精疲力竭中死去。显然，如果这些灯塔的守护者有兴趣做一些记录（或仅仅将死亡样本寄出去）的话，一定会产生很多有价值的内容。

然而，有两项担忧拖住了他们的后腿。首先，他们可能不够坚韧，无法为自己投入的努力和花销找到合理的解释。其次，要从此类操作中获得令人满意的数据，需要高人的指导——科学层面以及管理层面的指导。而此类高人不仅少见，而且（可以理解）他们不愿承担浩瀚的文书工作，因为这会让他们无限期地远离田野。

可喜的是，的确有一两位高人乐意为之。第一位尝试者似乎是那位诺福克郡的地主和博物学家小约翰·亨利·格尼（J. H. Gurney, Jr，之所以加个"小"字，是为了和他那位首字母一模一样、且同样著名的鸟类学家父亲区分开来）。但他所尝试的规模很小，而且很快就化为了泡影。直到 1879 年，约翰·科尔多（John Cordeaux）和约翰·亚历山大·哈维-

布朗进入该领域后，一套可行的方案才浮现出来。是年秋天，他们满怀希望地将印刷的调查表格寄往了 100 座灯塔，令人惊喜的是，最后有近三分之二的表格被寄回。组织方记载道，"我们要坦承，我们没想到人们会这么配合，何况，那才是第一次实验。"

试点项目的成功鼓舞了科尔多和哈维－布朗，两人进而尝试覆盖更广的范围，将不列颠和爱尔兰的很大一部分海岸都涵盖在内。但他们认识到，如果没有外界的帮助，仅凭他们两人应付不了这么大的规模，于是，他们开始寻找适当的赞助机构。

第一选择当然是英国科学协会，只有这一家机构有资金能支持如此庞大的项目。而一如从前，英国科学协会也不负众望，依惯例成立了一个委员会，为整个计划确立了必要的正式根基。

这家历史性的迁徙委员会（Committee on Migration）的最初成员有哈维－布朗和科尔多，牛顿本人（求之不得）担任主席，并为之投入了一种父亲般的呵护。随后有两名爱尔兰代表加入，即莫尔和他的明星学生 R.M. 巴林顿（R. M. Barrington）；贝里克郡的著名博物学家詹姆斯·哈迪（James Hardy）负责协助苏格兰方面的工作；以及——呜呼，半途而废的（因为他是个大懒汉）——马恩岛上的首要工作者菲利普·克莫德（P. M. C. Kermode）。而为填补克莫德的空缺，确保必需的 7 人名额，在科尔多的强烈推荐下，利兹博物馆（Leeds Museum，很快迁往了爱丁堡）的年轻馆员威廉·伊格尔·克拉克（William Eagle Clarke）加入了进来。在全部八年的数据采集历程中，该委员会每年只需要 175 英镑的津贴，便可涵盖全部的花销。此外，英国科学协会负担了其大量年报的印刷费用，后期又为其提供了一笔 95 英镑的资金，以便整理海量数据，以供发表。在如此有限的资源下，很少有委员会能展现出如此不懈的精力和丰硕的成果。

到了 1886 年，他们的项目已经变得非常复杂。是年，逾 126 个灯塔和灯塔船答应合作，委员会也发放了相应的标准表格、指导信件以及用于保存鸟腿和翅膀的布里纸信封。这次仍然收到了六成的回复，除此之外，还有另一类坚实的数据也收割归仓。但至此，材料的数量已经令人无所适从；1888 年，尽管存在反对意见，但英国科学协会无疑收到了良好的建议，决定停止支持该工作单纯的操作层面，而正式要求委员会开始认真消化他们的发现。巴林顿显然非常不满，他拒绝就此停步，而持续在爱尔兰采集数据，并在随后数年，自费打造了一系列单独的《爱尔兰迁徙报告》(Irish Migration Reports)。其他人则被迫遵守了命令，解散了他们的队伍，并同意将整个核对的重担交给了最后加入的那位成员——伊格尔·克拉克。

随后，经过十五个春秋的辛劳，制作出了五份厚重的摘要汇编后（这还不算巴林顿关于所有爱尔兰材料的浩瀚报告），在伊格尔·克拉克看来，该项目仍然只是在名义上完成了。由于他对这些数据进行了无人可及的细致检视，只有他能看出其中仍存在一些严重缺陷，他对此并不满足，并认为除非亲自上阵，开展一些必要的补充工作，否则很难达成圆满。为此，从 1901 年起，他前往了大量偏远的灯塔——从臭名昭著的埃迪斯通角开始——持续 47 周，进行常规的第一手观察，他所涵盖的范围是其他英国鸟类学家不敢想象的。偏远的岛屿也是他的目的地，尤其是圣基尔达岛和阿申特岛（布雷斯特外海）占据了他 14 周的时间。

1905 年秋天（讽刺的是，这正是帕芬岛上的海洋基站最终废弃的次年），伊格尔·克拉克在周游列岛的过程中，偶然获得了一项发现，这一发现将会抹杀其工作大部分的当下益处。这就是费尔岛上非同寻常的鸟类学特征，这座岛屿位于奥克尼群岛和设得兰群岛之间，他曾在日后骄傲地称之为"英国的黑尔戈兰岛"。黑尔戈兰岛是一座闻名遐迩的德国岛屿，1843 年至 1887 年间，海因里希·加特克（Heinrich Gatke）在那里开展了鸟类迁徙的研究。

之后的六年间，伊格尔·克拉克仍经常到访那座非凡的迁徙中心，有时会和诺曼·金尼尔一同前往，后者是伦敦自然历史博物馆未来的馆长。两人一同激发了一位岛民的兴趣，后者为他们提供了协助；而经过了漫长的训练，他们在 1908 年将这位岛民任命为了按天付工资的记录员。如此，这位乔治·斯托特（George Stout）大概成为了史上第一位职业观鸟人。而且，他实际上也是伊格尔·克拉克在其盖棺之作《鸟类迁徙研究》（*Studies in Bird Migration*，1912）中所称的"我们的岛屿中最著名的观鸟台"的驻守官——伊格尔在英语中引入了观鸟台（bird-observatory）这个新词汇。

此时作为"观鸟台"的费尔岛，与 1930 年代出现并开始占据海岸空间的更成熟的观鸟台，并无多少相似之处；不过，它还是体现了基本的核心理念。加特克早在黑尔戈兰岛时就设计出了日后观鸟台的一项关键工作——每日普查。仍旧缺失的一项关键元素则是集体驻守。英国人很晚才学到这一点，青年旅社的理念很多年后才从德国传来。而借助这项秘密的社会武器，德国相对来说已经迈出了令人震惊的步伐。早在 1903 年，他们就有了第一家环志基站（位于普鲁士东部的罗西顿（Rossitten））。1909 年，他们甚至已经在黑尔戈兰岛上的一个装备完整的观鸟台上，通过特殊的圈套，开展了大规模的候鸟诱捕和上环行动。由于未能将那两项基本的机构配方——伊格尔·克拉克的战略性选址的哨所，及海洋生物学家在帕芬岛上建立的样板式的田野基站——结合起来，英国错失了留在创新阵营的所有机会。最终，在这方面，博物学组织化的领导权毅然转向了欧洲大陆。

而伴随着想象力层面的失败，还有同样令人唏嘘的学术活力层面的失败。伊格尔·克拉克已经无比清楚地表明，费尔岛这样的场所提供了绝佳的机会，能够应对众多困扰我们已久的科学问题。他在1912年的书中宣称，

> 从费尔岛的统计中获得的知识，已经为这些重要的——某些方面难以捉摸的——候鸟投下了大量光芒，这一点就英伦列岛来说是空前的。我们已经以令人吃惊的准确性指出了，是哪些物种参与了这些定期的远途迁徙，以及它们往返的日期……（而且）这座岛屿也给了我们机会，来研究各种迁徙与气候状况之间的关联性。

这些话无疑是激动人心的。实际上，主要在其榜样力量的激励下，伊夫琳·维达·巴克斯特（E. V. Baxter）和L.J. 林图尔（L. J. Rintoul）女士从1907年就开启了对梅岛（Isle of May，位于法夫郡的外海）春秋两季的例行探访，而通过这些探访，两人在1918年最早构建出了迁徙漂流（migrational drift）的概念。她们写道，"风向对于迁徙路线有巨大影响，因而也对出现在我们海岸上的物种有巨大影响。"但总体来看，他们只是一些孤立的先行者。因为在近五十年的时间里，尽管英国对伊格尔·克拉克的工作给予了大量喝彩，但几乎没有任何严肃的跟进。

而造成这一点的原因，依然是人们对于珍稀物种的普遍沉迷。很不幸的是，伊格尔·克拉克在报告费尔岛的发现时透露，这里以及其他类

似的地方之所以不同寻常，不仅因为候鸟的数量众多，而且，这里有很多候鸟品种在其他的英国岛屿上都难得一见。短短六年半的时间里，他就了解到有逾 207 个物种——约为全国数量的一半——出现在了"这座狭小的岛屿"上。可以看到，对于仍然主要抱持着收藏家心态（虽然已经日益跟枪支无关）的整个鸟类学世代来说，这个消息是多么令人振奋。很快，这个作为鸟类绿洲的漫长海岸线的巨大科学潜能就基本淹没在了视线之外，让位给了另一项凌驾于一切之上的要务——人们将这里当做了一座无与伦比的新狩猎场。英国鸟类学界仿佛松了一口气，成功而轻巧地将迁徙委员会以它的名义用心良苦整合起来的复杂理论和统计全部抛诸脑后。

即便如此，这项伟大计划所累积的经验并非一场空。它确凿无疑地展现了协同合作的价值，网络研究的理念也终于永久扎根在了这个天生对博物学的快速发展最具推动力的一个领域。在博物学中，没有第二个分支有幸拥有如此突出的一项中心神秘（central mystery），它能在多年内构成一个探究的焦点，而且，只有通过大量不太熟练的观鸟者的协同努力，才能有效把握到它。另外，只有仰仗一个如此庞大的问题，才能发展出足够精巧的方法，以确保由此而来的组织形式能获得一种自我更新的能力。一旦在如此受欢迎的一个领域行之有效，仅通过单纯的声望，再加上惯性的力量，便可顺理成章地促成该方法在鸟类学的其他领域以及博物学的其他分支中被采纳。也正是在鸟类学领域，网络研究注定会一路收获其终极盛景。唯一的问题就是，所需的前提条件要多久才能幸运地整合起来？

第十二章
机动性的注入

19世纪90年代最显著的一个特征就是自行车强势来临。第一次有了一种廉价且高度灵活的个人交通工具波及大众层面，而博物学这样的事业——一贯涉及对偏远地区的短期突袭——也是主要的受益方之一。

至于博物学家个体对这一关键发明的反应如何，我们（一如既往地）很难查证。我们在想，他们的反应是否总是直截而明了的，因此才造成了这样的普遍沉默呢？但是从一位北安普顿郡的地质学家的记述来看，情况并非如此：

自行车出现很久以后，我们都没有用到它；因为我们看不出，它如何能翻山越岭、穿沟过渠……自行车完全改变了我们常规的工作计划；十英里成了小事一桩，我们的远行也更多变成了一天或半

一家乡村俱乐部的骑行活动，出自伯里子爵（Viscount Bury）和 G. 拉齐·希利尔（G. Lacy Hillier）的《骑单车》（*Cycling*），1887 年。（科学博物馆图书馆藏）

天的旅程。

自行车普及以后——在还未丧失时髦感的时候——有一两家协会的年度活动受到了生动的影响。1898 年，地质学家协会（Geologists' Association）开始组织一些专为骑行会员设计的远行活动，由精力十足的 J.F. 布莱克（J. F. Blake）领航。在 1901 年或 1902 年，北伦敦博物学协会（North London N. H. S.）组织了一次自行车骑行活动（Cycle Run），持续了一整个长周末。这些人未经宣告地向一些偏僻乡村骑行，戴着草帽，穿着宽松的灯笼裤，腰间塞着锤子，背上飘着捕虫网，看上去兴奋异常，他们一定也像爱德华·福布斯的"游侠"（vasculiferi）队伍一样，令当地人警惕不已。

此项交通工具的一大优势在于，使用时几乎无声无息。当年有很多人都指出，野鸟会容许自行车靠近到几英尺的距离，但步行者若距离几码以内，它们就会飞离。的确，在所有新机器设备中最早出现的自行车似乎有一种安心的效果，在 1911 年的《塞尔彭杂志》（*Selborne Magazine*）上，甚至有人以震惊的口吻表示，他近期骑车时，曾目睹一些海鸥明显警惕地高飞起来，仿佛看到了一种古怪的新式飞行器飞过。

从此一发不可收拾。机动单车、机动汽车、机动巴士纷纷接踵而至，涌现在了马路上。言之过早的放松感转眼成了泡影。

由于机动汽车已经出现了一段时间，而且并未带来明显的冲击，因此，眼下的情况就更显突然。第一台真正的机动车可追溯至 1885 年。而直到 1896 年 11 月 14 日——"解放日"——当法律不再要求一位持红旗者坐在前方时，机动车依然非常稀少。讽刺的是，到 1902 年，英国较早拥有汽车的其中一个家庭即吉尔伯特·怀特在塞尔彭的家，也就是那座称为"威克斯住宅"（The Wakes）的老房子。当时，汽车仍是富人的奢侈品，为他们在日常的马车出行外，增加了一项有趣的选择。

　　一般的博物学家们大概在熟悉了机动巴士后很久，才开始习惯乘坐私家车旅行。福克斯通博物学协会（Folkestone Natural History Society）早在1908年就开展了首次机动巴士远行，当时，伦敦街头的公共汽车已逾1000辆。不过，福克斯通作为热门的海边度假地，可能要比其他地区更早地感知到了这方面的潜力。总的来看，直到第一次世界大战结束，更快速和更舒适的车型出现以后，才有更多协会开始诉诸巴士。此时，某些地区的常规乡村巴士已经很好，足以仰仗它们来安排远行活动，因此各家协会也开始转向巴士，以节省包车的昂贵费用。

　　1911年，最早的平价车型开始在英国生产和组装，汽车普及的时代就此开启。汽车数量迅速增加，一战爆发时，已达到15万辆。1922年，奥斯汀七型诞生，很快，汽车就成为了一件普通的中产阶级消费品。截至20世纪20年代末，英国的汽车保有量已突破百万，并在下一个十年结束前，突破了两百万辆。

　　由此带来的一项直接后果就是对于乡村地带的普遍再发现。相比只有铁路的时代，汽车交通为人们带来了更多动力，让人们深入到了那些从车窗望不到的所在，或车站到不了的地方。与此同时，它透过构建和触发一种汪达尔式（破坏主义）的传染病，大大加快了侵蚀的步伐，对一些从未受影响的偏僻地带造成了更加公然的破坏。反过来，它也前所未有地凸显了自然山水的魅力，并唤起了对于其未来的普遍焦虑。1924年至1931年间，在日益剧烈的破坏洪流中突然涌现出了一批新机构，将它们的能量投入在了这项事业之中，包括：不列颠自然保护关联委员会（British Correlating Committee for the Protection of Nature）、植物志联盟（Flora's League）、英格兰乡村地区保护委员会（Council for the Preservation of Rural England）以及苏格兰和威尔士的对等机构、资源保护局（Conservation Board）和苏格兰国家信托（National Trust for Scotland）等。而宜居运动——最初在郊区作战——此时也已蔓延全国。

汽车的洪流带来了一股精力丰沛的躁动。不同于一百五十年前追寻如画风景（Picturesque）的旅程，如今，探索山野的冲动不再事关心灵安宁，而是事关体力与肌肉，这一过程更近运动，而非美学。哈罗德·约翰·马辛厄姆（H. J. Massingham）所称的"二次出埃及"——撤离开发区域，撤离城镇，重返大地——很大程度上所指的并非安稳地坐在车厢里的旁观者，而是那些马背弓形、风吹日晒的人们，相比轻柔平静地描绘或研究自然，他们更愿意亲自在山石陡坡上攀行。

漫步、远足、露营、登山、车队等：这些追求如今都走到了视野前方。它们对于逃离的彰显和对于自由的向往呼应了时代的氛围。尽管有些是集体追求，有些强调独处，但他们共同的徽章宣告了一种背后的心态认同：宽松自在的短裤搭配结实的睡袋和旅行背包，这是对于候鸟运动（Wandervogel）的反叛者制服与早期登山装备的巧妙混搭。

外表的暧昧也反映了态度上的暧昧。一方面，它代表了与过去的决裂，代表了年轻世代的反叛；另一方面，它也表达了一种卢梭式的渴望，追求自给自足的原始性和对于永恒真理的复兴。这基本是一个浪漫主义式的矛盾。博物学天生就容易暴露在此类影响之下，因此在这两个方面也都深受波及。一场"旅行背包的革命"爆发，吹走了覆盖在当时众多悠久的地方协会之上的灰尘。在今天看来，这些冲突显得颇为滑稽，但它们常常比表面上看到的更加剧烈。在古板的礼节之下，哪怕最温和的举动，也有可能引发震惊。1920年，沉闷的寒武纪古生物学协会（Cambrian Archaeological Association）将希望寄托在了一位热诚的新式科学调查者身上，而当会员们看到他们任命的领袖身着短裤现身时，都大为惊骇。即便到了20世纪30年代中期，在北方的一家博物学协会里，如果有哪位女性鲁莽地涂着口红现身，便会遭到当面斥责，而身穿半截裤招摇过市的年轻男子则会被冠上"布尔什维克"的帽子。面对这样的中世纪主义滥觞，一些即将到来的潮流又怎么会不经受一两次顽皮的拉扯呢？

相比下来，身体与自然的密切接触往往不加掩饰地表现出了奔放的热情。它超越了狂欢的感官性质，同时抵达了一种灵性确认。许多人相信，乡村——这一不可言喻且近乎神圣的场所——中供奉着许多被视为"真"和"善"的东西，但深浅程度不一，连贯水平也不一。

总体来看，这不过是对浪漫主义的一项重要主题的重演，它在大西洋的两岸重新表现为了荒原伦理（wilderness ethic）的形式。它之所以会一再出现，归功于它所具有的元气（vigour），这元气让它有幸在爱默生以及之后的梭罗手中收获最初的表达。梭罗的《瓦尔登湖》写于很早的19世纪40年代（但到1854年才发表出来），直到现在，世界才开始接收到它的讯息。梭罗是一位认真而超然的观察者，不再是自然神论者，也不只是情绪的司库，梭罗最早达成了不可思议的学理与情感的相互渗透，这也是最纯粹意义上的博物学家的终极目标，同时，他也是第一位自觉将之作为信条提出之人。他为20世纪的博物学留下的遗产是一种新的节制的抒情，远比如今已被丢弃的维多利亚时代的多愁善感更透彻，同时经由直觉的源泉带来了强健与活力。对此，我们需要一种新的文学体裁，一种更加自由的载体，以更好地传达出那些极易迷失在个体细节之下的核心现实。于是，田园散文应运而生。

虽然梭罗是最早以此种方式描绘自然的作家，但当他的笔记在1881年受到公众注意时，已经有另一些人也开始了类似的实验：在活力论的激励之下，力求捕捉到核心现实，同时忠于实际的科学情况。其中最知名的是一位威尔特郡农民的儿子理查德·杰弗里斯（Richard Jefferies），他作为乡村事务的诠释者辛苦维生。虽然成功找到了一种新风格，但对于大众喜好而言过于超前，因此杰弗里斯终其一生也未能从中获利。直到另一波更晚期的浪潮，作家们才终于享受到了不限于创作层面的成功，这就是被约瑟夫·伍德·克鲁奇（Joseph Wood Krutch）称为"梭罗主义者"的田园散文家流派，最佳示范则是英国的威廉·亨利·赫德森（W. H. Hudson）和美国的约翰·巴勒斯（John Burroughs）。

赫德森在这方面的成就更引人注目，因为他下笔描绘的并非他的祖国。他在阿根廷潘帕斯草原的一家牧场里长大——这本身就是博物学在这段时期从新世界吸收养分的一个象征——成人后才有机会读到怀特的《塞尔彭博物志》，并马上感到了一种扑面而来的向往之情，急切地渴望亲眼见证到书中所描述的英格兰。或许在很大程度上，正是这一海外背景孕育出了其文字中典型的新鲜视野和丰富意象。的确，有人称从中隐约感受到了西班牙式的抑扬顿挫，他对于简洁性的捕捉构成了其风格的核心，而采用非母语写作或许帮助他构建了这样的风格。曾有人不友好地、或许心怀嫉妒地说，"赫德森的写作就像青草的生长"；但实际上，他所呈现出的天然去雕饰的效果是通过不尽的苛求与磨砺才得来的。他追求的是一种举重若轻：一种"散漫"的气息，完美呼应着他每年夏天在平缓的南部乡间漫步时，脚下悠然、漫长而从容的步履。他在途中与人谈话，观看飞鸟，为一路上的风景和往往琐碎的经历留下一份心灵的笔记。而那些由此产生的文章被恰当地称为了"城里人乡村一日游的典游的典范"。这些文本也成为了特殊的历史档案，特别会让人怀念起英格兰人通过徒步、骑行和驾车，重新探索多半被人遗忘的风景的那些岁月。

这些文本的历史价值也源于另一个理由。如同《塞尔彭博物志》，而不同于这些中期年份中几乎所有热门的自然文本，它们完全专注在鸟类方面。

早在19世纪60年代，赫德森已经对鸟类十分着迷。他甚至常常在夜里梦到"一些从未被命名的鸟……从未被欣赏它们的人类看到"。对他来说，它们显然具有深刻而特殊的意义，仿佛蕴含着驱使他创造艺术的精灵。在他的同辈之中，似乎无人从鸟类身上感受到如此强烈的吸引力，也无人将这一吸引力与一种能赢得和留住庞大读者群的文学能力整合起来。因此在这一时期，他在唤醒人们对于鸟类（以及单纯地观鸟）的兴趣方面所发挥的作用，是独一无二的。

尽管如此，依然很难宣称其作用是不可或缺的。赫德森大概并非这项喜好的源头，而是让它普及开来的一名中介。有充分理由相信，世纪之交强势到来的这股鸟类学热潮，在其文章出现以前，已经开始酝酿，而且，它的源头位于海外——北美。这些年里，许多围绕荒野理念的重要创新——露营、动物传记、田园散文、国家公园——都源于美国，或是在美国发扬光大。对于鸟类学的热情则完美呼应着这些发展，而且很容易加入其中，全程伴随它们的旅程。在美洲的广阔天地中，鸟类更加被凸显为了狂野不羁的野性之缩影。它们在美洲具有多一层的维度，不仅表达了活力论者所强调的非静态的自然观，或者说反映了人类新的机动性。同时，包裹在西部的神秘之中，它们也暗示了些许强壮的、自给自足的男子气概。

这一附加材料正是至关重要的。对于更死板的欧式男子气概来说，必须有一个替代选项来喂养其自尊心，才能让其彻底摆脱长久以来对枪支力量的依赖。现在有了另一种公认的评价标准，在这一标准下，猎手们感到即便放下武器，也不会露出任何的女子气，或者说也不会丢面子。于是，对于鸟类的非暴力路线取得了意外的迅速胜利，而作为该路线死对头的根深蒂固的激进姿态，则逐渐转变为了一种有力的自我节制。

那个时代的一些其他倾向也帮助促成了此项伦理层面的剧变。随着"仆人问题"日益尖锐，而私家车的到来刺激了"周末出行"的出现，人们纷纷舍弃宽大的乡村住宅，搬往相对狭小的伦敦公寓。于是，旧式的填充鸟类收藏开始变得不切实际。女性解放将千千万万的女性带到了野外，而其中多数对于武器都毫无兴趣。另外，双筒望远镜也变得更得心应手了。

但必须强调，这些都是次要因素。不应将望远镜的兴起和枪支的衰落简单等同起来：态度的转变具有更深刻和更广泛的基础，不能仅仅将之归因于一项单纯的技术进步。何况，这项进步远没有人们普遍认为得那么巨大。维多利亚时代之前的一代人开始随身携带的小型便携式望远镜并非不能满足人们的观察需求。直到近期，比伊克的那支刻着"1794"字样的望远镜还发挥了不错的效用，被用来观察一群比伊克的天鹅。当时流行的望远镜类型可放大约三十倍；另外，从住宅中向外眺望的话，还有一种远为强大的类型——沃特顿经常使用，可架在推车上面，四处移动。

一些奇怪的望远镜的例子甚至可见于 19 世纪中期的"黑暗年代"，此时，更致命的猎枪潮流已经退去，此前出现的进步得到了彰显。实际上，鸟类学家看到的最后一只活的大海雀（Great Auk）就是透过望远镜看到的——由不列颠鸟类学家联合会的首位主席 H.M. 德拉蒙德上校（Colonel H. M. Drummond）在 1852 年 12 月看到。19 世纪 60 年代期间，弗兰克·巴克兰（Frank Buckland）曾在其十分畅销的《博物学奇物志》（*Curiosities of Natural History*）系列中，连续两次提议使用"一副优质的观看比赛或观剧用的双筒望远镜"，并敦促猎手们放下步枪，拿起望远镜。第一批棱镜望远镜——具有立体效果——于 1859 年（在法国）获得专利，巴克兰自己的望远镜很可能就是这种类型。19 世纪 80 年代末出版的一本书甚至就叫《用观剧望远镜观鸟》（*Birds Through an Opera-glass*），作者是那位奥德班的老手弗洛伦丝·奥古丝塔·梅里亚姆（Florence A. Merriam）。该书以学生为目标受众，作者坦承，学生们一开始可能会觉得这一快速调整很麻烦，但"一支观剧或野外望远镜"应该是每一位认真的观察者的必备工具。

事实上，一直到 19 世纪 80 年代才有迹象显示，观鸟的兴趣重新普及了开来，而且不再有任何射杀的尝试。但如前文所述，此时，高效望远镜早已存在，用起来也非常方便。到了 1874 年，它们甚至被指定为军官的规定配备之一。而此时还没有使用望远镜的鸟类学家们显然已没有借口可寻。因此，结论是必然的：氛围推动了工具，而非工具造就了氛围。

查尔斯·狄克逊（Charles Dixon）一定是其中一位最早——在其 1880 年的《乡村鸟类生活》（*Rural Bird Life*）中——描绘出这一全新视野的人，他的文字影响巨大。这本书中频繁出现了"观察者"和"观察"两个词。书中将笔记本、一流的望远镜或田野瞭望镜视为了基本配备，同时建议"借助枝叶的掩护，从树枝的后面"观看。此后不久，利尔福勋爵（Lord Lilford）曾建议其刚入学剑桥的侄子："记下你看到和听到的所有事情，凡事都不要觉得过于琐碎。"而说出这一圣贤之语的利尔福勋爵大半生都瘫痪在床，据称，他经常静坐在一张巴斯轮椅上观鸟，一连好几个钟头。威廉·沃德·福勒（W. Warde Fowler）的《与鸟相伴的岁月》（*Years with the Birds*，1885）在提出新方法方面可能更为成功。

同一时期，埃德蒙·塞卢斯（Edmund Selous）——那位世界著名的大猎物猎手的古怪的隐士弟弟——开始以一种最隐晦的方式为现代的高密度鸟类行为研究打下基础，他常常一连几周待在野外，草草记下"观察日志"（后来，部分内容发表在了《动物学家》上，全部内容也都保存了下来），这些浩瀚的笔记几乎无法辨识，但异常敏锐而细致入微。用那句陈腐的话来说，塞卢斯并未"领先于时代"——不同在于，比如达沃斯顿对鸟类领地的发现——但他选择了与世隔绝的工作方式，以至于他的影响力在多年内都微乎其微。实际上，在研究该学科社会发展史的时候，他更值得被铭记之处并不在于其野外研究方法真正的开路特质，而在于他所养成的对于所有枪支使用者的一种深深憎恶。

世纪之交前后，又有两项重要的新实践脱颖而出，它们意外发挥了巨大的作用，大大拉近了观鸟者与鸟的距离。这也为放弃枪支提供了更多理由。

第一项实践，也是迄今为止传播最广的一项，即人们发现了一种简单的乐趣——喂食野鸟。很奇怪，此前竟然很少有人想这样做。前文提到的比伊克是著名的例外；达沃斯顿也曾推广（程度未知）其巧妙的"鸟杯"装置（ornithotrophe，这也是这方面已知最早的专用设备）；劳登曾给乌鸦喂食浆果；戈斯常会诱使一只知更鸟飞进屋里，让它吃掉其早餐桌上的面包屑；莫里斯曾为《泰晤士报》写了一封措词强烈的信，倡导这一习惯。但此类做法均非常罕见，足以被冠上古怪的头衔。况且，这么做也侵犯了维多利亚时代勤俭持家的信条。在那个家庭经济（Home Economy）的黄金时代，浪费是十恶不赦的。过期的面包或者留着做布丁，或者放入烤箱，烤硬后制成面包粉。其他残羹冷炙则会投入汤锅做汤。1890 年至 1891 年的漫长霜期似乎最终突破了阻碍。那年冬天，所有主要报纸都在敦促公众帮助鸟类度过寒冬；这一举措有多成功呢，一位经营鸟食的商家称，他从未零散卖出过如此多的鸟食，据其合理推测，这些鸟食都是被人们拿去喂食野鸟的。一位很善心的年长女士甚至会把食物加热后，再拿去喂鸟。从此以后，这个习惯就延续了下来。两年后，又一个严重的霜期到来，据赫德森（这一现象令他震惊）观察，"有三四个星期，每到午饭时间，就有成百上千的工作者和男孩们来到泰晤士河的桥上和岸边，用剩饭喂鸟"。而一段时期内，这基本仍是一项讲究的城镇活动。1908 年，当赫德森南下至康沃尔，并在那里开展了这项如今已成为标准都会习惯的活动后，当地人大为吃惊："过路人会停下对剩饭碎屑检查一番，然后盯着我看，最后面带疑惑地离开，或是对他目睹的荒诞行径发出讪笑。"

到了 1910 年，如果《笨拙》（Punch）杂志可信的话，"喂鸟"已成为一项全国性的休闲活动。由此产生了大量形形色色的相关装置：鸟桌、鸟食箱、鸟盆、巢箱，甚至有一种整合起来的桌子和箱子出售，类似于鸽舍。巢箱其实已存在了数百年时间，但此前它们的用途完全是功利性的。新的巢箱风潮发源于德国；英国早期的多数样板也都进口自德国。到 1897 年，它们的流行程度已足以催生出一本专门的手册《野生鸟类保护与巢箱》（Wild Bird Protection and Nesting Boxes）——该标题将巢箱与另一项新近的流行趋势组合了起来。在书中推荐的众多巢箱的制作方式中，有一种非常恰如其分——在枪械制造者的弹药箱上钻一个孔即可。100 发弹药的箱子可构成完美的山雀之家，再大一倍就足够寒鸦居住了。

第二项重要实践是拍摄鸟类的照片。但不同的是，这方面的驱动完全是技术性的。1835 年，负片正片摄影法（negative/positive process，一切现代摄影技术均发源于此）问世，此后多年，摄影对象一直局限在静物层面；而且拍摄后要马上进入暗房。有一两位博物学家曾使用摄影技术来提升藏品的信息量，比如，南安普顿的一位鳞翅目昆虫学家J.B. 克劳福德（J. B. Crawford）曾在 19 世纪 50 年代为其较大的标本拍照，"照片非常细致，显示出了所有斑纹，等等"。当时已经出现了最早的活物照片（伦敦动物园里的一条鱼）；但是，拍摄这样的照片需要极高的专业技术，因而在三十年内，几乎没有任何模仿者。

突破源于一种相对快速的"干片"的完善。有了这一革命性的摄影技术，便可将暗房抛在脑后了：野外摄影终于成了一件切实可行的事。新的"干片"推出后不久，动态鸟类的拍摄就不在话下了。这方面已知最早的令人满意的照片，源自 1881 年夏天加内（Gannets）在圣劳伦斯湾的拍摄。次年春天，一位法国教授发明了"照相枪"，并成功"摄取"了一系列飞翔的海鸥（这也是对于摄影师被视为新型神枪手的一个良好印证）。在英国，有两位职业肖像摄影师可争夺这项荣誉：绍斯波特的本杰明·怀尔斯（Benjamin Wyles）曾在 1888 年成功拍摄飞翔的鸟，恩菲尔德的 R.B. 洛奇（R. B. Lodge）则有可能快他一步。而比较确定的是，洛奇在英国最早捕捉到了一只野鸟在巢穴中的特写，时间是1895 年。

到了 19 世纪 80 年代中期，手持照相机已经问世，可供那些只想对去过的地方做一些粗糙记录的人们使用。而由此带来的一个副产品是，博物学家也越来越多地被摄入了照片中。当时，集体照仍然是礼节所需，而至少有一位作者曾抱怨，田野俱乐部的远行活动为此浪费了大量时间。

此时，技术进步的脚步显著提升。最早的电影、闪光灯拍照、长焦镜头、甚至彩色摄影（虽然形成风潮尚需时日）均发明于 1895 年前的十年内。与此同时，底片的感光度也有长足进步。因为有望以更优质的效果来展示他们的努力，更多的博物学家也被吸引到了这个领域。其中一两位更是特别著名的"角色"，他们不仅创作出了一流的作品，对于这种新方式在博物学中的推广也贡献良多——特别是通过一些图文并茂的讲座。基尔顿（Kearton）兄弟是这方面最值得被铭记的两位。他们在 1895 年出版的《不列颠鸟类巢穴》（*British Birds' Nests*）是第一本完整搭配了各种野外照片的鸟类书籍。书中有一段切身的体会，出自其中一位作者：

> 没尝试过此类摄影的人，不可能了解其中的困难和曲折。举个例子，有一次，我兄弟乘坐铁路，长驱 500 英里，又拖着照相机在山里上上下下至少跋涉了 12 英里，只为了拍摄一只鸟巢，而就在他架好设备之时，一场浓雾降下，一切都泡汤了。

基尔顿兄弟最著名的事迹大概就是他们时髦的迷彩实验了。他们的"掩体"建造得就像中空的树干，这一形象为漫画家提供了长久的灵感源泉；他们还仿效猎捕野牛的红印第安人，使用了一张牛皮。而为了防止这些招数都失败，他们还会穿着双面的外套，一面褐色，一面绿色。

讽刺的是，人们后来发现，多数鸟类会欣然容忍巢穴里的任何奇异装置，不论有没有伪装，只要给它们熟悉的时间即可。

到了爱德华时代，自然摄影才真正流行起来。此时，摄影摆脱掉了大部分令人扫兴、甚至令人抓狂的复杂的科技光环，而开始被人们视为了一种日常工具。书籍和杂志中开始出现大量的照片，反过来，这些照片也吸引了更多人一试身手，从而进一步增强了鸟类学（本身已吸引到日益广泛的受众）的吸引力。

电影的到来则进一步强化了这一吸引力。1903 年，F. 马丁·邓肯（F. Martin Duncan）与电影先驱人物查尔斯·厄本（Charles Urban）的公司携手，开始利用电影摄影技术记录运动中的动物，两年后，一些成果展示在了伦敦阿兰布拉剧院（Alhambra Theatre）的一系列特殊的日场放映中。1907 年 8 月，一部博物学主题的"电影"在一处相邻的场地放映了整整一个月。当时，伦敦还没有一家永久性的商业影院，由此来看，博物学家对这一新媒介的反应非常快，抓住了它对于博物学的特殊价值所在。电影的到来——以另一种方式——注入了一种令人振奋的机动性。

随着越来越多人投入在这门学科中，如今，鸟类学向着永久性的协作研究又迈出了一大步。19 世纪 80 年代的迁徙工作一直是一项英勇豪迈、并有利可图的事业；但是，参与进来的民众比例则微乎其微。而此时，随着收藏的显著式微，此类工作方式所能吸收的潜在对象便大大增多了。现在只需要有必要的领袖走上前台，提出计划和蓝图，以及更关键的，带来一套更高的田野鉴别标准，为如今这门不涉枪支的学科打下一个坚实的基础。

领袖们也很快就到位了。此时影响力最大的一位是哈利·福布斯·威瑟比（Harry Forbes Witherby）——尤其是通过对他创办于 1907 年（牛顿去世的那一年）的前瞻性月刊《不列颠鸟类》（*British Birds*）的编辑工作。作为一名职业出版人，威瑟比在这个职位上坚守了超过 36 年，并因此成为了英国鸟类学的代表人物。此后，这本期刊成为了发表那些尤其合乎新视野的研究成果的主要媒介。而当下，它也为一个长期、重要的集体写作项目提供了一个完美的载体。而作为对该项目的彩排，同时也为了争分夺秒地让读者转换至新的思维轨道，威瑟比仅在杂志创办的第二年，就在其页面中开展了一项关于斑鸠的全国性问卷调查。超过一百人为此提供了志愿协助，就起步来说，算是成功了。

　　下一步自然是系统性的回响。数百年来，人们一直在标记鸟类，或是作为一种占有的标志，或者仅仅好奇它们都消失去了哪里。但在所有这些活动中，从未产生像样的科学价值。而如今，两项不谋而合的因素重新提振了以严肃研究为目标的流程。这两项因素即：普遍苏醒的对于候鸟的兴趣，以及最适宜的原材料（铝）的价格大跌。1890 年左右，丹麦教师 H.C.C. 莫滕森（H. C. C. Mortensen）开始尝试采用锌带。到了 1899 年，他已经发展到使用易弯曲的铝制作脚环，并压印上一串代表场所和日期的关键数字。一些相应的期刊，甚至地方媒体，都对他制作的脚环做了报道。这些脚环的效果十分显著，很多回收的脚环上面都做了标记，有些甚至来自遥远的国度。科学界对这些结果大为震惊，不久，很多地方都开始效仿莫滕森的样板。1909 年，美国鸟类环志协会（American Bird Banding Association）成立，法国和英国的环志项目也相继启动。英国对此的热情如此巨大，以至于几乎同时启动了两个项目：其一由阿瑟·兰兹伯勒·汤姆森（A. Landsborough Thomson，日后封爵）领航，以阿伯丁大学（Aberdeen University）为基地；其二更具野心，由威瑟比透过《不列颠鸟类》杂志开展，并以不同的面貌延续至今。

环志从一开始就是一件有趣而有益的活动，能让一些强迫性的愚公移山者产生一种斯达汉诺夫式^①的热情。H.J. 穆恩博士（Dr H. J. Moon）即此类同好中无可匹敌的冠军，他在随后的 30 年里为大约 7.8 万只鸟类上了环，考虑到他的一项坚定原则——绝不在有群居巢穴的地方上环——这个数字就更显惊人了。将此项功绩与重要的植物学收藏者奥古斯丁·利牧师（Rev. Augustin Ley）截至 1911 年去世前无私捐赠给植物学标本交易俱乐部（Botanical Exchange Club）1.5 万件标本的事迹进行对比，我们便可对于此类努力转向一种无害的新渠道能为这个国家的动植物做些什么，有一点把握了。

与此同时，另一项重要的集体事业也由不列颠鸟类学家联合会的一个分支机构——不列颠鸟类学家俱乐部（British Ornithologists' Club）开启了。1906 年，该机构任命了一个专门的委员会——F.G. 彭罗斯（F. G. Penrose）担任主席，诺曼·泰斯赫斯特（Norman Ticehurst）担任秘书——来延续伊格尔·克拉克及其合作者们曾经开展的工作，通过一批观察者的网络来收集夏季候鸟到来的信息。该俱乐部以其《会报》（Bulletin）增刊的形式，发布了 9 份年度报告；遗憾的是，该项目没有一份整体性的总结，从而未能施展出其大部分的影响力。尽管如此，它仍构成了一个有益提醒，让人们记得有一项传承下来的重要任务远未完成。

不同于相对简单明了的环志活动，此类协同工作必须毫无保留地接受观察者们给出的观察记录，而观察者们都有着各自未知的个人立场。

---

① 斯达汉诺夫（1906—1977）是苏联时期的一位矿工劳模，1935 年成为了社会主义经济制度的标志性人物。在此比喻辛勤工作的态度。

此前，观察记录一向被轻巧地置之不理，或至少被打上问号，因为它们缺少战利品作为证据。在过去的条件下，这样的铁律完全值得称颂，但如今终于可以将之丢弃了——这一点特别归功于两个人：威瑟比本人，以及另一位不知疲倦的博物学家、牧师弗朗西斯·查尔斯·罗伯特·乔丹（Rev. F. C. R. Jourdain），他也是一位著名的鸟蛋收藏者，和一位臭名昭著的"激进牧师"（pastor pugnax）。

威瑟比的贡献在于将人们寄给他的记录和观点交给了《不列颠鸟类》杂志进行发表，而这个过程要经历最严厉最无情的筛选。借此，他确保了一切刊出的记录的可靠性都远高于平均水平，因而可以比较放心地利用它们展开进一步的研究。与此同时，乔丹开始反复宣传一种逐渐成形的规定程序，以确保人们在野外将一切有助于鉴别的特点都系统性地、细致地记录下来。如果这些记录之后会得到探究，那么笔记本中记录的可信度，一定胜过仅凭记忆得出的主张。

由此出现了一种完全仰赖于田野角色（field-characters）的普遍转向，从而催生出了一种全新的手册类型。此前所有手册的创作完全基于一种设定——所有描述都巨细靡遗，其中选择的特征也是精心挑选的。由于手边不再有鸟类标本，人们不得不采纳一套全新的标准，将重点放在此前忽略的特征之上，如呼唤性的鸣声等等。而且，如今多数观察者都想要一本能带到野外的指南书，当望远镜中出现可疑之物时，可随时翻看比照。出于这些原因，新式手册往往更加袖珍，描述的文字也大大浓缩，很多时候，仅保留关键的突出特征，并通过大量的巧妙排版，尽可能发挥快速参考的作用。这一趋势也出现在了植物学中，最著名的体现即《海沃德的植物学家口袋书》（*Hayward's Botanist's Pocket Book*）的尺寸，尤其是德鲁斯编辑的那些后期版本。简言之，田野手册经历了一段"精简"的过程。它们展现出了真正的 20 世纪色彩，成为了十足的实用之物：手到擒来的工具性取代了备受珍视的工艺性。

与此同时，鉴定不再是田野鸟类学家的唯一考量。他们的兴趣正转向鸟类行为层面；这一点也推动了研究方向的大幅收窄。克已也成为了这一新颖而艰难的研究方向（很快就被称为了"动物行为学"，以示区分）的精髓。这里涉及一种近乎僧侣般的苦行，完完全全地反社交。这门研究的成功人士往往是一些害羞内敛之人。埃德蒙·塞卢斯即个中典范，同时，他也是现代鸟类行为学家的一个样板人物。

由于塞卢斯的长期缺席（如他的所有莺一样，独自沉浸在自身的喜好之中），推广此项工作的责任就落到了一位年轻的牛津动物学讲师朱利安·赫胥黎和米德兰兹的一位富有的钢铁商人亨利·艾略特·霍华德的身上。1912 年，赫胥黎在动物学家协会的《会刊》（*Proceedings*）上刊发了一篇关于红脚鹬求偶的论文，开启了他关于鸟类求偶（关联着达尔文的性别选择理论）的一系列漫长而精彩的论文。通过这些论文，赫胥黎（如他自己所说）在很大程度上"再次为田野博物学赢得了科学上的尊重"。1907 年至 1929 年间，艾略特·霍华德在一些同样重要的系列图书中阐释了鸟类的领地属性。霍华德是一位单打独斗的业余人士（和塞卢斯一样），他在科学方面只有一位联络人 C. 劳埃德·摩根教授（C. Lloyd Morgan，以尚不时兴的动物心理学研究著称），他透过华丽的辞藻和渊博的学理知识，在鸟类学界逐渐铺开了一个被忽视的完整的行为领域。我们现在知道，达沃斯顿在 1830 年左右（就在与艾略特·霍华德的伍斯特郡毗邻的郡），以及爱尔兰博物学家 C.B. 莫法特（C. B. Moffat）在一份发表于 1903 年的论文中，均大体预示出了他的理论；但两人的理论均未得到如此丰富的图文细节的支撑，因此不够翔实，不够有说服力。

另一方面，达沃斯顿还有另外一项成就，是作为卓越观察家的艾略特·霍华德不想去重复的：他诱捕了一些鸟，在它们身上做了记号，然后对它们的领地做了一些试探性的追踪。到了 20 世纪 20 年代，一位同样卓越的孤身调查者 J.P. 伯基特（J. P. Burkitt，弗马纳郡的土地测量员）则在一种全方位的层面上开展了这项研究。伯基特在其位于恩尼斯基林的园子里捕捉了一些知更鸟，然后以不同样式的金属条（不同颜色可能更简单，但他很不幸的是一位色盲）在它们身上做了记号。如此，他可以对一个完整群落中的个体展开研究（可能是第一位这么做的动物学家），他发现，知更鸟广为人知的好斗表现并非如某些人认为的是一种求偶行为，而是一种守护领地时的吓阻行为。他也是第一位通过观察标记鸟类的恢复情况，来评估它们平均年龄的人。

这两项高度原创性的行为学贡献从爱尔兰传播出去，是对这些年爱尔兰的博物学元气的辉煌致敬。从莫尔和巴林顿的时代起，爱尔兰就人才辈出。罗伯特·劳埃德·普雷格（Robert Lloyd Praeger，已经是该群体中的公认领袖）将无与伦比的渊博知识、组织能力、卓越的文学天赋、丰硕的工作成果、坚定不移的学理目标集于一身——这样的人在任何时代都非常稀缺；而在爱尔兰这样的小社会中，他们的影响力只会不可抑制地喷涌而出。因此，迄今最具野心的集体事业（某种反向的网络研究）会从爱尔兰脱颖而出，并不奇怪。

普雷格自始至终都是主要的推动者。1903 年，（知名商业银行巴林银行的）塞西尔·巴林阁下（Hon. Cecil Baring）为庆祝自己大婚，买下了都柏林外海的一座小岛兰贝岛。这座岛屿令他狂喜，他决定尽一切力量探索岛上的一切事物。这直接将他引向了普雷格，当时，后者辞掉了在家乡阿尔斯特的土木工程师的工作，在都柏林的国家图书馆寻得了一个更有保障的职位。普雷格马上提议对岛上的动植物展开专门的深入调查；巴林接受了这项提议。1905 年至 1906 年间，各分支的专家陆续作为其宾客，前往了兰贝岛。成果惊人得丰硕：采集到的物种中，有不下17 种都是英伦列岛上的新物种，有 5 种甚至在科学界闻所未闻。

在这一成果的鼓舞下，普雷格进而决定对西海岸外的一座岛屿展开一次更大规模的"突袭"。他选择了梅奥郡的克莱尔岛，这座岛屿大小适中，交通和食宿也都不难解决。尽管如此，克莱尔岛仍十分偏远；在1909 年至 1911 年的三年间，大约有一百名工作者——许多都非常杰出，而且不少都来自欧洲大陆——前往那里，度过一周或更长时间，有时一个小组会有多达十几个人，这一点也见证了普雷格巨大的影响力。更不寻常的是，不同于许多类似事业，他们的研究成果很快就发表了出来，一共 67 份独立报告，编纂为了三大卷，这一点既得益于普雷格圆融的催促，也得益于皇家爱尔兰学院（Royal Irish Academy）一直以来的慷慨支持（这也是爱尔兰博物学长期仰赖的支持）。

在欧洲大量动植物学家的这种热烈响应的背后，或许可以看出，人们对于多恩及其纳普勒斯的同事们发展出的共同协作的优势和愉悦有了新的认识。因为，克莱尔岛调查（Clare Island Survey）的精髓就是一个海洋基站，并且有意向内陆，而非向海外延伸。它重新证实了，在一个地点集合各种不同分支的大量专家，能带来一种可以预见的非凡成果（在这里发现了 109 种科学界闻所未闻的动物物种）。这也显示出，与有名望的专家们一起，参与在一个组织良好并有始有终的大规模项目中，其前景不亚于一流设施中的工作前景。因此，在一定意义上，克莱尔岛构成了一个从纳普勒斯理念向现代田野中心理念过渡的阶石，这一过渡既是功能性上的，也是时间线上的（但由于简单的经济原因，没有一个田野中心曾完全不负预期）。

对于行为的兴趣苏醒并未局限于鸟类层面。植物学领域也出现了这些年典型的向移动和动态的转向：从死的标本转向活的植物，从静态的观点转向对变化的强调。但是在植物学领域，最受关注的并非对个体物种的深入研究，而是厘清植物和环境之间的广泛关联，以及从分类本能转向对于植物群落的描绘。

恰如其分的，一位农学家首先察觉到了其中的一些关键原则。1785年，作为沃里克郡和莱斯特郡交界地区的一位地产中介，威廉·马歇尔（William Marshall）开始区分不同的本地草场类型，他列明了其中的主要物种，并尝试划分出各物种的比例。他在《英格兰中部郡县的乡村经济》（The Rural Economy of the Midland Counties）中将这一做法介绍给了广大农民，并讲述了如何区分天然林地与人工林地。他强调，"土地总会在岁月中找到适宜自身的作物"。几年后，伟大的德国探险家亚历山大·冯·洪堡（Alexander von Humboldt）提出了一套详细的公式，来呼应不同气温等因素下高山植被的区域划分，他区分出了不同的生命形态（lifeform），并提议探索各区域相关植物的分布情况。两位法国的海洋博物学家也趁势而动，贡献了海岸的区域划分情况，并列出了各种"指示性"的物种。

但这些都是孤立的洞察。多数参与者仅对那些决定个体物种分布的土壤和气候条件做了一些粗浅的鉴别。很少有努力投入在具体的生理学层面，而关于植物与植物之间有迹象可查的空间交互方式，则几乎没有任何成果。

即便如此，还是有一些人感到在此至少接近了一个关键的博物学前线。1871 年，在一场面向温切斯特科学协会（Scientific Society of Winchester）的讲座上，深信这一方法至关重要的查尔斯·金斯利提出了一个专门的名称："生物学"。大约同一时间，牧师 E.A. 伍德拉夫－皮科克（Rev. E. A. Woodruffe-Peacock）开始着手研究林肯郡的"岩土植物"。这是一项野心勃勃的艰难任务，要详细记录下每一种花卉植物和蕨类植物生长的全部环境条件，还要记录下首次开花的日期，所有的昆虫访客，以及所有影响分布的因素。而由此带来的成百上千万的观察记录，仍有四分之一尚未发表，被遗憾地留在了剑桥的植物学学院（Botany School），无人打理。

到头来，还是活力论——而非任何有意的科学努力——在英国催生出了真正的生态学。这种以哲学为主的驱动力表明，英国的生态学源于一种独特的历史根基，而这一根基仅仅强化了旷日持久地对于一种在欧陆流行起来的传统——与苏黎世－蒙彼利埃的植物社会学学派呼应的繁复的分类系统——的厌恶。

作为其中一位创始教父，爱德华·索尔兹伯里爵士（Sir Edward Salisbury）曾指出，英国的植被研究基本源于 19 世纪 90 年代，源于两位兄弟威廉·史密斯和罗伯特·史密斯（Robert Smith）就读于邓迪的大学学院时，从帕特里克·格迪斯和达西·汤普森的教学中获得的启发。后面这两位都很厌恶欧陆生态学家的静态观念，他们的倾向完全是非固定的和流动的。他们眼中只有活力论的移动性，因此，这些研究自然很快转向了植被序列的动态特质。因为这一点推定出，每一片乡村区域都有其独特的自然植被覆盖，完美适应和反映着广阔的环境特征，同时，这也为格迪斯独特的意识形态的热情所在——全景式的区域调查——提供了适当的理由。

　　很快，史密斯兄弟就在后面这些方向上做出了大量惊人的工作，包括打造出了一系列的地形测量表单，并在其中以彩色标出了主要的植被类型。由此带来的结果就是，提倡通过生理学进行更深入研究的重要作品——申佩尔（Schimper）的《植物地理学》（Plant Geography）——在 1903 年推出了英译本，而英国生态学的主导权也落到了地区调查爱好者的手中。于是，次年末，英国植被调查研究中央委员会（Central Committee for the Survey and Study of British Vegetation）成立了，这标志着这门学科真正进入了英国的科学圈子内部，而"地理学"方法的提倡者们也能推行他们的理念了。一战前，这一分歧依然持续了一两年时间。而此时，《生态学学报》（Journal of Ecology）的创办，以及数月后英国生态学协会的成立，都巩固了整个场面，从而保障了生理学方式的最终胜利。

　　与阿瑟·坦斯利（A. G. Tansley，之后的阿瑟爵士）——其近期出版的《不列颠植物类型》（Types of British Vegetation）涵盖了迄今的一切成就，并致力于弥合这两种对立的立场——等人的自信预期对立的是，如今，许多业余人士对生态学的热情都已消散。生物学家接手了这门学科，并立刻将之带到了业余者可接受的范畴以外。"地理学"的研究方式，及其对群落的描述，曾经十分吸引普通的具有分类意识的田野博物学家；而基于实验室的研究过程则只会让他们望而却步。雪上加霜的是，如今，大量的鲁莽鉴定出现在了生态学的文献之中，而一些有经验的业余人士早已了然于心的事实屡屡成为了笨拙的"再发现"。这是一个在田野中浮现出的异形世界；而生态学最初似乎带来的重新统合专业与业余人士的机会，不得不无限期地推延。

尽管如此，生态学的到来还是带给了博物学一些好处，虽然它在功能性上令人失望。首先，它提供了一种一直以来都需要的全方位视角。事实证明，另一批伟大的整合原则——进化论——不足以领会整个自然世界。它涉及的太多证据似乎并不充分；它的运作过于难以捉摸；过于缓慢，而不易展示出来。相对来说，生态学更直接明了，也更明显地关联着一个总体的逻辑框架——此前则是零散和破碎的。另外，不同于进化论，它强调彼此的相互关联。就此来看，它构成了——虽然依稀难辨——对一种更具建设性的伦理的学理支持。

首先，博物学家整体——不再仅限于地质学家——开始习惯于生态系统的概念，自然在他们心中成了一种永远流动的状态。如此它为他们引介了一种社会科学家们更熟悉的思维方式。而与社会学家、心理学家、人类学家在一战前的萌芽阶段中一样，他们也开始重塑心智意象的秩序，以便将生存习性视为一系列模式化的结构，在这些结构中，一切事物之间都存在着某种明确而系统的关联。20 世纪上半叶英国生态学的领导人物坦斯利之所以会选择去探索其中的一个观念领域，当然并非偶然，他为世界带来了一部影响巨大的书籍《新心理学》(The New Psychology)，他甚至曾前往维也纳，求教于弗洛伊德。生态学的语言中充满了与当时的那个平行教义呼应的词语："联想"、"平衡"、"情结"、"退行"等等。而最终，在所有人的不知不觉中，人类的自然观终于开始转化为了对于那种激活了人类头脑运转的流程的真实反映。

第十三章
玩乐时光

初看上去，对博物学而言，一战结束后的十年并非令人鼓舞的一段时光。一开始，抗拒收藏的"钟摆"令博物学严重失去了平衡。虽然观鸟群体依然庞大，其他领域的工作人员却迅速减少，且后继无人。昆虫柜、化石抽屉、标签细致的标本室等都不再代代相传；相反，后辈们拿起了照相机或望远镜，或是以毫不客气的态度，将古板的维多利亚主义彻底抛在了脑后。在博物学的大量领域中，先前充沛的专家资源都已灾难般地消失殆尽。

战争本身也加剧了这一青黄不接的局面。在大英帝国，本应在1925年前后迈向成熟的年轻人中，有不下六分之一都死于战场。其中许多都是有望崭露头角的博物学爱好者。如今，他们透过自身的缺席仅仅向我们展现出，这样的事业一直以来是多么仰仗于少数杰出人士的能

下乡过周末，出自 1927 年 3 月号的《汽车》（*The Moror*）杂志。（科学博物馆
图书馆藏）

量与倡议。

在这种情况下，许多古老协会的会员数量急剧萎缩，以至于有些协会的存亡本身都成了问题。"雷协会"即是个中典型，这家协会在繁华的 19 世纪 50 年代曾号称有多达 600 位会员，而到了 1915 年，会员数量已缩减至 262 位。但很少人认识到，不可避免的战争侵蚀掩盖了更深层的、更令人担忧的长久衰落。例如在昆虫学领域，三份主要期刊每年发表的文章和论文数量自世纪之交起就持续下滑，而战时的低点不过是进一步加剧了这一下行趋势而已。战争结束后，预期中的复苏并未到来，截至 1931 年，据评估，活跃藏家的数量已减至四十年前（1891）的三分之一，甚至更少。

会员流失的另一个重要原因在于——战后的通货膨胀引发了普遍的会费上涨。仅仅在 1919 年至 1920 年的 12 个月间，批发价格就暴涨了 50%。印刷成本的上涨也不遑多让，1840 年以来一直盛行的一便士邮政制（Penny Post）也遭受了同样的打击，最终和 19 世纪的另一项稳定基石——金本位制（Gold Standard）——一起走入了历史。这一双重打击也终结了大量的学术期刊，而不少存活下来的期刊也经历了残酷的萎缩。

更关键的是，战后岁月的某些氛围对于普遍的热心人士并不友好。类似博物学的另一个沉寂时期——18 世纪三四十年代——气氛变得萧瑟、肤浅、犬儒、躁动。全国性喜好转向了一些要求不高的活动。"越来越难以取代它们的地位"，德鲁斯博士曾在 1925 年做出过这一伤心的观察，如他在植物学标本交易俱乐部的另一位中坚人物的讣告中所述：

……足球、电影、高尔夫、滑稽剧和舞会都是太强大的对手，拥有十足的吸引力，我们必须承认，在包括我们在内的各个自然科学分支中，似乎都缺少 19 世纪上半叶的那种全心投入者，当时，各行各业都产生了卓越的榜样。

甚至博物学本身也未能幸免于这些新式的传染病。1926 年及之后的两年间，一向热爱冒险的地质学家协会（Geologists' Association）不再满足于每年 11 月的布卢姆斯伯里聚会上仅有的一场座谈会和一场晚宴，而投票决定加入一场舞会——一直持续至半夜两点。至少还有另一家地方协会也屈服了同样的诱惑——晚间的正式活动结束后，会员们会急切地卷起地毯，上紧留声机的发条，然后跳起狐步舞或查尔斯顿舞来。

造成这种躁动的原因之一在于，汽车给人们带来了一种新的兴奋——机动感。买了车，如果放着不用，就太浪费了；而且此时，乡村正方兴未艾；如果不能把前者应用在后者之上，便会被视为死板，受到嘲笑。由此带来的一个后果就是"物种定位"——本来就是博物学的一个坏毛病——成了一种流行病。从最低层面来看，就像收集车牌号或路牌，这样一种休闲活动也为驾车引入了一些调味剂。而从最高层面来看，它将博物学家带往了此前探索不足、甚至无法涉足的区域，从而带来了大量宝贵的发现。即便如此，这本质上仍是一种倒退：这只是一种没有夺取的收藏，依然是一种大体盲目的条件反射，只有从它如今在战利品前悬崖勒马这一点来看，代表了一种进步。过去蠢蠢欲动的双手上，如今都抓着望远镜、铅笔或照相机；尽管如此，它们依然蠢蠢欲动，需要付出极大的努力保持它们的繁忙。

更热心的科学人士很难不去谴责那些暴发户，那些成百上千的野生动植物通勤者，他们不停往返于乡村之间，用无穷无尽的休闲时间"从一座保护区（或珍稀物种出没的区域）前往另一座保护区，不停打包新鲜的体验"，就像"转场下一家夜店"一样（用 E.M. 尼科尔森（E. M. Nicholson）的当代比喻来说）。用这样的方式对待博物学，就是将之贬低为了一种无聊的活动，将之等同于了高跷或牛津包。这似乎是对大量优秀头脑的惊人浪费，他们本可以从事一些更具建设性的工作。

从好的一面来看，这些机动化的猎人们的确具备一定的知识储备，因而指出了一些否则很难发现的事情。尤其是，他们不放过任何提升年度积分的机会，不断地四处搜寻，在这个过程中，他们碰巧在各类垃圾中——由越来越奢侈的生活水准制造出来的——意外发现了一些丰富的珍稀资源。植物学家们早就发现了垃圾场的特殊乐趣；而如今，观鸟者也相得益彰地发现了污水沟的吸引力。这一发现源于一场意外：1922年，诺曼·乔伊博士（Dr Norman Joy）出了一场摩托车事故，康复的过程中，他难得住到了城里，而他在那里发现，雷丁（Reading）的污水农场经常出没着一些水鸟和其他鸟类——都是过去认为在内陆十分罕见，或完全未知的鸟类。他立刻将这一消息公之于众，很快，所有污水农场（不分大小）都成为了观鸟者日常出没之地。大约在同一时期，一些新建的大水库也发挥了类似潜力。

在这种对于自然的放任采样之中，存在着某种非常贵族的元素：浅尝辄止、不做深究，以及一定程度的颓废。他们所追求的不是科学层面的理解，而是一种对于乡村的欣赏。而这一微妙的社会特质绝非错觉。正如在 18 世纪，一种新近到来的、一时备受推崇的机动性将上层阶级引出了他们通常的僻静之所，带领他们踏上了发现之旅，深入到了旷野深处。如今，上流社会再次爱上了"乡村生活"，而对博物学的喜好则构成了这一乡村热情明确而体面的组成元素。

而对于其体面程度的最佳体现即 1924 年的一本畅销小说，约翰·巴肯（John Buchan）的《三位人质》（*The Three Hostages*），在这部小说中，不是勇敢的男主角，而是英格兰俱乐部会员的化身、陈腐守旧的阿奇博尔德·罗伊兰斯爵士（Sir Archibald Roylance）被新的观鸟狂潮俘获，把时间花在了到处追逐青足鹬和瓣蹼鹬上面。这样的追求已经不再只是中产阶级的标志，当然也不再是某种尚可容忍的怪咖行为了；相反，如政治界快速领悟到的，这样的爱好能展现出一个人在内心里是一名乡村人士，散发出一种令人安心的简朴和对于基本原则的坚守，因此，这突然成为了一项公共财产。今天，我们往往只记得鲍德温（Baldwin）和他的猪，或者只会悠闲地翻阅战前外交大臣爱德华·格雷爵士（Sir Edward Grey）的《鸟的魅力》（*The Charm of Birds*）。但当时还有很多类似人士也对自然和乡村怀有引人注目的好感，这样的情感尽管合乎潮流的，但未必就是虚情假意。这段时期首要的政治人物虽然明明是一位优秀的、全方位的博物学家（比如其庞大而丰富的鳞翅目昆虫收藏，如今装点着一家更重要的博物馆），但却被无可救药地贴上了令人讨厌的反面标签，他对此并非没有怨气（和讽刺），我们也完全可以理解。内维尔·张伯伦（Neville Chamberlain）——和他一成不变的黑色雨伞——永远是我们的总理中最不具乡村气息的一位。据称，他曾向一位同事抱怨："我知道每一种花；斯坦利·鲍德温（Stanley Baldwin）一种也不知道。我打猎、钓鱼；他什么也不干。他却被视为乡村人，我却被视为城里人。"在政治这个不公平的行业中，所有那些都不足以成为真正的依据：外表至关重要——斯坦利·鲍德温有幸长了一副农民的面貌和体格。

连工党政府——尽管扎根于街道——也未能免于这一乡村倾向的影响。费边主义者则往往是最热心的漫游者，他们本着农民民粹主义的精神，已经习惯于将自身引向一股狂怒之中——因金钱日益对乡村之美造成的公然破坏而狂怒。这是一股威廉·莫里斯的社会主义潮流，而那位根深蒂固的浪漫主义者拉姆塞·麦克唐纳（Ramsay MacDonald）一定特别容易对此产生共鸣。据称，他和其印度事务大臣（Secretary of State for India）悉尼·奥利维尔（Sydney Olivier）一起，将鸟类学当成了晚年的消遣。

如此广大的一片土壤也产生了光怪陆离的爱好者：凶猛的退役海军少将、穿凉鞋的波西米亚人、消沉的助理牧师、身穿管状长裙头戴钟形帽的典雅女士，等等。而一些难以想象的友谊也由此萌生。亨利·索尔特（Henry Salt）本人，一位突出的进步分子，一生都在谴责各种形式的暴力，却和孟加拉警方的头子，一个一生都在观看人们接受鞭刑的人，组合了起来。有一天，两人遇到一片盛放的野生紫罗兰。他们希望这些花朵完好无损的心情是共通的；不过，我们并未得知，当索尔特的同伴突然激动地宣称"摘这些花的人都要拉去鞭打！"时，索尔特究竟作何反应。

实际上，最惊人的社会性转变就发生在植物学领域。这在很大程度上归因于那个欺骗性的阿诺德·本涅特（Arnold Bennett）式角色——乔治·克拉里奇·德鲁斯的蓄意所为。他很早就为北安普顿的城镇和郡县打造出了一家样板式协会，从而显露出了在明显堪忧的会员状况中构建出协会的才能，后来，德鲁斯又将这套本领带往了牛津，很快就让高街（The High）的一间药店红火了起来。与此同时，他成为了这座城市的首位治安官，之后又成为了该市的市长，以及不列颠最活跃、最多产的一位业余植物学家。在最后这个方面，他于1903年继任了植物学标本交易俱乐部价值不高的荣誉秘书一职，此前，该俱乐部的主要工作就是组织年度的标本派发，以及安排一份简短报告的付印，报告中包括多位标本贡献者和鉴定人的相关评述。

这些工作丝毫不能满足德鲁斯的野心和能力。他几乎马上就着手打造了一种全新架构，以凸显协会这两个字的全部意义——不亚于将曾经的伦敦博物学协会的枝条嫁接在了这个基本枯萎的树干之上。自从那家协会在 19 世纪 50 年代倒掉后，英国田野植物学就因为欠缺一个适当的协作机构，而明显式微。德鲁斯没有选择从头打造一家这样的机构——这会引起严重的分裂，直觉告诉他，应该去秘密地改变当前植物学标本交易俱乐部的格局。

为此，他首先将"协会"一词嵌入了那个熟悉的长名称中。随后，为了给"协会"引入一些实质内容，他开始在英国网罗可能的会员人选。此时，他采取了一项十分狡猾的计策。他选出了一批人，直接通知他们当选了协会的荣誉会员，以此取悦他们——接着，第二年就催他们上缴会费（几乎没人有勇气拒绝）。

通过这样那样的手段，协会取得了惊人的快速成长。德鲁斯的声望也随之上扬。集魅力、胆识、无与伦比的勤奋于一身，再加上一定程度的"狡猾"，他迅速成就了近乎神奇的无上权威。与之前的史密斯和詹姆森一样，他也构建出了自己与机构之间牢不可破的关系——实际成为了协会的家父（begetter）。而不同于他们的是，他甚至无需假装照章办事，因为在一切目的和方向上都无制度可言。这基本就是他自己的协会——而接受了这一事实后（因为他对于批评毫无耐心，老练的面具之下，内心极度敏感），他也乐于扮演一个仁慈的明君形象，发出权威声明，募款并慷慨解囊，合纵连横，并为任何似乎需要帮助的人提供帮助（当时有一段小曲唱到，"有什么植物太过奥妙，就拿给德鲁斯博士瞧瞧"）。有幸长着一副庄严的脸孔，他最终被捧为了名流，稳步斩获了辉煌的桂冠，特别是被授予了两个荣誉学位，并当选了皇家协会的高级会员。对于一位非实验人员和一位基本自学成才的业余人士来说，即便远在 20 世纪 20 年代后期，这些也绝非轻巧的奖赏。

1932 年，德鲁斯去世后，协会突然站在了民主的立足点上。但此后又过了一些年，他的全部功绩才最终达成。虽然他为日后成为兴旺的不列颠群岛植物学协会（Botanical Society of the British Isles）的组织打造并传承了稳固的根基，从而为这个国家的田野植物学贡献良多，但我们最终了解到，这项事业的成就基本源于一个花招。如一位后来的荣誉会计很快发现的，会员记录——一如从前——与宣传的现实之间有巨大落差。许多出现在打印清单中的人多年来都未付过年费。有些人甚至不知道自己是该协会的成员。如斯温森可能会说的，"其中混有江湖郎中"。简言之，德鲁斯一直在培育一个幻影：若非他暗中持续的财务纾解，这家协会也不会有所成就。

部分来看，他或许只是一位乐观主义的牺牲者。在当时的情况下，似乎有理由认定，他所设法找来的多数热情的新来者们都会成为永久的会员。田野植物学至少为每一位现身者提供了一个高级圈子里的时髦追求：而随着这一追求自然而然地向下渗透，可以自信地预计，将会有更多的新会员加入进来。

遗憾的是，他所看到的这一受欢迎度是有欺骗性的。我们现在知道，其中的多数热情都源于爱德华时代社交新人们转瞬即逝的迷恋。比如，人们曾争相"绘制某人的本瑟姆"（更准确地说，是绘制某人的菲奇和史密斯——因为本瑟姆尽管具有各种优点，但他并非后来作为其长销书《手册》增补本的黑白图像卷的作者）。规则是，人们必须亲自在自然环境中找到书中描绘的所有野生花卉，并且要添入新增物种——在现场将活的植物绘制下来。这成为了许多人的一项持久爱好。但是，正是由于其同仁性质，分享这一爱好的人往往都相互认识。正因如此，德鲁斯能相对容易地一次性将他们基本收入囊中。而由此引发的大量贵族人士的突然涌入，很可能对他产生了误导，让他以为在这些圈子里，还有更多的潜在追随者有待赢取。人们一定会想，他正是为了收罗这些潜在人士，才采取了登记虚名会员的无耻政策。在整个 19 世纪 20 年代，这个非同寻常的协会里总有逾八分之一的会员属于贵族阶层，有爵士头衔，或既尊贵又来自海外——包括一位印度大君。无怪乎当时的专业人士都为之侧目。

但最终，在博物学界，这一长期缺席的社会阶层的回归仅仅是昙花一现。19 世纪 20 年代末以后，上层阶级——他们的上场充其量只是一种视觉幻象——开始退入幕后。

若非一开始存在一种将此类人士引入该领域的潮流，博物学可能永远不会吸引到哪怕最终留下来的那一小部分人。而如果没有这些人的才智，战争期间的博物学（之后的博物学受益更多）——在那些非发出声音不可的地方——将远远不会如此勇猛和富有成效。而若非这一偶然发生的向俱乐部区（Clubland）的深入渗透，保护主义事业一开始也不太可能取得如此稳固而明确的胜利。而在此之后，也正是这项真正的代表资格，构成了这门学科最强大的力量之一。

第十四章
最终的整合

　　与此同时，博物学在另一条前线上突然苏醒了过来。也正是在德鲁斯执导其业余戏剧的那座城市，方案就位，成为了最终"起飞"的风口。在战后短暂的复苏岁月中，牛津碰巧接收到了一批不寻常的严肃而认真的大学生。其中许多人都深信，眼下正是设计出一个更好的新世界的时候，他们将搜罗起战前留下的碎片，并将之重新整理为某种更精良更持久之物。

　　而在陶醉于这一氛围的众人中，恰好有两位年轻人都是狂热的鸟类学爱好者。一位是 B.W. 塔克（B. W. Tucker），当时正跟随朱利安·赫胥黎学习动物学，他本人很快也成为了牛津大学的动物学讲师。另一位是 E.M. 尼科尔森（E. M. Nicholson），他不是业内人士，而是一位历史学家，并一直是这门学科的业余爱好者，但他注定在博物学的机构建设层

观鸟者的野外装备，出自 C.F. 滕尼克利夫（C. F. Tunnicliffe）的《鸟的摄影》
（*Bird Portraiture*），1945 年。（伦敦林奈学会藏）

面，取得不亚于德·拉·贝什的丰厚成就。两人分别以各自的方式示范了一种永远稀少的角色——脚踏实地的梦想家。他们创立了现代英国田野鸟类学，而且根基稳固，成效显著，一以贯之地兴旺发展，并影响了众多姐妹学科。

如前文所述，他们有幸掌握了天时和地利。同时，他们还有另一点幸运之处，即同辈中有大量具有类似倾向之人。这些因素足以在1921年催生出了一家牛津鸟类学协会（Oxford Ornithological Society）——顾名思义，这家协会宣告了对过去的广义博物学的有意背离。与近百年前另一家由进取的年轻人小圈子组成的协会——爱丁堡植物学协会——一样，这家协会也将会产生远远超出其规模和年龄构成的巨大影响。因为在一个没有专业人士的领域，任何有幸在其最热情和最空白的生命阶段投入其中的人，都必定会斩获到一份宝贵而生动的蓝图。如果这些将共同的思维与信念投入在对此的构建之中的人们一直保持着联系，并自视为某种重要的新事物的守护者，那他们的主导力量就势不可挡了。

另外，仍然和爱丁堡的博物学家一样的是，牛津的鸟类学家们也将信任建立在了方法之上。他们认为，若没有精心的规划和严格的纪律，志愿研究往往不会产生多少科学成果。不管怎样，规划的思想在当时如日中天，它也是这一初出茅庐的理念体系的一种不可抗拒的要素。就算他们没有成为博物学家，他们也一定会在一些更广阔的生命领域表现出这一坚定的能量趋势。一如既往，在对新颖的鸟类协同研究的倡导者中，也的确有几位最突出的人物向前一步，在相仿的人类学研究中发挥了类似的催化作用，他们是：汤姆·哈里森（Tom Harrisson），群众观察组织（Mass-Observation）的联合创始人，刚刚开展过英国的水鸟普查；以及尼科尔森和赫胥黎，两人帮助启动了新的社会和经济研究机构 P.E.P.。

牛津鸟类学协会主要是塔克的贡献。从一开始，他就担任了荣誉秘书一职，之后的三十年里，该机构所迈出的新步伐也大多归功于他。虽然非常害羞和谦逊，但他身上集合了众多闪光的美德和天赋：感染人的热情、对于工作的贪恋、对鸟类学的全方位投入、担任委员的才能等等。早期，他也从其中一位最伟大的爱德华时期的能手那里吸取了经验，即令人敬畏的乔丹，非常幸运的是，当时乔丹就住在阿宾登的附近，担任乡村牧师，两人来往起来非常方便。有乔丹作为协会的联合编辑，基本保障了相当高的标准；两人在随后的年份中打造了《牛津鸟类年报》，同时在更广义上，这家协会本身为所有不久后成立的专业鸟类学协会打造了一个样板，它大大提升了出版记录的整体精确水平。

在塔克忙于排练交响乐团时，尼科尔森上演了高超的小号独奏。也就是说，他的贡献首先是成为了一名传道者。1926 年，在他只有 21 岁时，便出版了《英格兰的鸟类》（*Birds in England*），随后，他很快又出版了众多其他书籍（不必说《新政治家》之后的众多期刊文章），他试图在这些书中抓住大众的注意力，并说服他们——当时通行的研究方法需要一场大变革。

那本书的全名是《英格兰的鸟类：对当前鸟类生命状态的记述，以及对鸟类保护的批判》（*Birds in England: An Account of the State of Our Bird-Life and A Criticism of Bird Protection*），从若干方面看，这都是一本精彩绝伦的书。如副标题所示——依稀有种社会政治短文的感觉——这基本上是一篇论辩文：一位近期顿悟者的精神宣言，他"直到四年前"还是一位鸟蛋收藏者。

本书开篇指出，自战争以来，一股收藏热潮正在复苏，多数参与者都是前军人或成功的商人，这是长久的约束状况下所未见的一个新现象。此类行为虽然应受谴责，但它属于一种更普遍的趋势，这一趋势也明显俘虏了鸟类学，这就是："一种对于数量和记录的自私的现代欲求"，此时，这种凌驾一切的痴迷几乎将一种实际上的"古老的理性嗜好"掐灭。有没有枪，结果都差不多。鸟类学受到了旷日持久的扭曲，陷入了对于猎物的空虚竞争之中。虽然后来浮现出了如今已成为标准的逆风——保护主义者"愚蠢而片面的长篇大论"——但这些很难被视为建设性的选择：它们仅仅累积成了一种过度的情绪反应。取代这两者的是——这也是本书的主要课题所在——一种如今急需的更成熟的观点，它体现在新兴的鸟类"平衡"研究（这也构成了其中连续两个章节的名称）和鸟类与栖息地（用植物学家的话来说，即它们的生态）关系的研究之中。

　　尼科尔森以令人钦佩的洞察力，察觉到了刚刚彰显出的各种明显无关的知识泉涌的重要性，并马上认识到，一种复苏式的整合即将到来。这显然是当前僵局的正确出路。而不同于一些前人——也感到了即将到来的经由生态学的释放——他能通过对于其释放形式的冷静评估，以及通过比较准确地辨别出学科中最能响应该方向上的助力的现有元素，来克制自己的兴奋情绪。他也并未受到误导，认为鸟类学的道路一定要比照植物学的道路。他对其形态有明确把握，这一点提醒着他，这门学科必须沿着自身的道路发展，其最终的模式也可能会大不相同。而他自己要做的就是，跟着感觉前进，听命于自己的直觉。

　　1927 年，他出版了另一本书《鸟类生活》(*How Birds Live*)（仍搭配了犀利的副标题："以现代观察透视鸟类生活"(Bird life in the Light of Modern Observation)），同时，这一年也见证了组织化层面的首个重大进步。当时，塔克结束了在剑桥的短暂停留后，刚刚返回牛津。此时，牛津鸟类学协会吸引了他全部的注意力，也得到了尼科尔森等众人的热情投入，很快就沸腾了起来。显然到了行动的时刻；于是，主要在塔克的倡议之下，"牛津鸟类普查"项目启动了。

起初，该项目基本没有实质内容。它成为了某种长期而独特的工作项目的便利标签，而此类项目也成为了新颖的团队研究方法的试验场。这方面的一个标志性样本——首个英国协作诱捕基站（不论大小）于这年秋天在基督堂草坪（Christ Church Meadow）成立了。每日有四组人轮流前往该基站工作，它不仅高效履行了它所宣誓的职责，同时也展现出，只要将一批人的努力汇聚一堂，便可打造出一种新的研究设施，从而可启动一些凭一己之力无法开展的调查方向。

不过顾名思义，普查工作还是这个新机构的特别任务所在。在这里，小规模的探索性作业展现了令人鼓舞的成果。于是，次年，尼科尔森鼓足勇气，试水了首次真正大规模的单一物种普查，以期向整个鸟类学界展现出这一做法的优势。

为此，苍鹭——因其体格大，容易辨别，以及鸟巢大，且成群分布——成为了理想对象。此外，《不列颠鸟类》杂志——因其独一无二的广泛覆盖，再加上人们已经将之默认为了此类事业的积极倡导者——也自告奋勇，成为了整体的赞助商和主要的沟通媒介。与此同时，该项目也提供了一个有益的方式，将这一新的牛津理念与另一项历史悠久的、同样进步的英国鸟类学传统（尤其与威瑟比息息相关）正式联结了起来。

不过，召集必要的庞大志愿者团队的任务并未完全落在《不列颠鸟类》身上。为实现尼科尔森提议的更具野心的规模，相应的呼吁也发表在了其他一些主要的专业杂志以及大量的地方报纸上面，甚至发表在了《每日邮报》(*Daily Mail*)上（这可能是博物学界首次冒险登上了全国推广的舞台）。最终，共有近四百人登记并提供了协助，可能还有另外的四百人也参与了进来，但没有留下记录。这个数字是之前所有的短期项目无法比拟的（相比来看，之前所有此类规模的采集记录的网络项目，都是一些闲散的、旷日持久的活动），而且可想而知，管理工作也十分繁重。而两项重要创新大大减轻了工作负担。首先是一套委派体系——让一些最可靠的协助人员负责全国的某些大区；其次是对私家车的大量使用。

项目大获成功。他们首次完成了对一种留鸟的基本全面的全国性普查，激起了广泛的关注和热情，也为未来确立了机制。最终的数字——大概每位观察者观察到了八个有鸟的巢穴——也反映出，覆盖范围可以做到足够密集，以缓和对于该方法之基本准确性的质疑。

随后，凤头䴙䴘调查(Great Crested Grebe Inquiry)于三年后的1931年启动。这次的规模又大了许多。而且，挑选的鸟类更为少见，栖息地也更难寻觅。尽管如此，通过之前学到的经验，两位组织者汤姆·哈里森和 P.A.D. 哈罗姆（P. A. D. Hollom）着手网罗了一个新的志愿者队伍。他们的媒体攻势铺天盖地：除了日报、晚报、地方报、周报、甚至体育报纸上的通告外，还在《泰晤士报》上做了一份特辑，一些学术期刊也刊发了关于此项目的文章，BBC 甚至在新闻时段前广播了志愿者的招募信息。最终，该项目共收获了逾 1300 人，是之前活动的三倍。英格兰和威尔士的每片逾四英亩的淡水水域都在一年内至少接待了一位观察者，他们总共记录下了约 2650 只成鸟，合每位观察者两只——更惊人的一个比率。

虽然威瑟比和他的杂志为此贡献了一些财务支持，但任何如此大规模的项目一定会让某些参与者大为破费。另外，哈里森和哈罗姆虽然只是兼职人员，却要应对来自 15 个国家的 5000 封信件，同时还要亲自去信英国所有知名的鸟类学家、大量地方上的博物学家、动物标本剥制师、城镇牧师、地主以及能探索教区内湖泊状况的神职人员，等等。

显然，照此速度，有能力有意愿参与重大国家调查的人员很快就会耗尽。因此必须寻找一些开源节流的方法；而为了实现这一点，必须由一些成熟机构来接手这些任务，将之作为一项长期的日常工作来执行，如此才有可能摆脱毁灭性的临时性工作方式。但棘手之处在于，这些项目已经变得异常庞大，实在找不出什么候选对象愿意接手。因此，唯一的选择似乎就是量身定制一家全新的机构。

而此时，其他一些发展也开始指向这一方向。首先，追随者的数量出现了指数式跃升。1925 年至 1930 年间，《不列颠鸟类》环志项目的参与人数剧增了 150%。在这种情况下，伦敦博物学协会在 1928 年任命了一位专门的鸟类环志秘书（Bird Ringing Secretary）。而两年后，当朱利安·赫胥黎在一系列谈论观鸟的电台节目中向听众征询有关麻雀攻击报春花的讯息时，超过一百封信件蜂拥而至。

其次，牛津鸟类普查项目已足够成熟和稳固，因此有能力聘请一位总监了。1930 年，这个位子被授予了澳大利亚鸟类学能手 W.B. 亚历山大（W. B. Alexander）。资金源于农业部和新的帝国商品推广局（Empire Marketing Board），因为这一研究项目具有强大的实用意义。

如此，该普查项目又确保了至少三年的存活期，它也开始呈现出一种明显的组织化框架，如此便可培育出一个基础更广泛的田野鸟类学研究所（Institute of Field Ornithology）——如尼科尔森和塔克多年来设想的那样。"鸟类学急需一个总参谋部来指导工作，让大家的努力卓有成效"，他后来曾如此写道。而随着他的比喻变得军事化，他心中的想法也越来越清晰了。

1932 年 5 月，随着"英国鸟类学信托基金会"（British Trust for Ornithology）的设立，这些问题被摆上了台面。这份信托正是要为这样的机构筹措资金——首先要筹得必要的初始资金。为此，他们发出了一项公开呼吁，目标 8000 英镑。

但这一次，事情并未水到渠成。大学方面虽然准备为该项目免费提供场地，但并不打算贡献更多。更糟的是，呼吁本身也受到了大萧条的打击，效果令人大失所望。唯一的可喜之处是威瑟比的慷慨解囊——他对所有牛津项目都给予了大力支持——他将其大量的鸟皮收藏卖给了自然历史博物馆（伦敦），从而为该基金会筹得了很大一部分启动资金。即便如此，整个数目还是远远少于最初的预想。尽管这家基金会（尼科尔森恰如其分地当选为了首位荣誉秘书）适时展开了各种预期的行动，但最终呈现出来的还是一个遗憾的妥协产物。与此同时，虽说它本质上与它意图取代的牛津鸟类普查组织没什么区别，但它的确斩获了一种全国性地位，这一点则是重大进步。这至少确保它成为了英国公认的鸟类协作研究中心，如此便可推进相应的工作计划。

1938 年，救兵终于出现了。大学方面终于明白该项目能带来正式的认可，于是开始为其投入一小笔的年度补助。不久后，一项司法倡议又让它得到了来自格雷子爵纪念基金（Viscount Grey Memorial Fund）的 3000 英镑。如此，它终于有了落实其最初理念的机会，同时，它也更名为了爱德华·格雷田野鸟类学研究所（Edward Grey Institute of Field Ornithology），以示感谢。

与此同时，另一个迥异的领域也开始完成"起飞"的准备，而且问题要少得多，这就是对于完善的观鸟哨所的建设。

这项事业也依然可追溯至牛津鸟类学协会。W.B. 亚历山大则在这方面提供了持续的启发。在他前往牛津并在牛津鸟类普查组织任职后，很快就将自己的这一特殊喜好感染给了协会中的其他几人，于是在 1931 年至 1932 年间，他们在诺森伯兰郡海岸外的霍利岛（Holy Island）开展了一项预备实验。尽管伊格尔·克拉克、加特克等人早就进行过这方面的萌芽尝试，但在英国，其中的可能性还是大体湮灭在了视野之外。此时，一位荷兰人带来了新的推动力，近期他在泰瑟尔岛的鸟类迁徙基站（Vogeltrekstation）名声大噪，从而推动了可见迁徙层面的兴趣复苏。而推动此项荷兰工作的则是德国人和瑞士人更惊人的成就，特别是黑尔戈兰岛上的那些成就。这里的岛民们长期使用一种漏斗形的巧妙圈套，来诱捕经常光临的大群的鸫，如今这一装置已开始发挥科学用途。"黑尔戈兰岛圈套"的效果很好，因而成为了所有此类环志基站的核心配置。相应地，黑尔戈兰岛也成为了亚历山大及其团队下一步自然要去的地方。

他们在 1933 年成行，回程时燃起了双倍的热情。在他们一行人中，有一位罗纳德·马赛厄斯·洛克利（R. M. Lockley）具有得天独厚的优势，他刚好住在一座完美适合此类项目的岛屿上。这就是位于英吉利海峡的斯科克霍姆岛（Skokholm），他一直以近乎象征性的每年 26 英镑的价格，租住在此。他很快就在那一年的晚些时候，在其植物园里竖起了一件对黑尔戈兰岛上的特鲁塞尔板的忠实复制品。次年夏天，他以类似于兰贝岛的模式，陆续接待了众多客座的鸟类学家，付给他们费用，让他们协助自己的工作。

虽然斯科克霍姆岛算得上是英国首个现代观鸟哨所，但很长一段时期内，它都是一项私人、甚至个人事业。而首个完全基于协作来运营和安排人员的项目则属于一批爱丁堡的学生，其中的领头人是乔治·沃特斯顿（George Waterston），他们在这段时期组建了中洛锡安鸟类学俱乐部（Midlothian Ornithological Club）。1934 年 1 月，在他们的鼓动下，爱丁堡一家主要的科学协会皇家医药协会（Royal Physical）热忱地决定，要在附近的梅岛（巴克斯特女士和林图尔女士已经表达出，这里非常适合开展迁徙研究）上打造一处观鸟哨所。亚历山大和洛克利也受邀北上贡献他们的经验；同年 9 月，中洛锡安俱乐部的年轻会员们配备了梦寐以求的黑尔戈兰岛上的罗网陷阱，开始在福斯湾展开辛苦的工作。一直到二战结束，这里和斯科克霍姆岛仍是英国仅有的两处观鸟哨所。

在 20 世纪 20 年代末前后的短暂时期内，牛津也贡献了一项进一步的突破。这一突破仍然基本归功于战后首波大学生中的一员，而且和塔克一样，他也是朱利安·赫胥黎的学生。他就是查尔斯·埃尔顿（Charles Elton）。

虽然赫胥黎本人对鸟类行为的浓厚兴趣发挥了一定作用，但植物学家们在领会植被动态方面取得的进步也一样会引起年轻动物学家们的注意，让他们走上相同的方向。因为从群落分析的角度看，它们并非显而易见的研究对象，动物在整体上不够静态，而且一般位于视野之外，因此往往成为了被生态学忽视的一个领域，至少在英国是如此。那门学问早期的地理学偏见无疑也构成了阻碍，因为整体来看，动物并不会顺从地让人类锁定它们的位置。在相当长的一段时期内，就算英国存在任何动物生态学，也主要局限在海洋层面，潮间带醒目的生物存在促成了植物学活动向动物学领域的流溢。

而为了吸引鸟类学界在这些方向上展开工作，值得一提的最早尝试似乎出现在 1914 年。这一年，S. E. 布罗克（S. E. Brock）在《不列颠鸟类》杂志上的一篇长篇论文中指出，鸟类的分布与植物生态学家划分出的群落类型存在明显的关联。1921 年，他再接再厉，在《苏格兰博物学家》（*Scottish Naturalist*）上发表了一份关于"苏格兰鸟类关联"（Bird Associations in Scotland）的记述。遗憾的是，他的整个研究方法过多地出自于植物学的立场，因而未能吸引到鸟类学学生的兴趣；同样的话也可以形容 W.H. 索普（W. H. Thorpe）写于 1925 年的一篇更具野心的论文。

此时，另一些研究开始呈现出一种源于达尔文和卢伯克的更正统的行为学传统。1922 年，H.M. 莫里斯（H. M. Morris）带来了一份关于一小片罗瑟姆斯特德耕地中的所有无脊椎动物的普查结果。不久后，W. S. 布里斯托开始发表一系列关于蜘蛛习性的论文，C. B. 威廉姆斯（C. B. Williams）则开启了关于昆虫迁徙的长期研究，后来又延伸到了对空气流动（aerial currents）的细致探究。这些迹象表明，在非海洋动物学家群体中，终于也出现了一股兴趣的喷涌。

坦斯利说过，20 世纪 20 年代中期，这门科学的植物学一面也呈现出了首个明确的繁荣迹象——很大程度上就归功于他本人大获成功的教科书《实用植物生态学》（*Practical Plant Ecology*）。此书极具工具价值，获得了中学、大学生们的一致欢迎。而此时，显然也是时候在动物学领域开疆破土了。1927 年，埃尔顿的《动物生态学》（*Animal Ecology*）问世后便即刻被奉为经典。埃尔顿通过此书以及随后的论文和书籍，为大众介绍了一组清晰分明的理论，可媲美此前关于植物的一切精巧论述，他也成功推广了一些理念，如食物链、栖域以及天然数量调节，这些理念立即得到了熟悉动物王国典型模式的人们的共鸣。五年内，动物学家在英国生态学协会（British Ecological Society）中的占比大增，而他们的兴趣又如此不同，因而不得不为他们出版了一份专门的《动物生态学学报》（*Journal of Animal Ecology*）。1930 年，淡水生物学协会（Freshwater Biological Association）成立；1932 年，牛津成立了尼科尔森鸟类学机构的姐妹组织——埃尔顿自己专门的动物种群局（Bureau of Animal Population），这些现象都进一步证实，该领域正快速壮大机构势力。

　　"种群"（population）成了这段时期的一个关键词。动物学家和植物学家都在学习将自然看做一幅集体构成的马赛克拼图，每块拼图都有其自身的内在动态和各不相同的流量。蒂勒松（Turesson）在瑞典的工作——发表在 1922 年后漫长的系列论文中——提醒植物学家们采用实验培育技术来研究植物物种，研究它们不同空间部分的遗传结构。在英国，此类工作发展于 20 世纪 30 年代，两个主要的关联人物是 W.B. 特里尔（W. B. Turrill）及其常规合作者 E. 马斯登－琼斯（E. Marsden-Jones），前者是邱园植物标本馆的工作人员，后者是业余人士，一位地主阶级的实验主义者（延续了最优秀的往日传统）。类似的，这一"遗传生态学"在动物学中的对应面也在 20 世纪 30 年代发展了起来——虽然晚了一些——归功于另一对硕果丰富的业余－职业伙伴：牛津教授 E. B. 福特（E. B. Ford）和中学教师 W. H. 多德斯韦尔（W. H. Dowdeswell）。他们关于蝴蝶和飞蛾种群遗传结构的研究也从 R.A. 费希尔（R. A. Fisher）的积极兴趣中获益良多，后者在这些年中执行了一项划时代的任务——以最新的孟德尔遗传学说来完善进化论最终的统计学依据，以此来支撑达尔文的理论。遗憾的是，由于他运用了高度量化的研究方法，因此只得到了极少数人的关注。

　　此类业余人士与专业人士的合作标志着，博物学与生物学终于逐渐汇聚了起来。越来越多的普通田野工作者们开始熟悉各类新颖的科学方法和专业知识，这些方法和知识部分建立在实验室的基础之上，要想富有成效地应用它们，需要具备一定的职业水平。所谓"新博物学家"的轮廓正浮现出来：伟大的田野传统的拥护者们决定运用新颖的知识形式，以获得对于自然更为透彻的理解，同时也有助于科学目标的达成。如今，随着私人收藏的退潮而消失的方向感重新显现在了这一充满希望的再融合中。

1928 年，仿佛为了庆贺此事，英国生态学协会（British Ecological Society）宣布了一项重大的集体事业:《不列颠群岛生物学植物志》（Biological Flora of the British Isles）。这项事业由协会期刊上的系列论文组成，这些论文由不同作者撰写，对不列颠清单上的每一种花卉植物和蕨类植物的生态和习性展开了事无巨细的研究。整个项目包罗万象，乐观而大胆，显然需要多年时间才能全部完成，不过，好在这样的任务并不需要多少协同合作。

这套生物学植物志展现出了生态学界的满满自信。如今，这种自信情绪也逐渐满溢到了博物学的每一个角落。与此同时，生态学家本身也开始成为广阔背景下的一股重要力量，对于此前隔绝或半隔绝的学科分支发挥了宝贵的黏合作用，以一种健康的重新定向对博物学进行了全面加固，同时为其上层贡献了一些非凡的思维开阔之人，其中许多都在日后推动政府开启保护倡议的运动中扮演了领导角色。

现在，是时候让博物学的其他分支来复制鸟类学的一些组织化成就了。但由于无法吸引到如此多的人力，它们的尝试也只能是中规中矩的。而作为后来者，他们也很难期望去重现原初探索者的冲劲。然而，即便容忍这样那样的缺陷，他们获得的反响依然低得可怜，令人大失所望。

而就在此时，庞大的英格兰和威尔士土地利用状况调查项目（Land Utilization Survey of England and Wales）适时启动（仅仅在大肆宣传的苍鹭巢穴普查项目（Census of Heronries）开展之后两年），这一点更加彰显了植物学家的"惰性"。该项目由英国地理协会主持，这样一种全面覆盖的活动形式对于一般的田野植物学家具有天然的吸引力，在其他情形下可能会催生出大规模的分布调查项目（如 20 世纪 50 年代最终展开的那种）。一如从前，当时主要的全国性机构——植物学协会和标本交易俱乐部（Botanical Society and Exchange Club）——正处于反常的晕头转向的状态，正试图从损失德鲁斯的创伤中重塑平衡。在这个关头，该组织所能做的最重要的工作就是收紧其记录接收流程（早就该做），以及按照其新上任的荣誉秘书 W.H. 皮尔索尔（W. H. Pearsall）的提议，建立一个由地方郡县秘书组成的去中心化的体系，"保障我们的植物分布和周期变化记录的完整性和准确性……同时，我们也可以向他们咨询一些植物信息的真实性"。显然，它尚未进步到乔丹和威瑟比时期的英国鸟类学的程度。

昆虫学家的情况要好得多。1931 年，一位退役的海军军官 T. 丹罗伊特上校（Captain T. Dannreuther）在研究过其所在地区的协会黑斯廷斯和圣伦纳兹博物学协会（Hastings and St Leonards N. H. S.）后，创立了昆虫迁徙委员会（Insect Immigration Committee）。这背后的想法其实是要复制那个在 19 世纪 80 年代的候鸟研究中得到完善的系统。虽然起初只打算局限在东南部地区，但最后，罗瑟姆斯特德实验基站（Rothamsted Experimental Station）的 C.B. 威廉姆斯博士（Dr C. B. Williams）——因为这带来了一个绝佳的机会，能让他得到大量的数据，以便在这个方向上展开深入的研究——说服了委员会，将范围扩大至了整个国家。委员会设计出了标准的记录卡片，并在各类期刊上刊载了通告，由此吸引到了大量的志愿者，且每人都带着自己的一套装备。

在 20 多年的时间里，丹罗伊特上校都在凭一己之力推进该项目，自己负责卡片的收集工作，然后交给罗瑟姆斯特德实验基站进行详细分析以及储存。成果每年以特别报告的形式登在《昆虫学家》上。

虽然相比某些鸟类调查来说规模较小，不过，这一规划良好的事业仍然大获成功，甚至在日后得到了荷兰人的仿效——这是很高的荣誉。同时，它也具有很重要的历史意义，因为这是业余志愿者们第一次，明显代表着不直接参与管理的专业科学家们，开展了此类工作。就此来看，这是伊格尔·克拉克式研究的一项重大进步，这标志着，如今的业余爱好者有幸掌握了一种新的科学工具，能获取到专业人士仅凭一己之力无法取得的某些类型的信息。转眼间，业余人士就成为了科学不可或缺的组成部分。

不过，就算这一点基本实现，眼下的情况也很难得到毫无保留的欢迎。许多博物学家都对此表示了公开的敌意，他们视之为博物学的官僚化。的确，不能假装怀疑论者会消失不见。在有些人看来，任何形式的填表工作都是严重失格的：它带着一种官方印记，而这种官方印记与这样一门学科——对许多人而言这是他们远离日常办公的令人欣慰的逃逸之所——是相斥的。还有一些人，宣称在所有这些对于程序与纪律、团队合作和培训的强调之中，闻到了一股过度组织化的卑劣气息，足以扼杀必要的自发性。不止一家博物学杂志的过刊中都携带着由此爆发出的周期性狙击的弹孔。

不可否认，过程中的确出现了一些错误。那些在交流线末端翻阅论文之人，有时会愧疚于他们的疏远，或是患上了一些容易感染久坐者的隐伏疾病。有时，积累更多记录仿佛成为了目标本身，或仅仅是为了填满志愿者团队的胃口。即便有时目标清晰而且重要，但最后的数据仍会无人照管，堆积如山的辛劳被错误地拿来喂养众所周知的老鼠。太多情况下，经由此类方式完成的基础工作都被荒废了。

不过，虽然存在以上缺陷，但显然，这些新方法还是从一开始就扎下了根。若没有它们，博物学想取得进步就难于上青天了。而认为这些方法失格之人，也只能选择对此视而不见，继续采纳自己中意的其他方法。

尼科尔森本人也在此后强调，认为博物学会因这一发展而受损的担忧最终证明是毫无根据的：

> ……相反，更完善的组织释放出了充沛的能量和想法，呈现出了前所未有的生命力和创造性成长的浪潮……在这一具备适应力和响应力的体制内……个体的影响力并未被削弱，反而得到了强化和提振。

英国鸟类学信托基金会的另一位后期秘书对这个问题可能给出了最好的表达：

> 市面上存在一种纯娱乐性的对于自然的强烈兴趣，这未必同田野研究有什么相干……要达成科学目的，需要一种自我强加的纪律，并且要认识到，在终极层面上，平凡的要比非凡的更令人兴奋，只有当正常的得到了充分了解后，从正常之中出离的反常才有

可能被领会。

两部重要的综合性作品恰如其分地为 20 世纪 30 年代画下了句号。其一是坦斯利强大的概论作品《不列颠岛屿及其植被》(*The British Islands and their Vegetation*)，出版于 1939 年。其二是更恢弘的《不列颠鸟类手册》(*Handbook of British Birds*)，推出于 1938 年至 1941 年间，由四位作者合著：威瑟比、乔丹、泰斯赫斯特和塔克。后一部书如标题所示（虽然不太如实，其实是沉重的一摞），被视为了前代人重要的教科书——威瑟比的《不列颠鸟类实用手册》(*Practical Handbook of British Birds*)（1934 年终于绝版）——的更新版本。同样，坦斯利的那部书基本上也是对其 1911 年出版的《不列颠植被类型》(*Types of British Vegetation*)的扩充。这两部书基本维持了之前的骨架，但都膨胀到了几乎不可掌控的厚度——《不列颠鸟类实用手册》一书多达五卷——这一点也印证了这段过渡期内知识扩张的幅度。对于过去三十年来的非凡努力而言，这两部伟大的"圣经"构成了最好的纪念，此前英国博物学家的集体付出都被荣耀地涵盖其中。

此时，英国博物学进入了名副其实的黄金年代。随着机制的完善，这门学科的兴旺也有了保障。数量得到了年复一年的增长；这种情况虽然很可能引发工作质量的显著下降——如 19 世纪 50 年代的前一次喷涌中曾发生的那样——但并未出现。这一次，博物学的扩张并未力不从心。

此时的动能如此强大，以至于战争的爆发也未能中止持续积累的招募人潮。詹姆斯·费希尔（James Fisher）的《观鸟》(*Watching Birds*)在恰逢时机的 1940 年（很难说是最祥和的一年）出版，提振了这一学科的士气。这是同类书籍中的一部经典之作，它阐释了新的研究方法，并且面向了此前无法触及的广大外行读者，更广泛地传播了鸟类学的吸引力。部分归功于此书的影响，在 1939 年至 1944 年间，英国鸟类学信托基金会的会员近乎倍增，而且这一点发生在那样一个困难时期，许多需要在乡村自由通行的工作方向都被迫戛然而止。

甚至连这一普遍的田野工作的挫折也化为了丰硕的成果。被禁锢的热情向外溢出，投入在了更无畏的项目之中，为日后和平年代的博物学奠定了基础。在更广大的领域中，这一战争期间短暂而丰沛的理想主义年岁带来了贝弗里奇报告（Beveridge Report）以及 1944 年的教育法案。而对于博物学家而言，这一时期的成果也很丰硕。其中最显著的三项是：全新的机构类型、出版界的一项重要启程以及政府更多介入的开启。第一项成果是驻地式的"田野中心"，该理念发源于一位伦敦中学督察员 F.H.C. 巴特勒（F. H. C. Butler）在战时向乡村地带的撤退。第二项成果是《新博物学家》（New Naturalist）系列，这项前所未有的尝试将通俗化的学问、诱人的产品以及对一种杰出理念的宣传整合了起来，同时证实了在乏味甚至恼人的书籍行业里，存在一个此类级别的有价值的市场。第三项成果是一系列官方公告，首先是 1942 年苏格兰乡村地区土地利用状况调查委员会（Scott Committee on Land Utilization in Rural Areas）的一份报告。该报告倡议，由政府主持创建一个全国性的自然保护区体系。

这三项成果的影响都十分深远，特别是最后一项。因为在此基础上，在众多委员会做出了大量耐心的引领工作后，1949 年 3 月，司法机关终于正式成立了大自然保护协会（Nature Conservancy）。

由此，这座坚持不懈的大厦终于筑好了它的顶梁柱，此时距其开建已近三十年时间。而仿佛为了强调这一点，在西里尔·戴弗上校（Captain Cyril Diver）主持了关键的头三年后，总监的位子刚好由那位新博物学家的化身、充满魄力与想象力的尼科尔森接任。

随着这一机构的成熟发展，大不列颠（并非全部英伦列岛，呜呼）的博物学家们等于收获了一家为自身需求量身定制的商业银行。不仅能从中获得此前闻所未闻的大笔资金，投入在各种中长期的项目之中；而且还涌现出了大量高技能的固定员工，除常规的管理工作以外，他们还能私下投入在高深的工作之中，从而构成了额外丰沛的创新能量源泉。从此以后，许多有价值的项目（需要的不只是业余兼职者们间歇性的投注）——之前已经打下基础的，或完全未启动的——都可以自信地开展起来了，因为人们知道，哪怕最恶劣的情况发生，还是有可能得到这个终极支持者的帮助。更棒的是，从此以后，当一位创始人无力再支撑某个成熟项目时，或至少无力维持其适宜的规模时，永远可以将负担转嫁至那些资金更充裕的肩膀之上。

在这方面，一个早期的著名受益方即英国鸟类学信托基金会，截至20世纪60年代中期，其近一半的收入都源于公共资金的补贴。在这样的实质支援下，该机构也得以从寒酸的阁楼和仅有一位全职员工（布鲁斯·坎贝尔（Bruce Campbell））的现状，扩张到了拥有自己的一座宏伟的总部建筑及一支23人的员工队伍——尽管它只有约4000名会员，而年费只有区区30先令。

对于另外一些尚无余裕聘请驻会研究员的机构来说，大自然保护协会的到来也恰逢其时。不列颠群岛植物学协会（Botanical Society of the British Isles）在1954年至1962年间开展了先驱式的规模庞大的分布调查项目，当这一项目正式终结时，该机构将一百多万份记录的储备、量身定制的数据处理机制，甚至一个有独特专长的全职团队直接交到了大自然保护协会的手中。如今，它们成为了全国性的生物学记录中心（Biological Records Centre）的内核，该机构在博物学所有其他分支中发挥的作用，类似于鸟类学界早已存在的那类收藏兼服务性质的永久性机构。从此以后，在大自然保护协会的资助下，通过对各种设备的改良，通过对各有机物全国性分布调查的齐头并进，英伦列岛上的动植物分布研究掀起了一场革命。

但顺理成章的是，大自然保护协会对于保护主义领域发挥了最令人振奋的影响。几乎一夕之间，国家自然保护区和具特殊科学价值地点就在各地冒了出来，与此同时，各所大学以及大自然保护协会内部也针对此类机构的管理问题启动了大量形形色色的研究项目。1956 年，在大自然保护协会的有力敦促下，郡县博物学家的信托基金也开始大幅增多，并稳步覆盖了整个国家。

1958 年，自然委员会（Council for Nature）成立；1959 年，保护队（Conservation Corps）成立；1963 年，全国自然周（National Nature Week）问世，1970 年则被定为了欧洲保护年（European Conservation Year）。若非大自然保护协会在背后的支持和私底下不断的培育，这些机构和活动大概都无缘降生。

要详述这些近期年份的历史还为时过早。但当时机成熟时，我们可以确信，保护主义一定会脱颖而出，表现为这段时期主要的一股推动力量。但它并非独领风骚；我们已经可以感知到，一些支流也在同一时间塑造了这门学科。

其中最重要的或许是成长——数量的增长、组织复杂性的提升、知识规模的扩充等。成长令人兴奋，但也永远伴随着代价。今天的博物学中也存在着新的困难，而这困难基本是其成功带来的后果。

20世纪50年代，数量问题突然浮现了出来。这呼应了石油定量配给的终结和经济荣景的开启，汽车保有量也由此剧增。电视的普及无疑发挥了帮助作用——虽然鸟类基本垄断了屏幕上的博物学内容，但性质的转变绝没有局限在这个单一分支中。真实的情况是，博物学又收获了一层维度。博物学开始显现出一些当代大众社会的特质，暴露出了对于宣传的新的接受度。

最显著的体现即群众对田野的入侵。1955年夏天，有不下1000人前往了萨塞克斯的一处沙坑，参观在那里栖巢的一对食蜂鸟——甚至出现了一些特别组织的巴士团。四年后，超过1.4万人来到苏格兰西北部的偏远水湾，探视50年来在这个国家发现的第一窝鱼鹰，人们在为此设立的高倍望远镜前排起队来，只为张望它们一眼，由此引发了大量车流，A.A.不得不为此竖起专门的路牌。此时，社会上已经流传起一句俏皮话，说在英国，鸟类保护基本就是要保护鸟类不受爱鸟者的骚扰，观鸟者的数量已大大超出了鸟的数量，局面变得非常滑稽。

前所未见的不只是数量，还有一种即时性——大量民众会随着"新闻"起舞，在同一时间蜂拥至某个场所。在这样的大众反应中，相比表面关注的对象而言，人们似乎更享受参与行为本身——参与在一种大众追求之中。当时，这个现象也出现在了一些其他领域，比如考古学。

在这个过程中，博物学似乎再次突破了体面的屏障。从此以后，人们购买博物学书籍，加入博物学协会，是因为他们相信这些都是合乎习俗之事，而非如很久之前那样，是反习俗的。在这种情况下，博物学书籍的销量猛增，让所有人吃惊不已——尤其是出版商。一些平价鉴别书籍的销量突破了10万册，而其中一部——威廉·基布尔·马丁牧师（Rev.

W. Keble Martin）的《彩色简明英国植物志》（*Concise British Flora in Colour*）——甚至造成了全国性轰动，几乎刚一出版就卖掉了 5 万册。

受欢迎程度提升到了一个完全不同的量级。如今，博物学不仅成为了一个重要的商业市场，而且会员招募也手到擒来，以至于可以利用这一点来保障学科本身的经济利益。皇家鸟类保护协会（Royal Society for the Protection of Birds）便是这方面的一个突出的倡导和受益方。通过在大众媒体上刊登广告，该协会轻松将会员数量翻了十倍，而且买下了一座乡村大宅，又配备了大量各司其职的员工。由此带来的管理负担十分艰巨，但其他方面的好处则完全抵消了这些负担。如此，一种新型的大众组织便诞生了。绝非所有博物学协会都能够（或想要）在这方面一试身手；但这种形式的存在本身就为它们带来了挑战，让它们不得不重新检视自身的一些基本信念。

而如此快速的成长所带来的最严重问题或许是，它打乱了成熟者和稚嫩者之间的平衡，以及在一种更深的层面上，打乱了专业人士与业余人士之间的平衡。这些不同团体之间长期而丰硕的协作记录对于英国博物学的提振是合情合理的。但是我们太容易视之为理所当然，而低估了一个因素，即它是多么巧妙地建立在了一种不知不觉的对立妥协的传统之上。缺少了最低限度的积极研究者（不论专业的还是业余的）的发酵，一家协会会丧失目的性，变得平庸乏味；而过于沉重的专业性则会在一定程度上掏空志愿者的积极性，从而容易陷入舶来的学术竞赛之中。每一方都需要彼此，而将它们混合在一种持续的轻微张力之中，则会使协会受益。但如果某一方的涌入过于强势，一家协会——以及随着时间的推进，整个兴趣领域——则可能会长久地、甚至不可挽回地被淹没。

这样的威胁并不是单向的。专业人士的数量也呈现出了令人不安的快速增长。战后高等教育的快速扩张，以及政府研发（包括研究生教育）投入的大量跟进，已经大大改变了现状。短短二十年间，大学数量已经翻倍，学生数量则几乎翻了三倍，其中相当比例都拿到了生命科学或地球科学的学位。他们的涌入为博物学带来了两方面的影响，一方面大大提升了这门学科的严谨性，另一方面引入了一条复杂技术和深奥术语的洪流，哪怕最高明的业余人士也很难跟进。情况并非像有人不假思索宣称的那样——业余人士"碰到了天花板"，令人欣慰的是，他们依然可以在许多方面做出有益的科学贡献，而很长一段时期内，其中一些方面对于专业人士而言都没有什么吸引力。但还是有一项真实存在的风险，即在这样一种深奥的新知识洪流的压力之下，这门学科将变得碎片化——学术意义上如此，社会意义上亦如此。而但凡在意这门学科长久健康之人，都难以平静地设想这样的后果。

然而，我们真能确定，成长——所有形形色色的好处与坏处的载体——从此以后就会成为该领域的长久特征吗？只因为眼下没有转瞬即逝，我们就认定它会一直持续下去，这样想是否太天真了？如果说可以从以往的博物学研究中学到一条教训的话，那一定就是：其发展轨迹远非一条顺畅的上升曲线，而是一系列周期性的抽动，在公众的关注圈中进进出出，仿佛处在一位中风患者手中的放大镜下方。而且此时，随着影响公众喜好的方式大大强化，上当受骗的风险也大大提升了。此时的膨胀越惊人，未来可能出现的收缩就会更极端、更旷日持久。对于英国在博物学层面上新受到的尊敬，我们最好保持一定的审慎欢迎。

参考文献

对于这样一本主要面向非学术受众的通俗调研书籍来说，学术著作中常见的详细注释似乎不太合适。不过，鉴于这个领域还是有些偏门，而有些读者可能希望就某些方面做些深入了解。因此，简单的书单形式应该也帮助不大。于是，我采取了折中之选，逐个章节来列出主要的参考资料。为节省篇幅，我必须主要局限在具有特定历史意义且已发表的内容上面，这些也是多数博物学学生至少一开始会想要参考的内容。

第一章　组织发端

关于 1700 年前的历史，一本近期的小册子——F.D. Hoeniger 和 J.F. M Hoeniger 的 *The Growth of Natural History in Stuart England from*

Gerard to the Royal Society（Folger Shakespeare Library，1969）——提供了一份有益的概述。本书也不可避免地大大借鉴了有关该时期的两部重要的学术著作：Agnes Arber 的 *Herbals, their Origin and Evolution... 1470–1670*（2nd ed，Cambridge，1953）和 Canon C. E. Raven 的 *English Naturalists from Neckam to Ray*（Cambridge，1947）。Raven 最重要的作品，那部宏大的约翰·雷的传记（2nd ed，Cambridge，1950）——无疑是整个博物学界（至少在英语作品中）最精良的一部传记作品——主要讲述的也是较早的时期，但其中也有一些更概括的内容。凡是对这门学科的历史感兴趣的人都应该阅读此书。Canon Raven 生前也已经开始筹备 *English Naturalists. from Neckam to Ray* 的姐妹篇，从 1700 年一直写到当下，作为"新博物学家"系列的一部分；但遗憾的是，这部著作未能在他去世前完成。而从他的另外两本书来看，这部作品的未完成令博物学世界大为失色。

关于药剂师协会以及他们的"植物采集"的标准记述，可见 H. Field 和 R. H. Semple 的 *Memoirs of the Botanic Garden at Chelsea belonging to the Society of Apothecaries of London*（2nd ed，London，1878），以及更近期的 C. Wall，H. C. Cameron 和 E. Ashworth Underwood 的 *A History of the Worshipful Society of Apothecaries of London, vol. 1: 1617–1815*（London，1963）。R. P. Stearns 最早在印刷品中描述了坦普尔咖啡馆植物学俱乐部（"James Petiver, Promoter of Natural Science, c. 1663–1718"，*Proc. Amer. Antiq. Soc.*，1952, n.s. 62:243–365）；最早的发现收录在 G. Pasti 关于威廉·谢拉德未发表的博士论文中，现藏于伊利诺斯大学图书馆。爱丁堡方面的情况可见 I. Bayley Balfour 的 "A sketch of the Professors of Botany in Edinburgh from 1670 until 1887"，收录于

Makers of British Botany，ed.，F. W. Oliver（Cambridge，1913）；J. M. Cowan 的 "The History of the Royal Botanic Garden, Edinburgh"（*Notes Roy. Bot. Gard. Edinb.*，1933，19：1-62）；以及 H. R. Fletcher 和 W. H. Brown 的 *The Royal Botanic Garden, Edinburgh*，1670-1970（London，1970）。作者本人的 "Joseph Dandridge and the first Aurelian Society"（*Ent. Record*, 1966, 78：89-94）和 "John Martyn's Botanical Society: A Biographical Analysis of the Membership"（*Proc. Bot. Soc. Br. Is.* 1967，6：305-324）是最近关于这两家协会的两份全面记述，而在重新发现原始鳞翅目昆虫学家协会的三篇近期论文中，最有价值的一篇是 W. S. Bristowe 的 "The Life and Work of a Great English Naturalist, Joseph Dandridge (1664-1746)"（*Ent. Gazette*，1967，18：73-89）。G. L. Davies 在近期描述了胡克的地质学思索，见 "Robert Hooke and His Conception of Earth-History"（*Proc. Geol. Assoc.*，1964，75：493-498）。

这段时期，博物学界的一些主要人物之间的信件构成了一个储量丰富的原料矿藏。目前，这方面最大的资源是大英博物馆里的斯隆藏品（Sloane Collection），这些藏品仍未得到彻底研究，其中包含了（特别是）佩蒂弗的全部信件。The Sloane Herbarium（J. E. Dandy，ed.，London，1958）可作为一部有益的传记性索引，从中可以找出斯隆通信对象中活跃在植物学领域的人士。H. Trimen 和 W. T. Dyer 的 *Flora of Middlesex* 的长篇历史性附录可能仍是对斯隆手稿（尚未发表）最深入的选录，尤其提供了英国植物学方面的丰富史料。Stearns，Bristowe 和 Wilkinson（qq. v.）的论文中则涵盖了一些近期筛选出的昆虫学方面的内容。

17 世纪晚期、18 世纪的书信集的出版情况超出了人们普遍的想象。现在急需一份全面的索引，因为市面上两种最大的汇编本之间有大量混乱的重叠，它们是：八卷本的 *Illustrations of the Literary History of the Eighteenth Century*，J. B. Nicholas，ed.（London，1817—1858）；和 *Extracts from the Literary and Scientific Correspondence of Richard Richardson, M.D., F.R.S.*，Dawson Turner，ed.（Yarmouth，1835）。

第二章 潮流兴起

本章及第三章的前面部分探讨了人们对于自然风景兴趣提升的不同阶段，关于这方面的内容，有非常多概括性的文字。而关于本书主要关注的两个狭窄层面，两部最佳（和最著名）的作品都是以法语撰写的：Daniel Mornet 的 *Le Sentiment de la nature en France de J.-J. Rousseau a Bernardin de Saint-Pierre*（Paris，1907）和 *Les Sciences de la nature en France, au XVIIIᵉ Siècle*（Paris，1907）。另有一位文学史家 W. P. Jones 独自跟随了 Mornet 教授的步伐，发表了 "The Vogue of Natural History in England, 1750–1770"（*Ann. Sci.*，1937，2：345–352）。在这方面英国则无人能胜过 Hans Huth，他近期在这个领域展开了可敬的征程，见 "The American and Nature"（*J. Warb. Court. Inst.*，1950，13：101–149），以及 *Nature and the American: Three Centuries of Changing Attitudes*（Berkeley and Los Angeles，1957）。后面这本书尤其应该得到更多的英国人了解。Phyllis E. Crump 的 *Nature in the Age of Louis XIV*（London，1928）也应单列出来，本书探讨了 1700 年前不久的人们对待自然的态度，这基本也是唯一一份深入涉及这一主题的文献。

另一个有益的"背景"方面的贡献是 H. Richardson 的 "Fashionable

Crazes of the Eighteenth Century：With Special Reference to Their Influence on Art and Commerce"（*J. Roy. Soc. Arts*，1935，83：733-52）。

达科斯塔的悲伤故事可从 Nichols 的 *Illusations of the Literary History of the Eighteenth Century*（q.v.）第四卷上发表的他的大量信件中拼凑出来。他本人也留下了关于当时的一些主要藏家的宝贵信息，见 "Notices and Anecdotes of Literati, Collectors, etc.", *Gentlemen's Mag.*，1812，82（1）：204-207，513-517。马丁和布莱尔的鸟类收藏活动则呈现在马丁未发表的信件中，现藏于自然历史博物馆（伦敦）的植物学部。冯·乌芬巴赫对佩蒂弗的指摘可见 *London in 1710: From the Travels of Zacharias Conrad von Uffenbach*（London，1934），由 W. H. Quarrell 和 Margaret Mare 翻译和编辑——大量外国人的不列颠行纪都曾翻译出版，这是其中之一。有一些此类行纪为特定时期英国博物学的整体状况提供了交叉核对的资料。

W. T. Stearn 在皇家协会的 *Species Plantarum*（London，1957）复制版的引言中，给出了一份关于林奈系统到来的全面记述。这方面的有益材料还有他后来的一篇论文："The Background of Linnaeus' Contribution to the Nomenclature and Methods of Systematic Biology"（*Syst. Zoology*，1959，8：4-22）；以及 J. L. Heller 的一篇论文："The Early History of Binomial Nomenclature"（*Huntia*，1964，1：33-70）。不必说，关于林奈的文字是卷帙浩繁的。

关于 18 世纪后期的协会状况，主要资料有：J. E. Smith 的 "Biographical Memoirs of Several Norwich Botanists"（*Trans. Linn. Soc. Lond.*，1804，7：295-301）；A. T. Gage 的 *A History of the Linnean Society of London*（London，1938）；以及 J. M. Sweet 的 "The Wernerian

Natural History Society in Edinburgh"，*Freiberger Forschungshefte*（Leipzig，1967）。

除了大量吉尔伯特·怀特的传记外，也存在翔实传记（或自传）的主要人物还有：布拉德利、柯林森、柯蒂斯、戴尔、埃雷特、格兰维尔女士、希尔、胡克、詹姆斯·李、彭南特、佩蒂弗、史密斯、斯蒂林弗利特、斯蒂克利及威瑟林等。此外，柯蒂斯、埃利斯和史密斯的大量书信也得到了出版。

第三章　往日奇迹

在所有关于英国博物学历史的文献里面，地质学"英雄时代"方面的文献无疑是最多的。这反映出，在博物学的所有分支中，地质学总是能吸引到最多有历史意识的追随者（就其本质而言，这一点也顺理成章）。但在所有出现的书籍和论文中，我们只能列出一小部分。

首先要列出的是 Sir Archibald Geikie 的 *Memoir of John Michell*（Cambridge，1918），S. I. Tomkeieff 的 "James Hutton and the Philosophy of Geology"，*Trans. Edinb. Geol. Soc.*，1948，14：253–276（也可见 *Proc. Roy. Soc. Edinb.*，1950，63B：387–400）；以及 M. MacGregor 的 "Life and Times of James Hutton"（*Proc. Roy. Soc. Edinb.*，1950，63B：351–356）。关于威廉·史密斯的出版内容包括：T. Sheppard 的 "William Smith：His Maps and Memoirs"（*Proc. Yorks. Geol. Soc.*，1917，19：75–253）；V. A. Eyles 和 J. M. Eyles 的 "On the Different Issues of the First Geological Map of England and Wales"，*Ann. Sci.*，1938，3：211–216；L. R. Cox 的 "New Light on William Smith and His Work"（*Proc. Yorks. Geol. Soc.*，

1942，25：1-99）；以及 A. G. Davies 的 "William Smith's Geological Atlas and the Latter History of the Plates"，（*J. Soc. Bibl. Nat. Hist.*，1952，2：388-395）。而应该和以上内容一起阅读的是 J. Challinor 的 "The Beginnings of Scientific Palaeontology in Britain"（*Ann. Sci.*，1948，6：46-53），作为对于历史上过分重视史密斯的有益矫正。

J. Ritchie 的 "Natural History and the Emergence of Geology in the Scottish Universities"（*Trans. Edin. Geol. Soc.*，1952，15：297-316）为当下推进的（皇家苏格兰博物馆的 Jessie M. Sweet 和 C. D. Waterston）对詹姆森工作的全面研究奠定了一些基础。C. C. Gillispie 在其 *Genesis and Geology: A Study in the Relations of Scientific Thought, Natural Theology, and Social Opinion in Great Britain, 1790-1850*（Cambridge，Mass.，1951）中对詹姆森以来的教条纷争给出了博学而有趣的解读。M. Millhauser 的 "The Scriptural Geologists. An Episode in the History of opinion"（*Osiris*，1954，11：65-86）和 W. F. Cannon 的 "The Uniformitarian-Catastrophist Debate"（*Isis*，1960，51：38-55）均对此做出了有益补充。

最近，H. B. Woodward 的标准作品 *History of the Geological Society of London*（London，1907）被 M. J. S. Rudwick 引人注目地加入在了 "The Foundation of the Geological Society of London：Its Scheme for Co-operative Research and Its Struggle for Independence"（*Brit. J. Hist. Sci.*，1963，1：324-355）中。

更概括性的作品包括 Sir Archibald Geikie 经典的 *The Founders of Geology*（2nd ed., London, 1905），仅仅因其迷人的文采也值得一读; A. C. Ramsay 的 *Passages in the History of Geology*（London，1848-1849）；

F. J. North 的 "From the Geological Map to the Geological Survey"（*Trans. CardiffNat. Soc.*，1932，65：41-115）；H. Hamshaw Thomas 的 "The Rise of Geology and Its Influence on Contemporary Thought"（*Ann. Sci.*，1947，5：325-341）；S. I. Tomkeieff 的 "Geology in Historical Perspective"（*Adv. Sci.*，1950，7：63-67）；W. F. Cannon 的 "The Impact of Uniformitarianism"（*Proc. Amer. Phil. Sco.*，1961，106：301-314）；以及一本自然历史博物馆（伦敦）的手册——W. N. Edwards 的 *The Early History of Palaeontology*（London，1967）。

此外，大部分主要人物也都有传记问世。

第四章　维多利亚时代的背景

本章的主要资料源是无数出版的传记。19 世纪出品的传记在信息性和可读性上千差万别，其中最好的一些都出自博物学家同辈之手。福布斯、劳登、麦吉利夫雷、莫里斯、普雷斯特维奇和伍德的传记均为本章提供了相应的资料。其中，*The Journal of Gideon Mantell, Surgeon and Geologist*（E. C. Curwen, ed., London，1940）一书尤为珍贵，这似乎是英国早期的从业博物学家发表的唯一一本日志。

地质勘探局的创建及其早期岁月都很好地记述在了其两份标准历史之中，作者分别是 J. S. Flett（London，1937）和 Sir Edward Bailley（London，1952）。F. J. North 的 "Sir H. T. De la Beche：His Contributions to the Advancement of Science, and the Circumstances in Which They Were Made"（*Bull. Brit. Soc. Hist. Sci.*，1951，1：111）则在一个重要的层面上给出了补充。

W. F. Cannon 在 1964 年的两篇论文中首次介绍了"剑桥网络"（Cambridge Network），分别是："Scientists and Broad Churchmen：An Early Victorian Intellectual Network"（*J. Brit. Studies*，4：65–88）和"The Role of the Cambridge Movement in Early 19th Century Science"（*Proc. Tenth Intern. Congr. Hist. Sci.*，1962，317–320，Paris）。类似的，Noel Annan 也在 *Studies in Social History*（J. H. Plumb，ed.，London，1955）中介绍了"知识贵族"（Intellectual Aristocracy）。

关于维多利亚时代博物学休闲的模式，最佳记述可见 H. T. Stainton（"At Home"，*Ent. Weekly Intell.*，1859：73–74）、Sir Arthur Smith Woodward（"Geology, 1846–1926"，*Proc. Cotteswold Nat. Field Club*，1927、1928，23：15–23）和 A. S. Kennard（"Fifty and One Years of the Geologists' Association"，Proc. Geol Assoc.，1948，58：271–293）的文字。

第五章　效率的果实

动物学界最佳的复杂掌控相继体现在 P. Chalmers Mitchell 的 *Centenary History of the Zoological Society of London*（London，1929）、S. A. Neave 和 F. J. Griffin 的 *The History of the Entomological Society of London, 1833–1933*（London，1933）以及最近的 J. Bastin 的"The First Prospectus of the Zoological Society of London：New Light on the Society's Origins"（*J. Soc. Bibl. Nat. Hist.*，1970，5：369–388）中。William Swainson 的 *A Preliminary Discourse on the Study of Natural History*（London，1884）则很容易被忽略，此书其实是这方面以及当时的众多其他层面的一个卓越的信息源。

有关田野植物学崛起的关键材料是 S. W. F. Holloway 的 "The Apothecaries' Act, 1815 : A Reinterpretation"（*Medic. Hist.*, 1966, 10 : 107–129, 221–236）。其他补充材料可见 J. E. Lousley 的 "The Contribution of Exchange Clubs to Knowledge of the British Flora"（*Progress in the Study of the British Flora*, Lousley, ed. London, 1957）；作者本人的 H. C. Watson and the Origin of Exchange Clubs（*Proc. Bot. Brit. Is.*, 1965, 6 : 110–112）；Gertrude Foggitt 的 "Annals of the B. E. C. I. The Botanical Society of London"（*Rep. Bot. Soc E.C.*, 1932、1933, 10 : 282–288）；以及 J. E. Lousley 的 "Some New Facts about the Early History of the Society"（*Proc. Bot. Soc. Brit. Is.*, 1962, 4 : 410–412）。遗憾的是，关于沃森，没有充分的传记材料。

Progress in the Study of the British Flora 中也有两篇讲述博物学分布研究历史的关键文章：J. E. Dandy 的 "The Watsonian Vice-County System" 和 S. M. Walters 的 "Distribution Maps of Plants—An Historical Survey"。这两位作者随后也就各自的课题开展了更多写作，见 Dany 的 *Watsonian Vice-Counties of Great Britain*（London, 1969），以及 Walters 与 F. H. Perring 合著的 *Atlas of the British Flora*（London and Edinburgh, 1962）的引言部分。

F. W. Rudler 在 "Fifty Years' Progress in British Geology"（*Proc. Geol. Assoc.*, 1888, 10 : 234–372）中详述了古生物学协会的缘起，A. D. Orange 则在一份近期的论文（*Science Studies*, 1971, 1 : 315–330）中厘清了英国科学协会创立时的气氛，而另一部标准的历史书——O. J. R. Howarth 的 *The British Association for the Advancement of Science: A Retrospect 1831–1931*（2nd ed., London, 1931）——对此则描述地不

够到位，虽然其他方面都很精彩。

更多有关观鸟的各式创新内容，可见作者关于达沃斯顿的论文（*J. Soc. Bibl. Nat. Hist.*，1967，4：277-283）和 *Birds*（1969，2：296-297）。

第六章　探索边界

令人吃惊的是，维多利亚时代对于海岸及海岸博物学的发现并未得到多少严肃历史工作的关注。比如，本章讲述的水族箱的发明过程，似乎就是这方面的首份记述，其他比较重要的资料只有 Shirley Hibberd 的 *The Book of the Marine Aquarium*（London，1856）和 J. E. Taylor 的 *The Aquarium: Its Inhabitants, Structure and Management*（London，1876）。Sir William Herdman 的 *Founders of Oceanography and Their Work*（London，1928）也提供了关于拖网捕捞的早期历史的有益资料。本书作者的 *The Victorian Fern Craze: A History of Pteridomania*（London，1969）则首次尝试重新建构了强大的社会风潮对于博物学的影响。

第七章　更致命的武器

至今，植物学家的标本采集箱是唯一一个得到过详细研究的田野工具。体现在本书作者的两份论文中，见 *Proc. Bot. Soc. Brits. Is.*（1959，3：135-150 和 1965，6：105-109）。"English Entomological Methods in the Seventeenth and Eighteenth Centuries"（*Ent. Record*，1966，78：143-150，285-292 和 1968，80：193-200）和 "A Note about Nets"（*Michigan Ent.*，1966，1：102-108）构成了一份全面的昆虫学工具史中

最初的一部分，这些工具也正是 R. S. Wilkinson 当前使用的工具。

Wilkinson 和作者的两篇论文（*Michigan Ent.*，1966，1：3-11，和 *Ent. Record*，1976，88：23-25）、作者的另一篇论文（*Ent. Record*，1965，77：117-121），以及 P. B. M. Allan 的 *A Moth-Hunter's Gossip*（London，1937）的一节，加起来几乎涵盖了"糖吸法"（sugaring）的全部历史。

第八章　田野俱乐部

此时，很多地方协会都撰写并出版了协会历史，其中许多都是因为协会的百年纪念。显然，这些作品构成了主要的信息源（往往也是乐趣源）。但其中最大的一家协会只在一份期刊中分批透露了它的历史，因此需要特别提及：这份历史的作者是 L. G. Payne，标题为"The Story of Our Society"，刊载于 *London Naturalist*（1948，27：3-21；1949，28：10-22）。

关于早期曼彻斯特地区的工人协会，最佳资料仍是 James Cash 的那本标题古雅的 *Where's There's a Will There's a Way: An Account of the Labours of Naturalists in Humble Life*（London，1878）。同样，Sir Walter Elliot 的一份主席演讲，收录在 *Trans. Bot. Soc. Edinb.*（1871，11：11-13）中，则是关于贝里克郡博物学家俱乐部的最佳参考资料。

切斯特方面的突破由 W. A. Herdman 在 "*Charles Kingsley and the Chester Naturalists*"（Chester，1921）中分析过，补充资料可见 A. A. Dallman 的 "A Kingsley Note and Reminiscence"（*N. W. Nat.*，1947，22：163-164），北安普顿方面的突破则由德鲁斯本人随手记了下来，见 "Formation of the Northamptonshire Natural History Society"，*J. Northants. Nat. Hist. Soc. F.C.*，1918，19：131-142。

更概括性的一些看法可见：G. Brady 的 "Naturalist's field clubs; their objects and organization"（*Nat. Hist. Trans. Northumb. Durh.*，1867，1：107-114）；*Nature* 上的两篇匿名文章（1870，3：141-142）和（1873，9：24-25，38-40，97-99）；G. Abbott 的 "The Organization of Local Science"（*Nat. Sci.*，1896，9：266-269）；以及 J. Ramsbottom 的 "The Natural History Society"（*Adv. Sci.*，1948，5：57-64）。一些有关中学协会的隐晦资料可见 R. Patterson 的 *On the Study of Natural History as a Branch of General Education in Schools and Colleges*（Belfast，1840）。

第九章　分道扬镳

关于一些重要个体或特定的博物学家群体对于《物种起源》中的理念的反应，有很多人都写过。其中比较重要的包括：J. W. Judd 的 *The Coming of Evolution*（Cambridge，1925）；R. M. MacLeod 的 "Evolution and Richard Owen, 1830-1868：An Episode in Darwin's Century"（*Isis*，1965，65：259-280）；A. Newton 的 "Early Days of Darwinism"（*Macmillan's Mag.*，1888，57：241-249）；以及 F. C. R. Jourdain 的 "Progress in Ornithology during the Past Half-Century"（*S. E. Nat. Antiq.*，1935：43-51）。

新生物学方面的标准作品是 J. Reynolds Green 那本颇为严肃的 *A History of Botany, 1860-1900*（London，1909）。F. O. Bower 的 *Sixty Years of Botany in Britain (1875-1935): Impressions of an Eye-Witness*（London，1938）则轻松一些。社会学家 Edward Shilis 的一篇近期的论文（"The Profession of Science"，*Adv. Sci.*，1968，24：469-280）也值

得一读，它提供了观察那段时期的一个更广泛的视野。

巴宾顿和牛顿都有传记面世，此外，牛顿的一些学生也撰写了一些简短的回忆文字。

P. B. M. Allan 的 *Talking of Moths*（Newtown，1943）中有一份关于维多利亚时代昆虫学领域的商业欺诈行为的最详细的记述。两家新的全国性协会的诞生及早期岁月也都得到了记述，分别可见 P. L. Sclater 的 "A Short History of the British Ornithologists' Union"（*Ibis*，1908，Ser. 9，2：Jubilee Suppl. 19–69）和 T. Rupert Jones 的 "The Geologists' Association：Its Origin and Progress"（*Proc. Geol. Assoc.*，1883，7：1–57）。

第十章 分散的努力

在英国关于多鸟类保护有三部通史性作品：Phyllis Barclay-Smith 的 "The British Contribution to Bird Protection"（*Ibis*，1959，101：115–122）；F. E. Lemon 的 "The Story of the R. S. P. B."（*Bird Notes & News*，1943，20，67–68，84–87，100–102，116–118）；和 E. S. Turner 的 *All Heaven in a Rage*（London，1964）。最后这本延伸到了广义的动物福利层面，因此和 E. G. Fairholme 和 W. Pain 的 *A Century of Work for Animals: The History of the RSPCA, 1824–1924*（London，1924）有重叠。更具体的层面上，可见 Phyllis Barclay-Smith 的 "The Trade in Bird Plumage"（*UFAW Courier*，Oct. 1951）。另外，一些重要的美国资料也有益地拓展了这方面的视野：W. Dutcher 的 "History of the Audubon Movement"（*Bird-Lore*，1905，7：45–57）；T. G. Pearson 的 "Fifty Years of Bird Protection in the United States"（*Fifty Years' Progress of*

American Ornithology, 1883–1933，Lancaster，Pa.，1933）；T. G. Pearson 的 *Adventures in Bird Protection: An Autobiography*（Appleton，1937）；以 及 R. H. Welker 的 *Birds and Men: American Birds in Science, Art, Literature, and Conservation, 1800–1900*（Cambridge，Mass.，1955）。

英国似乎没有关于自然课的通史文本。不过，具有明显关联性的作品是 E. L. Palmer 的 "Fifty Years of Nature Study and the American Nature Study Society"（*Nature Mag.*，1957，50：473–480）。

第十一章　海岸的复原

C. A. Kofoid 的 *The Biological Stations of Europe*（U.S. Bureau of Education Bull., No.440 Washington, D.C. 1910）最接近于一份海洋基站的通史。其他更具体的英国资料有：Anon 的 "An English Biological Station"（The Times，31 Mar. 1884：4），Anon 的 "The History of the Foundation of the Marine Biological Association of the United Kingdom"（*J. Mar. Biol. Assoc.*，1887，1：17–21），以 及 Sir John Graham Kerr 的 "The Scottish Marine Biological Association"（*Notes Rec. Roy. Soc.*，1950，7：81–96）。大卫·罗伯逊也有一本传记问世。关于那座那不勒斯基站，当然留下了许多几乎同代人的记述，其中就包括一份多恩本人的记述（*Nature*，1891，43：465–466）。一份近期的盘点可见 J.-J. Salomon 的 "Some Aspects of International Scientific Cooperation"（*International Scientific Organizations*，OECD：Paris，1965）。德国有一本比较近期的多恩传记。

我们对莫尔工作的了解主要源于其中一本后世出版的珍贵的"生活和书信"作品，维多利亚时代的人们十分喜爱此类作品。而当牛顿的书信（在剑桥时候）以及哈维 - 布朗的书信（与爱丁堡的大自然保护协会理事会）得到全面的研究后，其中无疑也会呈现出更多关于这一萌芽期的材料。

1880 年 *Nature* 上的一篇社论（"Migratory Birds at Lighthouses"，22：25-6）揭示了小约翰·亨利·格尼的先驱工作。英国科学协会候鸟委员会（British Association Committee on Migration）的年报以及威廉·伊格尔·克拉克两卷本的 *Studies in Bird Migration*（London and Edinburgh，1912）加起来补全了大部分剩下的事。加特克的 *Heligoland as an Ornithological Observatory: The Result of Fifty Year's Experience*（R. Rosenstock，trans.，Edinburgh，1895）本身也是一份历史记述。

第十二章　机动性的注入

各种机动交通工具和多数新的追求都留下了各自的书面历史，但关于本世纪的英国乡村再发现的总体研究似乎尚未问世。

最接近的可能是 C. E. M. Joad 的 *The Untutored Townsman's Invasion of the Country*（London，1946），其中包括一份关于宜居运动崛起的历史。

作者本人关于达沃斯顿的论文（见第五章参考书目）中概述了喂食野鸟的历史。Brece Campbell 最近的 "Birds in Boxes"（*Countryman*，1970，75：264-72）则可视为该课题的盖棺之作，不过（哪怕只为了"彩色"），J. R. B. Masefield 的 *Wild Bird Protection and Nesting Boxes*（Leeds，1897）也值得参考。

关于早期博物学摄影的文字有很多。比较知名的包括：Ralph Chislett 的 "Nature Photography and Its Pioneers : Some Influences and

Developments of Twenty Years"（*Field*，1938，171 : 60）；O. G. Pike 的
"Early Photographs of Bird Life"（*Photogr. J.*，1951，91 : 200–210）；
Frances Pitt 的 "The Rise of Nature Photography"（*Country Life*，1953，
114 : 1952–3）；R. P. Bagnall-Oakeley，"Recording Nature with the
Camera"（*Trans. Norf. Norw. Nat. Soc.*，1954，17 : 305–315），以 及
（用 来 比 较）A. O. Gross 的 "History and Progress of Bird Photography
in America"（*Fifty Years' Progress of American Ornithology 1883–1933*，
Lancaster，Pa.，1933）。E. Hardy 讨论了谁在英国最早拍摄了动态相片
的 问 题，见 "Early Photographs of Birds"（*Country Life*，1952，111 :
1417–18）。A. S. D. Pierssené 也在 "Photographs in Victorian Bird Books"
（*Country Life*，1964，136 : 197）中探讨了一个被忽视的层面。

　　在通行语言中，至少有三份关于鸟类环志的历史: H. B. Wood 的
"The History of Bird Banding"（Auk，1945，62 : 256–265）；W. Rydzewski
的 "A Historical Review of Bird Marking"（*Dansk Orn. Foren. Tidsskr.*，
1951，45 : 61–95），以及 M. Boubier 的 *L' Evolution de l'ornithologie*（2nd
ed.，Paris，1932）中的一个章节。R. M. Lockley 和 Rosemary Russell 也在
Bird-Ringing（London，1953）中纳入了一份历史性的引言。

　　普雷格在其自传 *The Way that I Went*（Dublin and London，1937）中
讲述了爱尔兰在兰贝岛和克莱尔岛上的初始研究。

　　关于英国植物生态学的早期发展，有不下三份权威记述: 作者分
别是坦斯利本人（*J. Ecol.*，1947，34 : 130–137），以及 W. H. Pearsall
和 Sir Edward Salisbury（分别为英国生态学协会周年研讨会［British
Ecological Society Jubilee Symposium］撰文（*J. Ecol.*，1964）。

第十三章　玩乐时光

B. P. Beirne 在 "Fluctuations in Quantity of Work on British Insects"
（*Ent. Gazette*，1955，6：7-9）中通过数字探讨了昆虫学的衰落。这篇
论文非常有趣，它所领衔的研究方法也可有益地应用在博物学的其他分
支中。

我们对于德鲁斯的了解并未超出其讣告的范畴。同样，也没有任何
发表的文字讲述了这段时期他在 B. E. C. 的领导情况。

第十四章　最终的整合

尼科尔森的书对于我们了解这段时期的历史发挥着中心作用。这些
书应该和他的两篇论文放在一起读，即 "The Oxford Trapping Station"
（*Br. Birds*，1928，21：290-294，与 M. W. Willson 合写）和 "The Next
Step in Ornithology"（*Discovery*，1930，11：330-332，338）。他有益地总
结了网络研究的基本"哲学"，见 "The British Approach to Ornithology"
（*Ibis*，1959，101：39-45），另外也可见 Bruce Campbell 的 "Co-operation
in Zoological Studies"（*Discovery*，1950，11：328-330）。

关于观鸟台链条的启动，可见 W. B. Alexander 的 "Bird Observatories
and Migration"（*The Nat.*，1949，：1-8，注意其中一些日期并不准确），
和 Sir Landsborough Thomson 的 "The British Contribution to the Study of
Bird Migration"（*Ibis*，1959，101：82-89）。

下面这些参考书目没有针对特定章节，内容比较笼统一些：

J. Anker, *Bird Books and Bird Art: An Outline of the Literary History and Iconography of Descriptive Ornithology* (Copenhagen, 1938);

Malcolm Burr, *The Insect Legion* (London, 1939)。此书的第五部分包含一份非正式的英国昆虫学历史;

Richard Curle, *The Ray Society: a Bibliographical History* (London, 1954);

S. P. Dance, *Shell Collecting: An Illustrated History* (London, 1966);

James Fisher, *Birds as Animals. I. A History of Birds* (London, 1954)。*The Shell Bird Book* (London, 1966)。其中的第十章基本是一份浓缩的现代英国鸟类学历史;

James Fisher 和 Roger Tory Peterson, *The World of Birds: A Comprehensive Guide to General Ornithology* (London, 1964);

John Gilmour, *British Botanists* (London, 1944)。"How Our Flora Was Discovered", 见 John Gilmour 和 Max Walters 的 *Wild Flowers* (London, 1954);

David Lack, "Some British Pioneers in Ornithological Research, 1859–1939", *Ibis*, 1959, 101 : 71–81 ;

W. Swainson, *Taxidermy: With the Biography of Zoologists, and Notices of their Works* (London, 1840);

G. S. Sweeting (ed.), *The Geologists' Association, 1858–1958: A History of the First Hundred Years* (Colchester, 1958)。

我有意未参考各种植物学、动物学等方面的标准历史著作。因为那些著作往往拘泥于各自学科纯粹的科学发展，与本书采取的研究方法无甚相干。

但任何参考书单若少了 *Dictionary of National Biography*，都会是不完整的。本书对于此类历史著作具有非常特殊的价值。由于它开始编纂时，博物学享受着突出的地位，因此，博物学家才能如此完整地呈现在其书页之中，这无疑是今天无法达成的。而且，其中的许多单篇也都是些篇幅不大的学术杰作，最知名的部分出自 G. S. Boulger 之手。Boulger 在这方面的工作还有一个副产品，即他与 James Britten 合著的 *Biographical Index of Deceased British and Irish Botanists*（2nd ed., London，1931）。如今，*Biographical Index*（R. G. C. Desmond，ed.，1976）的一部内容扩充的新版本也已经问世。而非常遗憾的是，除了一份相当有限的国际昆虫学家索引之外，英国动物学领域完全没有这样的索引。同样遗憾的是，就不列颠群岛整体而言，没有任何著作可以和罗伯特·劳埃德·普雷格极为有益的 *Some Irish Naturalists*（Dundalk，1937）相提并论。

译后记

作为译者赘述几句，不得不说，这是本很难翻译的书。作者没有拘泥于学术八股，没有满足于单纯的研究表述，而是有深入，有浅出，有宏观视野，又有微观角度，他用不计其数的生动故事架构出了一份大气磅礴的历史画面，一边是精细的辞藻、绮丽的文法，一边是丰富的史料和敏锐的洞察。所有这些对译者都是巨大的挑战，因为水平有限，译文中难免有错漏之处，还请大家多多指正。

同时，这可能也不是一本很容易阅读的书。尽管其中讲述了各种奇闻异事，比如在树干上涂抹蜂蜜以捕捉飞蛾，比如处死昆虫的各种方法，比如水族箱的诞生始末，比如霸道的博物学家、狡猾的博物学家、吃空饷的博物学家、犯罪的博物学家等等；但是，这终究不是一本故事集，作者想说的也不只是零散的怪谈。种种学术思潮，种种发展沿革，种种社会风气，都容纳在了这本书里，专有名词层出不穷，穿针引线的分析解读也常常不易理解。但是话说回来，这些内容终归是一本严谨的历史书籍不可缺少的。

　　没错，这是一本严谨的历史书籍，而且讲述的是遥远的不列颠群岛上的陈年旧事，它对于我们现在的中国究竟有何意义呢？我想简单提几点。首先，也是本书最独特之处，即作者在序言中道明的从社会的发展切入博物学历史的角度，简言之，即将博物学与社会学整合起来，把虚化的社会背景还原出来，两相对照，探明社会潮流对学术的影响，好的以及坏的。这或许是一个值得借鉴的方法论。其次，关于博物学究竟是什么，仅仅是多识鸟兽草木之名吗？仅仅是汗牛充栋的标本收藏吗？仅仅是不知疲倦的田野调查吗？显然都远远不是，我无法用一句话归纳出它的定义，还是请大家在本书中寻找答案吧。最后想提的依然是本书的重点之一，即博物学的组织化，不列颠的土地上孕育出了灿若繁星的博物学协会，其中许多都延续了数百年之久，并一直兴旺至今，这样的场景恐怕是中国望尘莫及的。我们国家有很健全的大型的官方组织、学术机构，但在民间层面、乡野层面，鉴于特殊的国情和落后的发展进程，一直举步维艰。不过近来，我们也看到了一些可喜的变化，比如已经有一些博物学爱好者自发组织了起来，举行了一些前往深山老林的田野调查活动，这些活动虽然还比较业余，比较自娱自乐，但博物学作为一门接地气的学问，不妨先让大家快乐地行动起来吧，至少在不对生态环境造成破坏的前提下，我想应该鼓励这样的组织化努力。这是我的一点愚见。

　　最后，感谢刘浪编辑、许苏葵主任以及本书主编刘华杰教授给我这次翻译的机会，让我看到了一个以往不曾接触的世界，感到受益匪浅。

程玺

2017 年 5 月